普通高等学校"十二五"省级规划教材

金属工艺基础

主　编　余承辉
副主编　马希云　王丽七　安　荣
参　编　徐华俊　程　艳　王振东
　　　　年立强　李　青　乔衍勇

中国科学技术大学出版社

内容简介

本书是由一批来自国家和安徽省示范性(骨干)高等职业院校、从事多年高职教学、具有丰富教改经验的教师,以及长期从事金属工艺生产的工程技术人员共同编写而成的。全书主要内容包括金属材料的力学性能、金属与合金的晶体结构与结晶、铁碳合金、钢的热处理、金属表面处理技术、金属材料、非金属材料、焊接成形、铸造成形、锻压成形、金属切削成形基础知识、金属切削成形方法、非金属材料成形工艺、工程材料与成形工艺的选择等,共14章。

本书可作为高等职业技术院校机械类或机电类专业用教材,也可作为自学用书和职业技能培训用书。

图书在版编目(CIP)数据

金属工艺基础/余承辉主编. —合肥:中国科学技术大学出版社,2016.1
ISBN 978-7-312-03841-9

Ⅰ.金… Ⅱ.余… Ⅲ.金属加工—工艺学—高等职业教育—教材 Ⅳ.TG

中国版本图书馆 CIP 数据核字(2016)第 008831 号

出版	中国科学技术大学出版社 安徽省合肥市金寨路 96 号,邮编:230026 网址:http://press.ustc.edu.cn
印刷	合肥学苑印务有限公司
发行	中国科学技术大学出版社
经销	全国新华书店
开本	787 mm×1092 mm 1/16
印张	19
字数	486 千
版次	2016 年 1 月第 1 版
印次	2016 年 1 月第 1 次印刷
定价	38.00 元

前　言

金属工艺技术在我国有着悠久的历史，早在 3000 多年前的殷商、西周时期，就已达到当时的世界高峰，用青铜制造的工具、食具、兵器等得到普遍应用。河南安阳武官村发掘出来的商代青铜大方鼎，里面铸有"司母戊"三个字，在大鼎的四周，还有蟠龙等组成的精致花纹，铸造这样大型的青铜器物，需要有很大的铸造场所，要求各个工种协同操作，密切配合，这充分反映出我国古代青铜冶炼和铸造成形的高超技艺。春秋战国时期，我国开始大量使用铁器，白口铸铁、麻口铸铁、可锻铸铁相继出现。1953 年从河北兴隆地区发掘出来的战国铁器遗址中，就有浇铸农具用的铁模子，说明当时已掌握铁模铸造技术。随后，又出现了炼钢、锻造、钎焊和退火、淬火、正火、渗碳等热处理技术。直到明朝之前的 2000 多年间，我国钢铁生产及金属材料成形工艺技术一直在世界上遥遥领先。在近代，工业革命极大地促进了钢铁工业、煤化学工业和石油化学工业的快速发展，各类新材料不断涌现。材料对科学技术的发展有着关键性作用，航空工业的发展充分说明了这一点。1903 年世界上第一架飞机所用的主要结构材料是木材和帆布，飞行速度仅 16 km/h。1911 年硬铝合金研制成功，金属结构取代木布结构，使飞机在性能和速度方面获得了一个飞跃。喷气式飞机速度能超过音速，高温合金材料制造的涡轮发动机起重要作用。当飞机速度达到 2～3 倍音速时，飞机表面温度会升高到 300 ℃，飞机材料只能采用不锈钢或钛合金。至于航天飞机，机体表面温度会高达 1000 ℃以上，只能采用高温合金材料及防氧化涂层。目前，玻璃纤维增强塑料、碳纤维高温陶瓷复合材料、陶瓷纤维增强塑料等复合材料在飞机、航天飞行器上也已获得广泛应用。

"金属工艺基础"是高等职业院校机械类或机电类各专业必修的技术基础课，是学习零件制造工艺方法的综合性技术课程。它主要研究工程材料的性能、各种成形加工方法的工艺过程和结构工艺性，着重阐述常用工程材料及主要成形加工方法的基本原理和工艺特点，以及机械零件常用材料的选用、毛坯的选择、成形加工方法等。

本书是一本将金属工艺学和金工实习教材整合为一体的理实交融的教材，从高职教育的实际出发，以培养学生基本技能、创新精神和工作能力为主线，突出教材的基础性、知识性、实用性、实效性和技术性；在教材内容的表达上，强调叙述简练、层次分明、深入浅出、直观形象、图文并茂，力求教材内容不重复、不交叉、不庞杂，分工明确。教材适应了我国职业教育事业快速发展、职业教育改革不断深入的大形势，体现了编者对教学过程、课程内容和教材进行综合改革的思想，也充分展现了我们多年来高职教育教学改革的成果，较好地把握了课程的目标和定位。

全书共 14 章，由余承辉任主编，马希云、王丽七、安荣任副主编。其中第 1、6 章由安徽水安建设集团股份有限公司年立强编写；第 2、4 章由安徽水利水电职业技术学院徐华俊编写；第 3 章由安徽省淠史杭灌区管理总局设计院李青编写；第 5 章由安徽水利水电职业技术学院乔衍勇编写；第 7、13 章由安徽水利水电职业技术学院余承辉编写；第 8 章由安庆职业技术学院马希云编写；第 9 章由安徽国防科技职业学院王丽七编写；第 10 章由安徽工业职业技术学院王振东编写；第 11 章由安徽职业技术学院安荣编写；第 12、14 章由安徽水利水电职业技术学院程艳编写。

　　鉴于编者水平有限，书中难免有错误和不妥之处，恳请广大读者批评指正。

编　者

2015 年 9 月

目 录

前言 ·· (i)

第1章 金属材料的力学性能 ·· (1)
1.1 强度和塑性 ·· (1)
1.2 硬度 ·· (4)
1.3 冲击韧性 ·· (6)
1.4 疲劳极限 ·· (8)
复习思考题 ·· (9)

第2章 金属与合金的晶体结构与结晶 ·· (11)
2.1 金属的晶体结构 ··· (11)
2.2 金属的结晶 ·· (14)
2.3 合金的晶体结构与结晶 ·· (17)
复习思考题 ·· (21)

第3章 铁碳合金 ·· (23)
3.1 铁碳合金基本组织 ··· (23)
3.2 铁碳合金相图 ··· (25)
复习思考题 ·· (33)

第4章 钢的热处理 ··· (35)
4.1 概述 ·· (35)
4.2 钢在加热和冷却时的组织转变 ·· (37)
4.3 钢的普通热处理 ··· (42)
4.4 钢的表面热处理 ··· (51)
4.5 钢热处理缺陷分析及其防止措施 ··· (55)
复习思考题 ·· (58)

第5章 金属表面处理技术 ·· (60)
5.1 金属表面强化处理 ··· (60)
5.2 金属表面防护处理 ··· (65)
5.3 金属表面装饰处理 ··· (71)
复习思考题 ·· (73)

第6章 金属材料 ·· (74)
6.1 概述 ·· (74)
6.2 非合金钢 ·· (76)

6.3　合金钢 …………………………………………………………………（81）
6.4　铸铁 ……………………………………………………………………（87）
6.5　非铁合金及粉末冶金材料 ……………………………………………（92）
6.6　钢材的火花鉴别 ………………………………………………………（102）
复习思考题 ……………………………………………………………………（105）

第7章　非金属材料 …………………………………………………………（107）
7.1　塑料 ……………………………………………………………………（107）
7.2　橡胶 ……………………………………………………………………（110）
7.3　陶瓷和复合材料 ………………………………………………………（113）
7.4　胶黏剂 …………………………………………………………………（116）
复习思考题 ……………………………………………………………………（118）

第8章　焊接成形 ……………………………………………………………（119）
8.1　概述 ……………………………………………………………………（119）
8.2　焊条电弧焊 ……………………………………………………………（120）
8.3　气焊与气割 ……………………………………………………………（131）
8.4　其他焊接方法 …………………………………………………………（135）
8.5　常用金属材料焊接知识 ………………………………………………（139）
8.6　焊接结构工艺性 ………………………………………………………（141）
8.7　焊接应力和变形 ………………………………………………………（145）
8.8　焊缝结构和焊接质量 …………………………………………………（148）
复习思考题 ……………………………………………………………………（156）

第9章　铸造成形 ……………………………………………………………（158）
9.1　概述 ……………………………………………………………………（158）
9.2　砂型铸造 ………………………………………………………………（161）
9.3　特种铸造 ………………………………………………………………（177）
9.4　铸造成形工艺设计 ……………………………………………………（181）
9.5　铸件的结构工艺性 ……………………………………………………（188）
复习思考题 ……………………………………………………………………（193）

第10章　锻压成形 …………………………………………………………（194）
10.1　锻压成形基础知识 …………………………………………………（194）
10.2　自由锻 ………………………………………………………………（202）
10.3　模锻 …………………………………………………………………（208）
10.4　板料冲压 ……………………………………………………………（212）
10.5　挤压、轧制、拉拔、旋压 …………………………………………（217）
复习思考题 ……………………………………………………………………（222）

第11章　金属切削成形基础知识 …………………………………………（224）
11.1　金属切削机床及刀具 ………………………………………………（224）
11.2　金属切削成形过程 …………………………………………………（226）

11.3　钳工基础 …………………………………………………………………… (232)
复习思考题 …………………………………………………………………… (249)

第12章　金属切削成形方法 …………………………………………………… (251)
12.1　车削成形方法 ………………………………………………………… (251)
12.2　其他常用加工成形方法 ……………………………………………… (256)
复习思考题 …………………………………………………………………… (266)

第13章　非金属材料成形工艺 ………………………………………………… (268)
13.1　工程塑料的成形 ……………………………………………………… (268)
13.2　橡胶成形 ……………………………………………………………… (272)
13.3　陶瓷成形 ……………………………………………………………… (274)
13.4　复合材料成形 ………………………………………………………… (275)
复习思考题 …………………………………………………………………… (279)

第14章　工程材料与成形工艺的选择 ………………………………………… (280)
14.1　零件的失效 …………………………………………………………… (280)
14.2　材料及成形工艺选择的原则、方法和步骤 ………………………… (282)
14.3　典型零件的选材实例分析 …………………………………………… (286)
复习思考题 …………………………………………………………………… (295)

参考文献 ………………………………………………………………………… (296)

第 1 章　金属材料的力学性能

　　金属材料是工业生产中最重要的材料,广泛应用于机械制造、交通运输、国防工业、石油化工和日常生活各个领域。生产实践中,往往由于选材不当造成机械达不到使用要求或过早失效,因此了解和熟悉金属材料的性能成为合理选材、充分发挥工程材料内在性能潜力的重要依据。

　　金属材料的性能包括使用性能和工艺性能。使用性能是指材料在使用过程中表现出来的性能,包括力学性能、物理性能和化学性能等;工艺性能是指材料对各种加工工艺适应的能力,包括铸造性能、锻造性能、焊接性能、切削加工性能和热处理工艺性能等。

　　在机械制造领域选用材料时,大多以力学性能为主要依据,因此必须首先了解金属材料的力学性能。所谓金属材料的力学性能,是指金属受到各种载荷(外力)作用时,所表现出的抵抗能力。力学性能主要包括强度、塑性、硬度、韧性、疲劳极限等。

1.1　强度和塑性

1.1.1　强度

　　强度是金属材料抵抗永久变形和断裂的能力。金属材料的强度指标主要有屈服点和抗拉强度。金属材料的强度指标由拉伸试验来测定。

1. 拉伸试验

　　拉伸试验是指用静拉伸力对试样进行轴向拉伸,测量拉伸力和相应的伸长,并测其力学性能的试验。

　　拉伸试样通常采用圆柱形,分为短试样和长试样两种,长试样 $L_0=10d_0$(L_0 为试样原始长度,d_0 为试样原始直径),短试样 $L_0=5d_0$。试样拉伸前后的状态如图 1-1 所示。把标准试样装夹在试验机的上、下夹头间,开动机器,在压力油的作用下,试样受到拉伸,然后对试样逐渐施加拉伸载荷的同时连续测量力和相应的伸长,直至把试样拉断为止,便得到拉伸曲线,依据拉伸曲线可求出相关的力学性能。

　　材料的性质不同,拉伸曲线形状也不尽相同。如图 1-2 所示为退火低碳钢的拉伸曲线,图中纵坐标表示力 F,单位为 N;横坐标表示绝对伸长 ΔL,单位为 mm。退火低碳钢拉伸曲线分为几个变形阶段:

　　(1) OE——弹性变形阶段。试样的伸长量与载荷成正比增加,此时若卸载,试样能完全恢复原来的形状和尺寸。

　　(2) ES——屈服阶段。当载荷超过 F_e 时,试样开始出现塑性变形,此时若卸载,试样的伸长只能部分恢复;当载荷增加到F_s时,曲线上出现平台,即载荷不增加,试样继续伸长,材料丧失了抵抗变形的能力,这种现象叫屈服。

(3) SB——塑性变形阶段。载荷超过F_s后,试样开始产生明显塑性变形,伸长量随载荷增加而增大。F_b为试样拉伸试验的最大载荷。

(4) BK——缩颈阶段。载荷达到最大值F_b后,试样局部直径开始急剧缩小,出现"缩颈"现象,由于截面积减小,试样变形所需载荷也随之降低,K点时试样发生断裂。

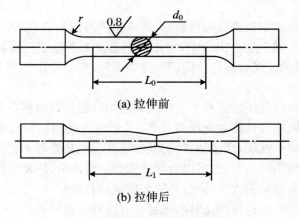

图 1-1 拉伸试样

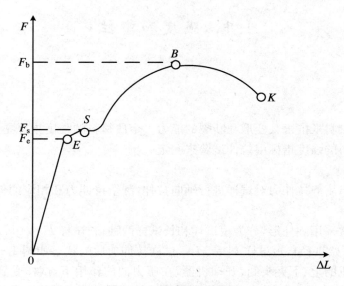

图 1-2 低碳钢拉伸曲线

2. 强度指标

(1) 屈服强度

屈服强度是指试样在拉伸试验过程中力不增加(保持恒定)仍然能继续伸长(变形)时的应力。以σ_s表示,单位为MPa。屈服点计算公式为

$$\sigma_s = F_s/S_0$$

式中,F_s——屈服时的拉伸力(N);

S_0——试样原始截面积(mm^2)。

对于无明显屈服现象的金属材料(如铸铁、高碳钢等),测定 σ_s 很困难,通常规定以产生 0.2%塑性变形时的应力作为条件屈服点,用 $\sigma_{0.2}$ 表示。

屈服点代表金属对发生明显塑性变形的抗力,机械零件在工作时如受力过大,会因过量变形而失效。如机械零件在工作时所受的应力低于材料的屈服点,则不会产生过量的塑性变形。材料的屈服点越高,允许的工作应力也越高。因此屈服点是机械设计的主要依据,也是评定金属材料优劣的重要指标。

(2) 抗拉强度

抗拉强度是指材料在拉断前所承受的最大拉应力。以 σ_b 表示,单位为 MPa。抗拉强度计算公式为

$$\sigma_b = F_b/S_0$$

式中,F_b——试样断裂前所承受的最大载荷(N);

S_0——试样原始截面积(mm^2)。

抗拉强度表示材料抵抗均匀塑性变形的最大能力,是表征金属材料由均匀塑性变形向局部集中塑性变形过渡的临界值,抗拉强度愈高的材料,所能承受的载荷愈大。抗拉强度也是设计机械零件和选材的主要依据。

1.1.2 塑性

金属材料在载荷作用下产生塑性变形而不断裂的能力称为塑性。塑性指标也是通过拉伸试验测定的,常用塑性指标是断后伸长率和断面收缩率。

1. 断后伸长率

拉伸试样拉断后,标距的相对伸长与原始标距的百分比称为断后伸长率,用 δ 表示,即

$$\delta = (L_1 - L_0)/L_0 \times 100\%$$

式中,L_0——试样原始标距长度(mm);

L_1——试样被拉断时的标距长度(mm)。

由于被测试样长度不同,测得的断后伸长率也不相同,长、短试样断后伸长率分别用符号 δ_{10} 和 δ_5 表示,通常 δ_{10} 也写为 δ。

2. 断面收缩率

拉伸试样拉断后,缩颈处横截面积的最大缩减量与试样原始截面积的百分比称为断面收缩率,用 Ψ 表示,即

$$\Psi = (S_0 - S_1)/S_0 \times 100\%$$

式中,S_0——试样原始截面积(mm^2);

S_1——试样被拉断时缩颈处的横截面积(mm^2)。

断面收缩率不受试样尺寸的影响,因此能更可靠地反映材料的塑性大小。

断后伸长率和断面收缩率数值愈大,表明材料的塑性愈好。良好的塑性对机械零件的加工和使用都具有重要意义。例如,塑性良好的材料易于进行压力加工(轧制、冲压、锻造等);如果机械零件过载,将产生塑性变形而不致突然断裂,可以避免事故发生。

1.2 硬 度

硬度是衡量金属材料软硬程度的一种性能指标,也是指金属材料抵抗局部变形和局部破坏,特别是塑性变形、压痕或划痕的能力。

硬度试验方法很多,大体上可分为压入法、划痕法和回弹高度法等三大类。金属材料硬度检验主要用压入法进行硬度试验。压入法是在规定的静态试验力作用下,将一定的压头压入金属材料表面层,然后根据压痕的面积大小或深度测定其硬度值。

根据载荷、压头和表示方法的不同,有多种压入法可用,常用的硬度测试方法有布氏硬度(HBW)、洛氏硬度(HRA、HRB、HRC)和维氏硬度(HV)。

1.2.1 布氏硬度

图1-3为布氏硬度试验原理图。它是用一定直径的硬质合金球作压头,以相应试验力压入被测材料表面,经规定保持时间后卸载,以压痕单位面积上所受试验力的大小来确定被测材料的硬度值,用符号 HBW 表示。布氏硬度值计算公式为

$$HBW = 0.102 \times \frac{2F}{\pi D(D - \sqrt{D^2 - d^2})}$$

式中,F——试验力(N);
  D——压头直径(mm);
  d——压痕直径(mm)。

从上式可看出,当外载荷 F、压头球体直径 D 一定时,布氏硬度值仅与压痕直径 d 有关。d 越小,布氏硬度值越大,硬度越高;d 越大,布氏硬度值越小,硬度越低。通常布氏硬度值不标出单位。在实际应用中,布氏硬度一般不用计算,而是用专用的刻度放大镜量出压痕直径 d,根据压痕直径的大小,再从专门的硬度表中查出相应的布氏硬度值。

布氏硬度的标注应包括压头类型、压头直径、试验力大小、试验力保持时间。例如,"160HBW10/1000/30"表示直径 D 为 10 mm 的硬质合金球压头,在 1000 kgf 的试验力作用下,保持时间 30 s 时测得的布氏硬度值为 160。

布氏硬度主要用于测量灰铸铁,有色金属以及经退火、正火和调质处理的钢材等材料。

布氏硬度实验具有很高的测量精度,压痕面积较大,能较真实地反映出材料的平均性能;另外,布氏硬度与抗拉强度之间存在一定的近似关系,因而在工程上得到广泛应用。

布氏硬度的缺点是操作时间长,对不同材料需要更换压头和试验力,压痕测量也较费时间;由于压头球体本身的变形,会使测量结果不准确;因压痕较大,布氏硬度不适宜检验薄件或成品件。

1.2.2 洛氏硬度

洛氏硬度试验是用顶角为 120°的金刚石圆锥体或直径为 1.588 mm 的淬火钢球作为压

头,试验时先施加初载荷,然后施加主载荷,保持规定时间后卸除主载荷,依据压痕深度确定硬度值。

图 1-4 为洛氏硬度试验原理图。0—0 为 120°金刚石压头没有与试件表面接触时的位置;1—1 为压头加初载后的位置,此时压头压入深度为 ab;2—2 为压头加主载后的位置,此时压头压入深度为 ac;卸除主载后,由于恢复弹性变形,压头位置提高到 3—3 位置。最后,压头受主载后实际压入表面的深度为 bd,洛氏硬度就是用 bd 的大小来衡量的。

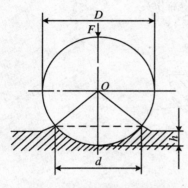
图 1-3 布氏硬度试验原理图

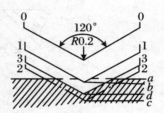
图 1-4 洛氏硬度试验原理图

实际应用时洛氏硬度可直接从硬度计表盘中读出。压头端点每移动 0.002 mm,表盘上转过一小格,压头移动 bd 距离,指针应转 $bd/0.002$ 格。洛氏硬度计算公式为

$$HR = K - bd/0.002$$

式中,K——常数(金刚石作压头,$K=100$;钢球作压头,$K=130$)。

为了用一台硬度计测定从软到硬不同金属材料的硬度,可采用不同的压头和总试验力组成几种不同的洛氏硬度标尺,每种标尺用一个字母在洛氏硬度符号 HR 后面加以注明。常用的洛氏硬度标尺有 A、B、C 三种,其中 C 标尺应用最广。HRA 主要用于测量硬质合金、表面淬火钢等;HRB 主要用于测量软钢、退火钢、铜合金等;HRC 主要用于测量一般淬火钢件。

洛氏硬度试验法操作简单迅速,能直接从刻度盘上读出硬度值;测试的硬度值范围较大,既可测定软的金属材料,也可测定最硬的金属材料;试样表面压痕较小,可直接测量成品或薄工件。但由于压痕小,对内部组织和硬度不均匀的材料,测得硬度波动较大,为提高测量精度,通常测定三个不同点取平均值。

1.2.3 维氏硬度

维氏硬度测定原理与布氏硬度基本相似,图 1-5 为维氏硬度试验原理图。维氏硬度是用正四棱锥形压痕单位表面积上承受的平均压力表示的硬度值,用符号 HV 表示。维氏硬度计算公式为

$$HV = 0.1891 F/d^2$$

式中,F——实验力(N);

d——压痕两条对角线长度的算术平均值(mm)。

试验时用测微计测出压痕的对角线长度,算出两条对角线长度的平均值后,查

GB4340—1984 附表或经计算可得出维氏硬度值。

维氏硬度的标注应包括试验力大小和试验力保持时间。例如,"640HV30"表示用 30 kgf 试验力,保持 10~15 s 测定的维氏硬度值为 640;"640HV30/20"表示用 30 kgf 试验力,保持 20 s 测定的维氏硬度值为 640。

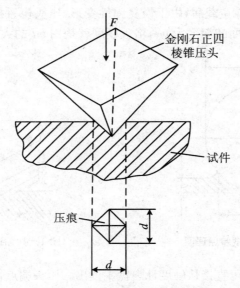

图 1-5 维氏硬度试验原理图

维氏硬度适用范围宽,从很软的材料到很硬的材料都可以测量。其测量结果精确可靠,尤其适用于零件表面层硬度的测量,如化学热处理的渗层硬度测量。但测取维氏硬度值时,需要测量对角线长度,然后查表或计算;而且进行维氏硬度测试时,对试样表面的质量要求高,测量效率较低。因此,维氏硬度没有洛氏硬度使用方便。

1.3 冲击韧性

许多机械零件是在动载荷下工作的,如锻锤的锤杆、冲床的冲头、火车挂钩、活塞等。冲击载荷比静载荷的破坏能力大,对于承受冲击载荷的材料,不仅要求其具有高的强度和一定塑性,还必须具备足够的韧性。韧性是金属材料在断裂前吸收变形能量的能力,通常用冲击试验来测定。

1.3.1 摆锤式一次冲击试验

摆锤式一次冲击试验是目前最普遍的一种试验方法。为了使试验结果可以相互比较,将金属材料制成冲击试样。

摆锤冲击试验原理如图 1-6 所示。将标准试样安放在摆锤式试验机的支座上,试样缺口背向摆锤,将具有一定重力 G 的摆锤举至一定高度 H_1,使其获得一定势能 GH_1,然后由此高度落下将试样冲断,摆锤剩余势能为 GH_2。冲击吸收功(A_k)除以试样缺口处的截面积

S_0，即可得到材料的冲击韧度 a_{k0}，计算公式为

$$a_k = A_k/S_0 = G(H_1 - H_2)/S_0$$

式中，a_k——冲击韧度（J/cm²）；

A_k——冲击吸收功（J）；

G——摆锤的重力（N）；

H_1——摆锤举起的高度（m）；

H_2——冲断试样后摆锤的高度（m）；

S_0——试样缺口处截面积（cm²）。

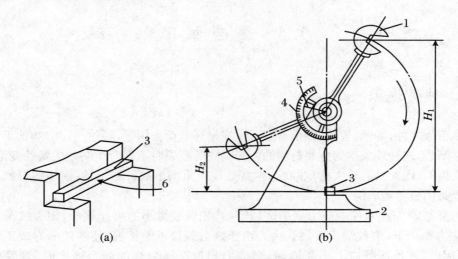

图 1-6 冲击试验示意图

1—摆锤；2—机架；3—试样；4—刻度盘；5—指针；6—冲击方向

使用不同类型的标准试样（U 形缺口或 V 形缺口）进行试验时，冲击韧度分别以 a_{ku} 和 a_{kv} 表示。

冲击韧度 a_k 值愈大，表明材料的韧性愈好，受到冲击时愈不易断裂。

冲击韧度 a_k 值的大小受很多因素影响。

冲击韧度 a_k 值对组织缺陷非常敏感，它可灵敏地反映出金属材料的质量、宏观缺口和显微组织的差异，能有效地检验金属材料在冶炼、加工、热处理工艺等方面的质量。

冲击韧度 a_k 值对温度非常敏感，通过一系列温度下的冲击试验可测出金属材料的脆化趋势和韧脆转变温度。在试验时，冲击韧度 a_k 值总的变化趋势是随温度降低而降低，当温度降至某一数值时，冲击韧度 a_k 值急剧下降，金属材料由韧性断裂变为脆性断裂，这种现象称为冷脆转变。在试验中，冲击韧度 a_k 值急剧变化或断口韧性急剧转变的温度区域，称为韧脆转变温度。韧脆转变温度是衡量金属材料冷脆倾向的指标。金属材料的韧脆转变温度愈低，说明金属材料的低温抗冲击性愈好。

因此冲击韧度值一般只作为选材时的参考，而不能作为计算依据。

1.3.2 多次冲击试验

在工程实际中，在冲击载荷作用下工作的机械零件，很少因承受大能量一次冲击而破

坏,大多数是经千百万次的小能量多次重复冲击,最后导致断裂,如冲模的冲头、凿岩机上的活塞等。所以用 a_k 值来衡量材料的抗冲击能力不符合实际情况,应采用小能量多次重复冲击试验来测定。

金属材料在多次冲击下的破坏过程由裂纹产生、裂纹扩张和瞬时断裂三个阶段组成。它是多次冲击损伤积累发展的结果,不同于一次性冲击的破坏过程。因此材料的多次冲击抗力是一项取决于材料强度和塑性的综合性指标,冲击能量高时,材料的多次冲击抗力主要取决于塑性;冲击能量低时,主要取决于强度。

1.4 疲劳极限

1.4.1 疲劳现象

许多机械零件,如轴、齿轮、轴承、弹簧等,在循环载荷作用下,经过一定时间的工作后会发生突然断裂,这种现象称为金属材料的疲劳。疲劳断裂时不会产生明显的塑性变形,断裂是突然发生的,因此具有很大的危险性,常常造成严重的事故。据统计,损坏的机械零件中80%以上是因疲劳造成的。

疲劳断裂首先在零件的应力集中区域产生,先形成微小的裂纹核心,即裂纹源。随后在循环应力作用下,裂纹继续扩展长大。由于疲劳裂纹不断扩展,使零件的有效工作面逐渐减小,因此,零件所受应力不断增加,当应力超过金属材料的断裂强度时,则发生疲劳断裂。

1.4.2 疲劳极限

金属材料经无数次重复交变载荷作用而不发生断裂的最大应力称为疲劳极限或疲劳强度。图1-7是通过试验测定的材料交变应力 σ 和断裂前应力循环次数 N 之间的关系曲线(疲劳曲线)。曲线表明,材料受的交变应力越大,则断裂时应力循环次数 N 越小,反之,则 N 越大。当应力低于一定值时,试样经无限周次循环也不破坏,此应力值也称为材料的疲劳极限,用 σ_r 表示;对称循环(见图1-8)$r=-1$,故疲劳极限用 σ_{-1} 表示。实际上,金属材料不可能做无限次交变载荷试验。对于黑色金属,一般规定循环 10^7 周次而不破坏的最大应力为疲劳强度,有色金属和某些高强度钢,规定循环 10^8 周次。

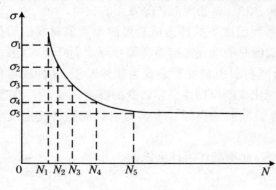

图1-7 疲劳曲线示意图

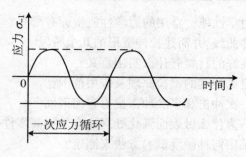

图 1-8　对称循环交变应力图

1.4.3　提高疲劳极限的途径

金属产生疲劳同许多因素有关，目前普遍认为是由于材料内部有缺陷，如夹杂物、气孔、疏松等；表面划痕、残余应力及其他能引起应力集中的缺陷导致微裂纹产生，这种微裂纹随应力循环次数的增加而逐渐扩展，最终致使零件突然断裂。

针对上述原因，为了提高零件的疲劳极限，应改善结构设计避免应力集中，提高加工工艺减少内部组织缺陷，还可以通过降低零件表面粗糙度和采用表面强化方法（如表面淬火、表面滚压、喷丸处理等）来提高表面加工质量。

复习思考题

选择题

1. 属于金属材料使用性能的是_____。
A. 强度　　B. 焊接性能　　C. 加工性能　　D. 热处理性能
2. 金属抵抗永久变形和断裂的能力称为_____。
A. 硬度　　B. 塑性　　C. 强度　　D. 韧性
3. 拉伸试验时，试样拉断前能承受的最大拉应力称为_____。
A. 屈服强度　　B. 抗拉强度　　C. 抗弯强度　　D. 抗扭强度
4. 金属材料的_____越好，则其锻造性能越好。
A. 强度　　B. 塑性　　C. 硬度　　D. 脆性
5. 测定淬火钢件的硬度，一般选用_____试验。
A. 布氏硬度　　B. 洛氏硬度　　C. 维氏硬度　　D. 其他硬度
6. 做疲劳试验时，试样承受的载荷为_____。
A. 动载荷　　B. 冲击载荷　　C. 循环载荷　　D. 静载荷

问答题

1. 工程材料的性能包括哪几个方面？

2. 何谓金属材料的力学性能?常用的力学性能指标有哪些?
3. 画出低碳钢的拉伸曲线,并简述拉伸变形的几个阶段。
4. 什么是塑性?塑性好的材料有什么实用意义?
5. 试述布氏硬度和洛氏硬度的试验原理及应用范围。
6. 何谓冲击韧度?一次冲击和多次冲击抗力有何区别?
7. 什么叫疲劳极限?为什么做表面强化处理能有效提高零件的疲劳极限?
8. 下列各种工件应采用何种硬度试验方法来测定?
(1) 钳工用手锤。
(2) 供应状态的各种碳钢钢材。
(3) 硬质合金刀片。
(4) 铸铁机床床身毛坯件。

第 2 章　金属与合金的晶体结构与结晶

金属材料与非金属材料相比,不仅具有良好的力学性能和某些物理、化学性能,而且工艺性能在多方面也较优良。化学成分不同的金属具有不同的性能,例如,纯铁强度比纯铝高,但其导电性和导热性不如纯铝。即使是成分相同的金属,当生产条件不同或在不同状态下,它们的性能也有很大的差别,例如两块含碳量均为0.8%的碳钢,其中一块是从冶金厂出厂的,硬度为20 HRC,另一块加工成刀具并进行热处理,硬度可达60 HRC以上。造成上述性能差异的原因,主要是材料内部结构不同,因此掌握金属和合金的内部结构及结晶规律,对于合理选材具有重要意义。

2.1　金属的晶体结构

自然界的固态物质,根据原子在内部的排列特征可分为晶体与非晶体两大类。物质内部原子做有规则排列的固体物质称为晶体。绝大多数金属和合金固态下都属于晶体。内部原子呈现无序堆积状况的固体物质称为非晶体,例如松香、玻璃、沥青等。

晶体与非晶体,由于原子排列方式不同,它们的性能也有差异。晶体具有固定的熔点,其性能呈各向异性;非晶体没有固定的熔点,而且表现为各向同性。

2.1.1　晶体结构的基础知识

1. 晶格

为了形象描述晶体内部原子排列的规律,将原子抽象为几何点,并用一些假想连线将几何点在三维方向连接起来,这样就构成了一个空间格子(见图2-1(b))。这种抽象的、用于描述原子在晶体中排列规律的空间格子称为晶格。

2. 晶胞

晶体中原子排列具有周期性变化的特点,通常从晶格中选取一个能够完整反映晶格特征的最小几何单元称为晶胞(见图2-1(c))。

3. 晶胞表示方法

不同元素结构不同,晶胞的大小和形状也有差异。结晶学中规定,晶胞的大小以其各棱边尺寸 a、b、c 表示,称为晶格常数,以 Å(埃)为单位来度量($1\text{Å}=1\times10^{-8}$ cm)。晶胞各棱边之间的夹角分别以 α、β、γ 表示。当棱边 $a=b=c$,棱边夹角 $\alpha=\beta=\gamma=90°$时,这种晶胞称为简单立方晶胞(见图2-1(c))。

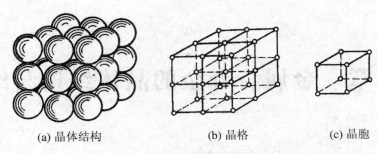

(a) 晶体结构　　(b) 晶格　　(c) 晶胞

图 2-1　简单立方晶格与晶胞示意图

4. 原子半径

金属晶体中最邻近的原子间距的一半,称为原子半径,它主要取决于晶格类型和晶格常数。

5. 致密度

金属晶胞中原子本身所占有的体积百分数称为致密度,用于表示原子在晶格中排列的紧密程度。

2.1.2　常见的金属晶格类型

常用的金属材料中,金属的晶格类型很多,但大多数属于体心立方晶格、面心立方晶格、密排六方晶格三种结构。

1. 体心立方晶格

如图 2-2(a)所示,它的晶胞是一个立方体,原子位于立方体的八个顶角和立方体的中心。属于体心立方晶格类型的常见金属有铬(Cr)、钨(W)、钼(Mo)、钒(V)、铁(α-Fe)等。这类金属一般都具有相当高的强度和塑性。

2. 面心立方晶格

如图 2-2(b)所示,它的晶胞也是一个立方体,原子位于立方体的八个顶角和立方体的六个面的中心。属于该晶格类型的常见金属有铝(Al)、铜(Cu)、铅(Pb)、金(Au)、铁(γ-Fe)等。这类金属的塑性都很好。

3. 密排六方晶格

如图 2-2(c)所示,它的晶胞是一个正六方柱体,原子排列在柱体的每个顶角和上、下底面的中心,另外三个原子排列在柱体内。属于密排六方晶格类型的常见金属有镁(Mg)、锌(Zn)、铍(Be)、钛(α-Ti)等。

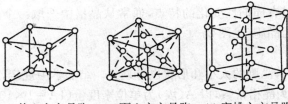

(a) 体心立方晶胞　　(b) 面心立方晶胞　　(c) 密排六方晶胞

图 2-2　常见金属晶格的晶胞

2.1.3 金属实际的晶体结构

1. 多晶体结构

前面研究金属的晶体结构时,把晶体看成是原子按一定几何规律做周期性排列而成,即晶体内部的晶格位向是完全一致的,这种晶体称为单晶体。目前,只有采用特殊方法才能获得单晶体。

实际使用的金属材料大都是多晶体结构,即由许多不同位向的小晶体组成,每个小晶体内部晶格位向基本上是一致的,而各小晶体之间位向却不相同,如图2-3所示。这种外形不规则、呈颗粒状的小晶体称为晶粒。晶粒与晶粒之间的界面称为晶界。由许多晶粒组成的晶体称为多晶体。

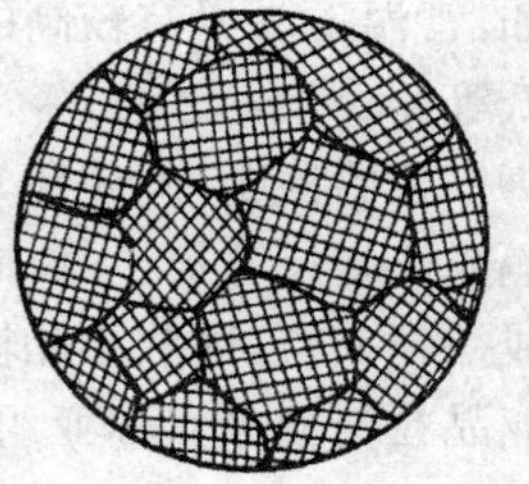

2. 晶体缺陷

在金属晶体中,由于晶体形成条件、原子的热运动及其他各种因素影响,原子的规则排列在局部区域受到破坏,呈现出不完整,通常把这种区域称为晶体缺陷。根据晶体缺陷的几何特征,可分为点缺陷、线缺陷和面缺陷三类。

图2-3 金属多晶体结构

(1) 点缺陷

最常见的点缺陷有空位、间隙原子和置换原子等,如图2-4所示。由于点缺陷的出现,周围原子发生"撑开"或"靠拢"现象,这种现象称为晶格畸变。晶格畸变的存在,使金属产生内应力,晶体性能发生变化,如强度、硬度和电阻增加,体积发生改变等。它也是强化金属的手段之一。

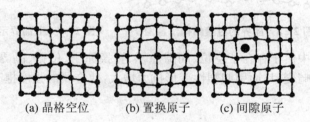

(a) 晶格空位　　(b) 置换原子　　(c) 间隙原子

图2-4 点缺陷示意图

(2) 线缺陷

线缺陷主要指的是位错。最常见的位错形态是刃型位错,如图2-5所示。这种位错的表现形式是晶体的某一晶面上,多出一个半原子面,它如同刀刃一样插入晶体,故称刃型位错。在位错线附近一定范围内,晶格发生了畸变。

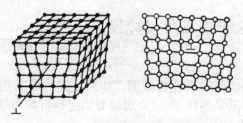

图2-5 刃型位错晶体结构示意图

位错的存在对金属的力学性能有很大影响。例如,金属材料处于退火状态时,位错密度较低,强度较差;经冷塑性变形后,材料的位错密度增加,故提高了强度。位错在晶体中易于移动,金属材料的塑性变形就是通过位错运动来实现的。

(3) 面缺陷

通常指的是晶界和亚晶界。实际金属材料都是多晶体结构,多晶体中两个相邻晶粒之间晶格的位向是不同的,所以晶界处是不同位向晶粒原子无规则排列的过渡层,如图2-6所示。晶界原子处于不稳定状态,能量较高,因此晶界与晶粒内部有着一系列不同特性。例如,常温下晶界有较高的强度和硬度;晶界处原子扩散速度较快;晶界处容易被腐蚀、熔点低等。

实验证明,即使在一颗晶粒内部,其晶格位向也并不像理想晶体那样完全一致,而是分隔成许多尺寸很小、位向差也很小(只有几秒、几分,最多达 $1°\sim2°$)的小晶块,它们相互嵌镶成一颗晶粒,这些小晶块称为亚晶粒(或嵌镶块)。亚晶粒之间的界面称为亚晶界。晶粒中亚晶粒与亚晶界称亚组织(见图2-7)。亚晶界处原子排列也是不规则的,其作用与晶界相似。

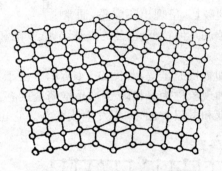 

图2-6　晶界的过渡结构示意图　　　图2-7　亚晶界示意图

综上所述,晶体中由于存在了空位、间隙原子、置换原子、位错、晶界和亚晶界等结构缺陷,都会使晶格发生畸变,从而引起塑性变形抗力增大,使金属的强度提高。

2.2　金属的结晶

金属的组织与结晶过程关系密切,结晶后形成的组织对金属的使用性能和工艺性能有直接影响,因此了解金属和合金的结晶规律非常必要。

2.2.1　纯金属的冷却曲线及过冷度

1. 结晶的概念

物质由液态转变为固态的过程称为凝固。如果凝固的固态物质是晶体,则这种凝固又称为结晶。一般金属固态下是晶体,所以金属的凝固过程可称为结晶。

2. 纯金属的冷却曲线

金属的结晶过程可以通过热分析法进行研究。图2-8为热分析装置示意图。将纯金属加热熔化成液体,然后缓慢冷却下来,在冷却过程中,每隔一定时间测量一次温度,直到冷却至室温,将测量结果绘制在温度—时间坐标上,便得到纯金属的冷却曲线,即温度随时间而变化的曲线。图 2-9 为纯金属冷却曲线的绘制过程。

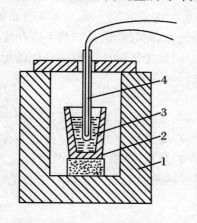

图 2-8 热分析装置示意图

1—电炉;2—坩埚;3—金属液化;4—热电偶

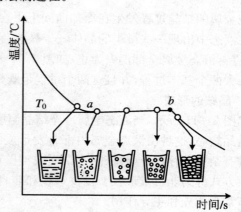

图 2-9 纯金属冷却曲线的绘制过程

由冷却曲线可见,液态金属随着冷却时间的延长,它所含的热量不断散失,温度也不断下降;但是当冷却到某一温度时,温度随时间延长并不变化,在冷却曲线上出现了"平台","平台"对应的温度就是纯金属结晶温度。出现"平台"的原因,是结晶时放出的潜热正好补偿了金属向外界散失的热量。结晶完成后,由于金属继续向环境散热,温度又重新下降。

需要指出的是,图中 T_0 为理论结晶温度,实际上液态金属总是冷却到理论结晶温度(T_0)以下才开始结晶,如图 2-10 所示。实际结晶温度(T_1)总是低于理论结晶温度(T_0)的现象,称为"过冷现象"。理论结晶温度和实际结晶温度之差称为过冷度,以 ΔT 表示,$\Delta T = T_0 - T_1$。金属结晶时过冷度的大小与冷却速度有关,冷却速度越快,金属的实际结晶温度越低,过冷度就越大。

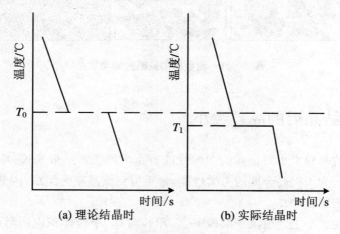

(a) 理论结晶时   (b) 实际结晶时

图 2-10 纯金属结晶时的冷却曲线

2.2.2 纯金属的结晶过程

纯金属的结晶过程发生在冷却曲线上平台所经历的这段时间。液态金属结晶时,都是首先在液态中出现一些微小的晶体——晶核,它不断长大,同时新的晶核又不断产生并相继长大,直至液态金属全部消失为止,如图2-11所示。因此金属的结晶包括晶核的形成和晶核的长大两个基本过程,并且这两个过程是既先后又同时进行的。

1. 晶核的形成

如图2-11所示,当液态金属冷至结晶温度以下时,某些类似晶体原子排列的小集团便成为结晶核心,这种由液态金属内部自发形成结晶核心的过程称为自发形核。而在实际金属中常有杂质的存在,这种依附于杂质或型壁而形成的晶核,晶核形成时具有择优取向,这种形核方式称为非自发形核。自发形核和非自发形核在金属结晶时是同时进行的,但非自发形核常起优先和主导作用。

2. 晶核的长大

晶核形成后,当过冷度较大或金属中存在杂质时,金属晶体常以树枝状的形式长大。在晶核形成初期,外形一般比较规则,但随着晶核的长大,形成了晶体的顶角和棱边,此处散热条件优于其他部位,因此在顶角和棱边处以较大成长速度形成枝干。同理,在枝干的长大过程中,又会不断生出分支,最后填满枝干的空间,结果形成树枝状晶体,简称枝晶。

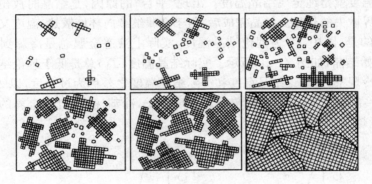

图2-11 纯金属的结晶过程示意图

2.2.3 金属结晶后的晶粒大小

金属结晶后的晶粒大小对金属的力学性能有重大影响。一般来说,细晶粒金属具有较高的强度和韧性。为了提高金属的力学性能,希望得到细晶粒的组织,因此必须了解影响晶粒大小的因素及控制方法。

结晶后的晶粒大小主要取决于形核率N(单位时间、单位体积内所形成的晶核数目)与晶核的长大速率G(单位时间内晶核向周围长大的平均线速度)。显然,凡能促进形核率N,抑制长大速率G的因素,均能细化晶粒。

工业生产中,为了细化晶粒,改善其性能,常采用以下方法:

(1) 增加过冷度:形核率和长大速率都随过冷度增大而增大,但在很大范围内形核率比晶核长大速率增长得更快。故过冷度越大,单位体积中晶粒数目越多,晶粒细化。

实际生产中,通过加快冷却速度来增大过冷度,这对于大型零件显然不易办到,因此这种方法只适用于中、小型铸件。

(2) 变质处理:在液态金属结晶前加入一些细小变质剂,使结晶时形核率 N 增加,而长大速率 G 降低,这种细化晶粒方法称为变质处理。例如,向钢液中加入铝、钒、硼等;向铸铁中加入硅铁、硅钙等;向铝合金中加入钠盐等。

(3) 振动处理:采用机械振动、超声波振动和电磁振动等,增加结晶动力,使枝晶破碎,也间接增加形核核心,同样可细化晶粒。

2.3 合金的晶体结构与结晶

纯金属虽然具有优良的导电、导热等性能,但它的力学性能较差,并且价格昂贵,因此在使用上受到很大限制。机械制造领域中广泛使用的金属材料是合金,如钢和铸铁等。

合金与纯金属比较,具有一系列优越性:① 通过调整成分,可在相当大范围内改善材料的使用性能和工艺性能,从而满足各种不同的需求;② 改变成分可获得具有特定物理性能和化学性能的材料,即功能材料;③ 多数情况下,合金价格比纯金属低,如碳钢和铸铁比工业纯铁便宜,黄铜比纯铜经济等。

2.3.1 合金的基本概念

1. 合金

合金是由两种或两种以上的金属元素,或金属与非金属元素组成的具有金属特性的物质。例如碳钢就是铁和碳组成的合金。

2. 组元

组成合金的最基本的独立物质称为组元,简称元。组元可以是金属元素或非金属元素,也可以是稳定化合物。由 2 个组元组成的合金称为二元合金,3 个组元组成的合金称为三元合金。

3. 合金系

由 2 个或 2 个以上组元按不同比例配制成一系列不同成分的合金,称为合金系。例如,铜和镍组成的一系列不同成分的合金,称为铜—镍合金系。

4. 相

合金中具有同一聚集状态、同一结构和性质的均匀组成部分称为相。例如,液态物质称为液相,固态物质称为固相;同样是固相,有时物质是单相的,有时是多相的。

5. 组织

用肉眼或借助显微镜观察到的材料具有独特微观形貌特征的部分称为组织。组织反映材料的相组成、相形态、相大小和分布状况,因此组织是决定材料最终性能的关键。在研究合金时通常用金相方法对组织加以鉴别。

2.3.2 合金的组织

多数合金组元液态时都能互相溶解,形成均匀液溶体。固态时由于各组分之间相互作用不同,形成不同的组织。通常固态时合金中形成固溶体、金属化合物和机械混合物三类组织。

1. 固溶体

合金由液态结晶为固态时,一组元溶解其他组元,或组元之间相互溶解而形成的一种均匀相称为固溶体。占主要地位的元素是溶剂,而被溶解的元素是溶质。固溶体的晶格类型保持着溶剂的晶格类型。

根据溶质原子在溶剂中所占位置的不同,固溶体可分为置换固溶体和间隙固溶体两种。

(1) 置换固溶体

溶剂结点上的部分原子被溶质原子所替代而形成的固溶体,称为置换固溶体。如图2-12(a)所示。

溶质原子溶于固溶体中的量称为固溶体的溶解度,通常用质量百分数或原子百分数来表示。按固溶体溶解度不同,置换固溶体可分为有限固溶体和无限固溶体两类。例如,在铜镍合金中,铜与镍组成的为无限固溶体;而锌溶解在铜中所形成的固溶体为有限固溶体,当w_{Zn}大于39%时,组织中除了固溶体外,还出现了铜与锌的化合物。

置换固溶体中溶质在溶剂中的溶解度主要取决于两组元的晶格类型、原子半径和原子结构特点。通常两组元原子半径差别较小,晶格类型相同,原子结构相似时,固溶体溶解度较大。事实上,大多数合金都为有限固溶体,并且溶解度随温度升高而增大。

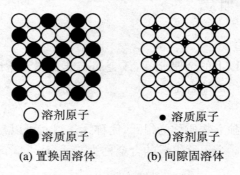

○ 溶剂原子　　　● 溶质原子
● 溶质原子　　　○ 溶剂原子
(a) 置换固溶体　　(b) 间隙固溶体

图 2-12　固溶体的两种类型

(2) 间隙固溶体

溶质原子溶入溶剂晶格之中而形成的固溶体,称为间隙固溶体。如图2-12(b)所示。由于溶剂晶格的间隙有限,通常形成间隙固溶体的溶质都是原子半径较小的非金属元素,例如碳、氮、氢等非金属元素,溶入铁中形成的均为间隙固溶体。间隙固溶体的溶解度都是有限的。

无论是置换固溶体还是间隙固溶体,溶质原子的溶入,都会使点阵发生畸变,同时晶体的晶格常数也要发生变化,原子尺寸相差越大,畸变也越大。畸变的存在使位错运动阻力增加,从而提高了合金的强度和硬度,而塑性下降,这种现象称为固溶强化。固溶强化是提高金属材料力学性能的重要途径之一。

2. 金属化合物

合金组元间发生相互作用而形成的一种具有金属特性的物质称为金属间化合物,它的晶格类型和性能完全不同于任一组元,一般可用化学分子式表示,如 Fe_3C、TiC、$CuZn$ 等。

金属化合物具有熔点高、硬度高、脆性大的特点,在合金中主要作为强化相,可以提高材料的强度、硬度和耐磨性,但塑性和韧性有所降低。金属化合物是许多合金的重要组成相。

3. 机械混合物

两种或两种以上的相按一定质量百分数组合成的物质称为机械混合物。混合物中各组成相仍保持自己的晶格,彼此无交互作用,其性能主要取决于各组成相的性能以及相的分布状态。

工程上使用的大多数合金,其组织都是固溶体与少量金属化合物组成的机械混合物。通过调整固溶体中溶质含量和金属化合物的数量、大小、形态及分布状况,可以使合金的力学性能在较大范围内变化,从而满足工程上的多种需求。

2.3.3 合金的结晶

合金的结晶也是在过冷条件下形成晶核与晶核长大的过程,但由于合金成分中有两个以上的组元,其结晶过程比纯金属要复杂得多。为了掌握合金中成分、组织、性能之间的关系,我们必须了解合金的结晶过程、合金中各组织的形成和变化规律。相图就是研究这些问题的重要工具。

1. 二元合金相图的建立

合金相图是表明在平衡条件下,合金的组成相和温度、成分之间关系的简明图解,又称为合金状态图或合金平衡图。应用合金相图,可清晰了解合金在缓慢加热或冷却过程中的组织转变规律。所以,相图是进行金相分析,制定铸造、锻压、焊接、热处理等加工工艺的重要依据。

相图大多是通过实验方法建立起来的。目前测绘相图的方法有很多,但最常用的是热分析法。现以 Cu-Ni 合金为例,说明热分析法测绘二元合金相图的基本步骤。

(1) 配制若干组不同成分的 Cu-Ni 合金,见表 2-1。

表 2-1 Cu-Ni 合金的成分和临界点

合金成分 (质量分数%)	Ni	0	20	40	60	80	100
	Cu	100	80	60	40	20	0
结晶开始温度/℃		1083	1175	1260	1340	1410	1455
结晶终止温度/℃		1083	1130	1195	1270	1360	1455

(2) 用热分析法分别测出各组合金的冷却曲线(见图 2-13(a))。
(3) 找出各冷却曲线上的临界点。
(4) 将找出的临界点分别标注在温度—成分坐标图中相应的成分曲线上。
(5) 将相同意义的临界点用平滑曲线连接起来,即获得了 Cu-Ni 合金相图(见图 2-13(b))。

应该指出,配制的合金数目越多,所用的金属纯度越高,热分析时冷却速度越缓慢,所测定的合金相图就越精确。

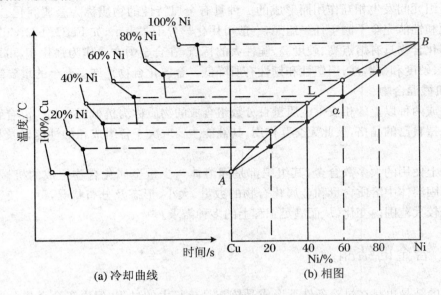

(a) 冷却曲线　　　　　(b) 相图

图 2-13　Cu-Ni 合金相图的绘制

2. 二元合金相图的分析

(1) Cu-Ni 二元合金相图（匀晶相图）分析

如图 2-13(b) 所示为 Cu-Ni 合金相图。图中 A 点（1083 ℃）是纯铜的熔点，B 点（1452 ℃）是纯镍的熔点，相图上方的曲线是合金开始结晶的温度线，称为液相线，相图下方的曲线是合金结晶终了的温度线，称为固相线。

液相线与固相线把整个相图分为三个相区，液相线以上为单一液相区，以"L"表示；固相线以下是单一固相区，为 Cu 与 Ni 组成的无限固溶体，以"α"表示；液相线与固相线之间为液相和固相两相共存区，以"L+α"表示。

凡两组元在液态和固态下均能无限互溶的合金，例如 Cu-Ni、Fe-Cr、Au-Ag 等，都构成匀晶相图。

(2) Pb-Sb 二元合金相图（共晶相图）分析

图 2-14 为实验作出的 Pb-Sb 合金相图。图中 A 点（327 ℃）是纯铅的熔点；B 点（631 ℃）是纯锑的熔点；C 点是共晶点。此共晶点具有特殊含义：当含 Sb 为 11% 的铅锑合金缓慢冷却到 252 ℃ 时，液态合金同时结晶出铅和锑两个固相。这种由一定成分的合金液体冷却时，转变为两种紧密混合固体的恒温可逆反应称为共晶反应。

ACB 线称液相线，在此线以上，任何成分的 Pb-Sb 合金都呈液相，冷却到此线温度合金开始结晶。DCE 线叫固相线，合金冷却到此线温度完成结晶，在此线温度以下任何成分的 Pb-Sb 合金都呈固相。

含 Sb 为 11%、含 Pb 为 89% 的合金 I，在 C 点以上，合金呈液相。当缓慢冷却到 C 点时，在恒温下从液相中同时结晶出 Pb 和 Sb 的混合物（共晶体）。继续冷却，共晶体不再发生变化。

发生共晶反应的液态合金，其成分是一定的，即为状态图中的 C 点成分，称为共晶成分；具有共晶成分的合金称为共晶合金；发生共晶反应的温度称为共晶温度；共晶反应形成的两相组织称为共晶组织,用符号(Pb+Sb)表示。共晶合金的全部液体均在恒温结晶,结晶完成后其显微组织完全是共晶组织。由于两种晶体在一个恒温下同时结晶,得不到充分长大的机会,故共晶组织中的两种固相都较细小。

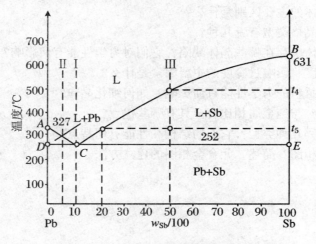

图 2-14 Pb-Sb 合金状态图

凡是成分在 C 点以左(Sb<11%)的合金均称为亚共晶合金,如图 2-14 中的合金Ⅱ。合金成分在 C 点以右(Sb>11%)的合金称为过共晶合金,如图 2-14 中的合金Ⅲ。亚共晶和过共晶合金的结晶过程与共晶合金结晶过程的不同之处在于,从液相线到共晶转变温度之间,亚共晶合金要先结晶出 Pb 晶体,过共晶合金要先结晶出 Sb 晶体,它们的室温组织分别为 Pb+(Pb+Sb) 和 Sb+(Pb+Sb)。

研究证明,和 Pb-Sb 合金状态图特点相同的还有 Al-Si 合金、Bi-Cd 合金等的状态图。凡二组元在液态时完全互溶,在固态时不相互溶解并有共晶反应产生的合金均构成这类状态图。实际上,在固态时二组元完全不能互相溶解的情况是没有的,总能相互有限溶解。不过,当溶解度非常小时,可将其当作不溶,并可按这类状态图来分析合金的结晶过程。

复习思考题

选择题

1. 属于晶体的是_____。
A. 松香　　　B. 铁　　　C. 玻璃　　　D. 沥青
2. 晶体与非晶体的根本区别在于_____。
A. 原子数量　　B. 晶胞大小　　C. 原子排列是否规则
3. 金属材料的晶粒愈细小其强度愈_____。
A. 大　　　B. 小　　　C. 不变
4. 金属在结晶过程中温度随时间延长并不变化,这是由于金属_____。
A. 不散热　　　B. 从外界吸收热量　　　C. 释放潜热

问答题

1. 晶体与非晶体的主要区别是什么？
2. 常见的金属晶格类型有哪几种？
3. 实际金属晶体中存在哪些晶体缺陷？它们对力学性能有何影响？
4. 什么叫过冷度？影响过冷度的主要因素是什么？
5. 晶粒大小对材料的力学性能有何影响？如何细化晶粒？
6. 什么是合金？与纯金属相比合金具有哪些优点？
7. 合金组织有哪几种类型？它们的结构和性能有何特点？
8. 什么是合金相图？简述二元合金相图的建立方法。

第3章 铁碳合金

钢铁材料是现代工业中应用最为广泛的合金,以铁和碳为基本组元组成。与其他材料相比,钢铁具有较高的强度和硬度,可以铸造和锻压,也可以进行切削加工和焊接,尤其是可以通过适当的热处理,显著提高各种性能。此外,自然界中铁矿石的蕴藏量也很丰富,钢铁价格较低。要熟悉并合理地选择铁碳合金,就必须了解铁碳合金的成分、组织和性能之间的关系。

3.1 铁碳合金基本组织

3.1.1 纯铁的同素异构转变

自然界中大多数金属结晶后晶格类型都不再变化,但少数金属,如铁、锰、钛等,结晶成固态后继续冷却时,还会发生晶格的变化。金属这种在固态下晶格类型随温度(或压力)发生变化的现象称为同素异构转变。以不同晶格形式存在的同一金属元素的晶体称为该金属的同素异晶体。同一金属的同素异晶体按其稳定存在的温度,由高温到低温依次用希腊字母 α、β、γ、δ 等表示。

图 3-1 为纯铁的冷却曲线。由图可见,液态纯铁在 1538 ℃进行结晶,得到具有体心立方晶格的 δ-Fe;继续冷却到 1394 ℃时发生同素异构转变,δ-Fe 转变为面心立方晶格的 γ-Fe;再冷却到 912 ℃时又发生同素异构转变,转变为体心立方晶格的 α-Fe;冷却到室温,晶格不再发生变化。纯铁的同素异构转变可用下式表示:

$$\delta\text{-Fe} \underset{}{\overset{1394\ ℃}{\rightleftharpoons}} \gamma\text{-Fe} \underset{}{\overset{912\ ℃}{\rightleftharpoons}} \alpha\text{-Fe}$$
(体心立方晶格)　　(面心立方晶格)　　(体心立方晶格)

金属的同素异构转变与液态金属结晶过程有许多相似之处:有一定的转变温度;转变时有过冷现象;放出和吸收潜热;转变过程也是一个形核和晶核长大的过程。

但同素异构转变属于固态相变,转变时又具有本身的特点。例如,转变需要较大的过冷度;晶格的改变伴随着体积的变化,转变时会产生较大的内应力。例如 γ-Fe 转变为 α-Fe 时,铁的体积会膨胀约 1%。这是钢在淬火时产生内应力,导致工件变形和开裂的主要原因。纯铁具有同素异构转变的特性,也是钢铁材料能够通过热处理改善性能的重要依据。

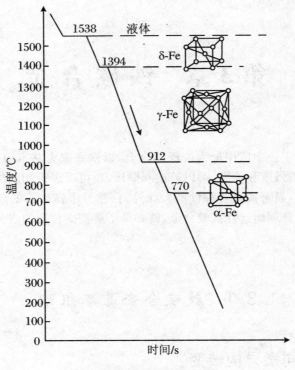

图 3-1 纯铁的冷却曲线

3.1.2 铁碳合金的基本组织

1. 铁素体

碳溶于 α-Fe 中所形成的间隙固溶体称为铁素体,用符号 F 表示,它仍保持 α-Fe 的体心立方晶格结构。因其晶格间隙较小,所以溶碳能力很差,在 727 ℃时最大 w_C 仅为 0.0218%,室温时降至 0.0008%。铁素体由于溶碳量小,所以力学性能与纯铁相似,即塑性和冲击韧度较好,而强度、硬度较低。

2. 奥氏体

碳溶于 γ-Fe 中所形成的间隙固溶体称为奥氏体,用符号 A 表示,它保持 γ-Fe 的面心立方晶格结构。由于其晶格间隙较大,所以溶碳能力比铁素体强,在 727 ℃时 w_C 为 0.77%,1148 ℃时 w_C 达到 2.11%。奥氏体的强度、硬度不高,但具有良好的塑性,是绝大多数钢高温进行压力加工的理想组织。

3. 渗碳体

渗碳体是铁和碳组成的具有复杂斜方结构的间隙化合物,用化学式 Fe_3C 表示。渗碳体中的碳的质量分数为 6.69%,硬度很高(800 HBW),塑性和韧性几乎为零。主要作为铁碳合金中的强化相存在。

4. 珠光体

珠光体是铁素体和渗碳体组成的机械混合物,用符号 P 表示。在缓慢冷却条件下,珠光体中 w_C 为 0.77%,力学性能介于铁素体和渗碳体之间,即强度较高,硬度适中,具有一定的塑性。

5. 莱氏体

莱氏体是 w_C 为 4.3% 的合金，缓慢冷却到 1148 ℃时从液相中同时结晶出奥氏体和渗碳体的共晶组织，用符号 L_d 表示。冷却到 727 ℃时，奥氏体将转变为珠光体，所以室温下莱氏体由珠光体和渗碳体组成，称为低温莱氏体，用符号 L_d' 表示。莱氏体中由于有大量渗碳体存在，其性能与渗碳体相似，即硬度高，塑性差。

3.2 铁碳合金相图

铁碳合金相图是在缓慢冷却的条件下，表明铁碳合金成分、温度、组织变化规律的简明图解，它也是选择材料和制定有关热加工工艺时的重要依据。

由于 $w_C > 6.69\%$ 的铁碳合金脆性极大，在工业生产中没有使用价值，所以我们只研究 w_C 小于 6.69% 的部分。$w_C = 6.69\%$ 对应的正好全部是渗碳体，把它看作一个组元，实际上我们研究的铁碳相图是 Fe-Fe$_3$C 相图，如图 3-2 所示。

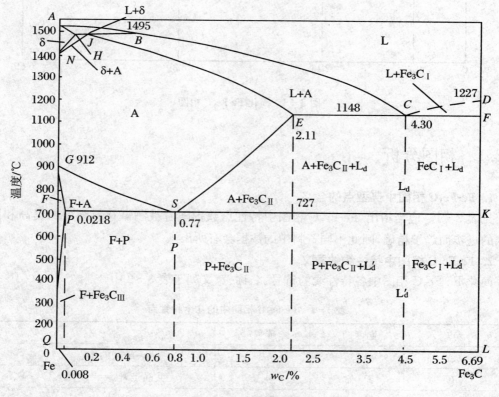

图 3-2 Fe-Fe$_3$C 相图

图中纵坐标为温度，横坐标为含碳量的质量百分数。为了便于掌握和分析 Fe-Fe$_3$C 相图，将其实用意义不大的左上角部分以及左下角 GPQ 线左边部分予以省略，经简化后的 Fe-Fe$_3$C 相图如图 3-3 所示。

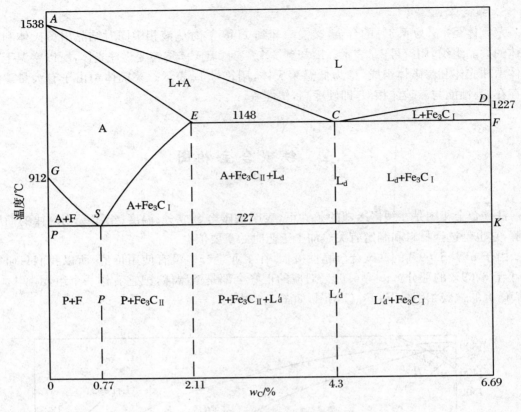

图 3-3 简化 Fe-Fe₃C 相图

3.2.1 相图分析

1. Fe-Fe₃C 相图中典型点的含义

见表 3-1。应当指出，Fe-Fe₃C 相图中特性点数据随着被测试材料纯度的提高和测试技术的进步而趋于精确，因此不同资料中的数据会有所出入。

2. Fe-Fe₃C 相图中特性线的意义

简化 Fe-Fe₃C 相图中各特性线的符号、名称、意义列于表 3-2 中。

表 3-1 Fe-Fe₃C 相图中的几个特性点

点	温度/℃	含碳量/%	含 义
A	1538	0	纯铁的熔点
C	1148	4.3	共晶点，$L_c \rightleftharpoons A + Fe_3C$
D	1227	6.69	渗碳体的熔点
E	1148	2.11	碳在 γ-Fe 中的最大溶解度
G	912	0	纯铁的同素异构转变点 α-Fe $\rightleftharpoons$ γ-Fe
S	727	0.77	共析点，$A_s \rightleftharpoons F + Fe_3C$

表 3-2 Fe-Fe₃C 相图中的特性线

特性线	含 义
ACD	液相线
AECF	固相线
GS	常称 A_3 线。冷却时,不同含碳量的奥氏体中结晶出铁素体的开始线
ES	常称 A_{cm} 线。碳在 γ-Fe 中的溶解度曲线
ECF	共晶转变线,$L_c \rightleftharpoons A + Fe_3C$
PSK	共析转变线,常称 A_1 线。$A_s \rightleftharpoons F + Fe_3C$

3. Fe-Fe₃C 相图相区分析

依据特性点和特征线的分析,简化 Fe-Fe₃C 相图主要有四个单相区,即 L、A、F、Fe₃C;相图上其他区域的组织如图 3-3 所示。

3.2.2 典型铁碳合金结晶过程分析

1. 铁碳合金分类

铁碳合金由于成分不同,室温下得到不同的组织。根据含碳量和室温组织特点,铁碳合金可分为工业纯铁、钢、白口铸铁三类。

(1) 工业纯铁:$w_C < 0.0218\%$。

(2) 钢:$0.0218\% < w_C < 2.11\%$。

根据其室温组织特点不同,又可分为三种:

① 亚共析钢,$0.218\% < w_C < 0.77\%$,组织为 F+P。

② 共析钢,$w_C = 0.77\%$,组织为 P。

③ 过共析钢,$0.77\% < w_C < 2.11\%$,组织为 $P + Fe_3C_{II}$。

(3) 白口铸铁,$2.11\% < w_C < 6.69\%$。

按白口铁室温组织特点,也可分为三种:

① 亚共晶白口铁,$2.11\% < w_C < 4.3\%$,组织为 $P + Fe_3C_{II} + L'_d$。

② 共晶白口铁,$w_C = 4.3\%$,组织为 L'_d。

③ 过共晶白口铁,$4.3\% < w_C < 6.69\%$,组织为 $Fe_3C + L'_d$。

2. 典型铁碳合金结晶过程分析

典型铁碳合金结晶过程分析是依据成分垂线与相线相交情况,分析几种典型 Fe-C 合金结晶过程中的组织转变规律。

(1) 共析钢

图 3-4 所示合金 I ($w_C = 0.77\%$) 为共析钢。当合金冷却到 1 点时,开始从液相中析出奥氏体;降至 2 点时全部液体都转变为奥氏体;冷却到 3 点 727 ℃时,奥氏体将发生共析反应,即 A 转变为 P(F+Fe₃C);温度再继续下降,珠光体不再发生变化。共析钢冷却过程如图 3-5 所示,其室温组织是珠光体。珠光体的典型组织是铁素体和渗碳体呈片状叠加而成,如图 3-6 所示。

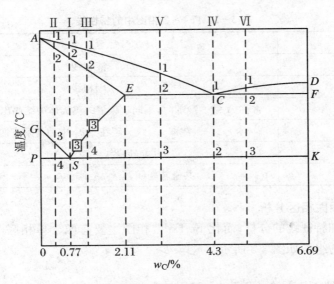

图 3-4 典型铁碳合金在 $Fe-Fe_3C$ 相图中的位置

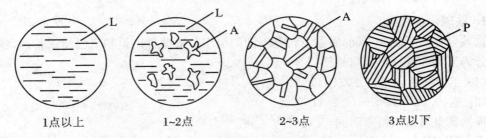

图 3-5 共析钢结晶过程示意图

图 3-6 共析钢的显微组织

(2) 亚共析钢

如图 3-4 所示合金 Ⅱ($w_C = 0.4\%$)为亚共析钢。合金在 3 点以上冷却过程同合金 Ⅰ 相似,缓冷至 3 点(与 GS 线相交于 3 点)时,从奥氏体中开始析出铁素体。随着温度降低,铁素体量不断增多,奥氏体量不断减少,并且成分分别沿 GP、GS 线变化。温度降到 PSK 温度,剩余奥氏体含碳量达到共析水平($w_C = 0.77\%$),即发生共析反应,转变成珠光体。4 点以下冷却过程中,组织不再发生变化。因此亚共析钢冷却到室温的显微组织是铁素体和珠光体,其冷却过程组织转变如图 3-7 所示。

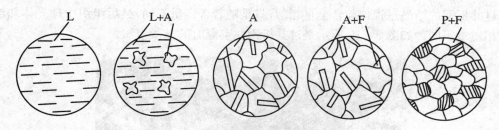

图 3-7 亚共析钢组织转变过程示意图

凡是亚共析钢结晶过程均与合金 Ⅱ 相似,只是由于含碳量不同,组织中铁素体和珠光体的相对量不同。随着含碳量的增加,珠光体量增多,而铁素体量减少。亚共析钢的显微组织如图 3-8 所示。

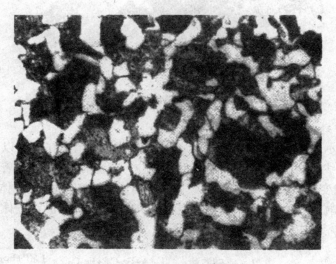

图 3-8 亚共析钢的显微组织

(3) 过共析钢

如图 3-4 所示合金 Ⅲ($w_C = 1.20\%$)为过共析钢。合金 Ⅲ 在 3 点以上冷却过程与合金 Ⅰ 相似,当冷却到 3 点(与 ES 线相交于 3 点)时,奥氏体中碳含量达到饱和;继续冷却,奥氏体成分沿 ES 线变化,从奥氏体中析出二次渗碳体,沿奥氏体晶界呈网状分布。温度降至 PSK 线时,奥氏体 w_C 达到 0.77%,即发生共析反应,转变成珠光体。4 点以下至室温,组织不再发生变化。过共析钢的组织转变过程如图 3-9 所示,其室温下的显微组织是珠光体和网状二次渗碳体。

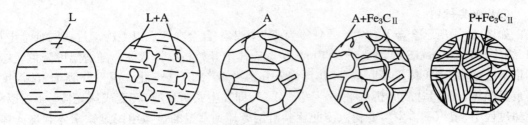

图 3-9 过共析钢组织转变过程示意图

过共析钢的结晶过程均与合金Ⅲ相似,只是随着含碳量不同,最后组织中珠光体和渗碳体的相对量不同。如图 3-10 所示是过共析钢在室温时的显微组织。

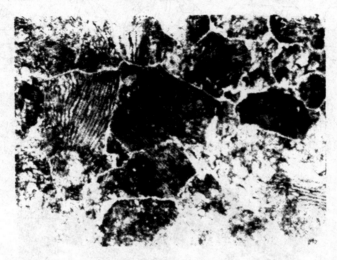

图 3-10 过共析钢的显微组织

(4) 共晶白口铁

如图 3-4 所示合金Ⅳ($w_C=4.3\%$)为共晶白口铁。合金Ⅳ在 1 点以上为单一液相,当温度降至与 ECF 线相交时,液态合金发生共晶反应,产物为莱氏体。随着温度继续下降,奥氏体成分沿 ES 线变化,从中析出二次渗碳体。当温度降至 2 点时,奥氏体发生共析转变,形成珠光体。故共晶白口铁室温组织是由珠光体、二次渗碳体和共晶渗碳体组成的混合物,称之为低温莱氏体。其结晶过程如图 3-11 所示。

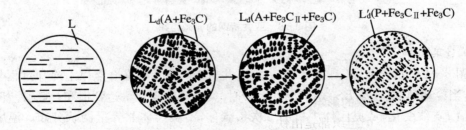

图 3-11 共晶白口铁结晶过程组织转变示意图

室温下共晶白口铁显微组织如图 3-12 所示。图中黑色部分为珠光体,白色基体为渗碳体。

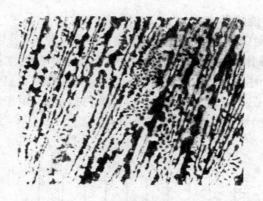

图 3-12 共晶白口铁的显微组织

(5) 亚共晶白口铁

亚共晶白口铁（$2.11\% < w_C < 4.3\%$）结晶过程与合金Ⅳ基本相同，区别是共晶转变之前有先析相 A 形成，因此其室温组织为 $P + Fe_3C + L_d'$，如图 3-13 所示。图中黑色点状、树枝状物体为珠光体，黑白相间的基体为低温莱氏体，二次渗碳体与共晶渗碳体在一起，难以分辨。

(6) 过共晶白口铁

过共晶白口铁（$4.3\% < w_C < 6.69\%$）结晶过程也与合金Ⅳ相似，只是在共晶转变前先从液体中析出一次渗碳体，其室温组织为 $Fe_3C + L_d$，如图 3-14 所示。图中白色板条状物体为一次渗碳体，基体为低温莱氏体。

图 3-13 亚共晶白口铁的显微组织　　　　图 3-14 过共晶白口铁的显微组织

3.2.3　含碳量对铁碳合金组织和性能的影响

1. 含碳量对平衡组织的影响

铁碳合金在室温下的组织都是由铁素体和渗碳体两相组成，随着含碳量增加，铁素体不断减少，而渗碳体逐渐增加，并且由于形成条件不同，渗碳体的形态和分布有所变化。

室温下随着含碳量增加，铁碳合金平衡组织变化规律如下：

$$F \rightarrow F+P \rightarrow P \rightarrow P+Fe_3C_{II} \rightarrow P+Fe_3C_{II}+L_d' \rightarrow L_d' \rightarrow Fe_3C_I + L_d'$$

2. 含碳量对力学性能的影响

图 3-15 为含碳量对碳钢的力学性能的影响。由图可见，随着钢中含碳量增加，钢的强度、硬度升高，而塑性和韧性下降，这是由于组织中渗碳体量不断增多，铁素体量不断减少的缘故。但当 $w_C=0.9\%$ 时，由于网状二次渗碳体的存在，强度明显下降。工业上使用的钢 w_C 一般不超过 $1.3\%\sim1.4\%$；而 w_C 超过 2.11% 的白口铸铁，由于组织中大量渗碳体的存在，性能硬而脆，难以切削加工，一般以铸态使用。

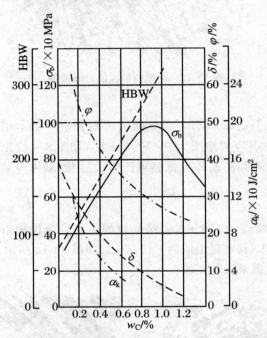

图 3-15 含碳量对钢的力学性能的影响

3.2.4 铁碳合金相图的应用

相图是分析钢铁材料平衡组织和制定钢铁材料各种热加工工艺的基础性资料，在生产实践中具有重大的现实意义，如图 3-16 所示。

1. 在选材方面的应用

相图表明了钢铁材料成分、组织的变化规律，据此可判断出力学性能变化特点，从而为选材提供可靠的依据。例如，要求塑性、韧性好，焊接性能良好的材料，应选低碳钢；而要求硬度高、耐磨性好的各种工具钢，应选用含碳量较高的钢。

2. 在铸造方面的应用

生产中，依据相图可估算钢铁材料的浇注温度，一般在液相线以上 50~100 ℃。由相图可知共晶成分的合金结晶温度最低，结晶区间最小，流动性好，体积收缩小，易获得组织致密的铸件，所以通常选择共晶成分的合金作为铸造合金。

3. 在锻造方面的应用

相图可作为确定钢的锻造温度范围的依据。通常把钢加热到奥氏体单相区，此时塑性好，变形抗力小，易于成形。一般始锻温度控制在固相线以下 100~200 ℃ 范围内，而终锻温度亚共析钢控制在 GS 线以上,过共析钢应在稍高于 PSK 线以上。

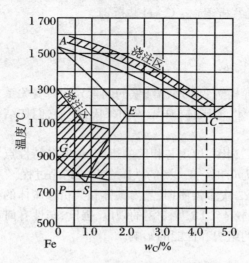

图 3-16　Fe-Fe₃C 相图与铸、锻工艺的关系

4. 在焊接方面的应用

焊缝及周围热影响区受到不同程度的加热和冷却时,组织和性能会发生变化,相图可作为研究变化规律的理论依据。

5. 热处理方面的应用

相图是制定各种热处理工艺加热温度的重要依据。

相图尽管应用广泛,但仍有一些局限性,主要表现在以下几方面:

(1) 相图只是反映了平衡条件下的组织转变规律(缓慢加热或缓慢冷却),没有体现出时间的作用,因此实际生产中,冷却速度较快时不能用相图分析问题。

(2) 相图只反映出了二元合金中相平衡的关系,若钢中有其他合金元素,其平衡关系会发生变化。

(3) 相图不能反映实际组织状态,它只给出了相的成分和相对量的信息,不能给出形状、大小、分布等特征。

复习思考题

选择题

1. 不是铁碳合金基本组织的是_____。
   A. 铁素体　　B. 马氏体　　C. 珠光体　　D. 莱氏体
2. 铁碳合金相图上的 ES 线,用_____符号表示,PSK 线用_____符号表示。
   A. A_1　　　B. A_{cm}　　C. A_3
3. 铁碳合金相图上的共析线是_____,共晶线是_____。
   A. ECF 线　　B. ACD 线　　C. PSK 线

4. 碳的质量分数为 0.77% 的铁碳合金称为_____。
A. 共析钢　　B. 亚共析钢　　C. 过共析钢

问答题

1. 何谓金属的同素异构转变？写出纯铁的同素异构转变关系式。
2. 何谓铁素体、奥氏体、渗碳体、珠光体和莱氏体？它们在结构、组织形态和性能上各有何特点？
3. 画出简化 $Fe\text{-}Fe_3C$ 相图，填出各相区的组织，说明各特性点、特性线的含义。
4. 分析含碳量分别为 0.4%、1.2% 的铁碳合金的结晶过程。
5. 分析一次渗碳体、二次渗碳体、共晶渗碳体和共析渗碳体的异同之处。
6. 平衡条件下，试比较 45、T8、T12 钢的硬度、强度、塑性有何不同。
7. 试述含碳量对钢的组织和性能的影响。

第4章 钢的热处理

4.1 概　　述

4.1.1 钢的热处理性质

钢的热处理是指将金属材料或工件在固态下进行加热、保温和冷却,以获得预期的组织结构与性能的一种工艺方法。

热处理不改变零件的外形和尺寸,只改变金属的内部组织和性能。热处理不仅可以强化金属材料、充分发挥其内部潜力、提高或改善工件的使用性能和加工工艺性,而且还是提高加工质量、延长工件和刀具使用寿命、节约材料、降低成本的重要手段;并且经过合理的表面热处理可提高零件的耐蚀性及耐磨性,也可起到装饰和美化零件外观的作用。所以机械制造业中,大多数的机器零件都要经过热处理。

金属材料热处理主要有普通热处理和表面热处理两大类。普通热处理主要有退火、正火、淬火、回火;表面热处理有表面淬火和化学热处理等。

热处理工艺都是由加热、保温和冷却三个阶段组成的,可以用热处理工艺曲线表示(见图4-1)。

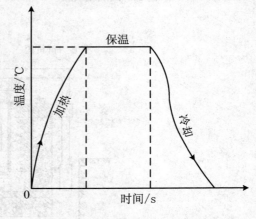

图4-1　钢的热处理工艺曲线

4.1.2 热处理设备

热处理设备主要包括加热设备、冷却设备、专用工艺设备、质量检测设备等。

1. 箱式电阻炉

箱式电阻炉是利用电流通过布置在炉膛内的电热元件发热,使工件加热。如图4-2所示是中温箱式电阻炉结构示意图。这种炉子的热电偶从炉顶或后壁插入炉膛,通过检温仪表显示和控制温度,加热温度可达到950 ℃以上。箱式电阻炉适用于钢铁材料和非铁材料(有色金属)的退火、正火、淬火、回火热处理工艺的加热。

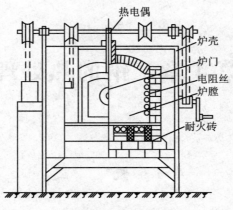

图 4-2　箱式电阻炉

2. 井式电阻炉

如图 4-3 所示是中温井式电阻炉,这种炉子一般用于长形工件的加热。因炉体较高,一般均置于地坑中,仅露出地面 600~700 mm。井式电阻炉比箱式电阻炉具有更优越的性能,炉顶装有风扇,加热温度均匀,加热温度可达到 950 ℃以上。细长工件可以垂直吊挂,并可利用各种起重设备进料或出料。井式电阻炉主要用于轴类零件或质量要求较高的细长工件的退火、正火、淬火工艺的加热。

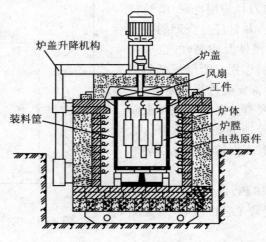

图 4-3　井式电阻炉

3. 盐浴炉

盐浴炉是用熔盐作为加热介质的炉型。根据工作温度不同分为高温、中温、低温盐浴炉。高、中温盐浴炉采用电极内加热式,是把低电压、大电流的交流电通入置于盐槽内的两个电极上,利用两电极间熔盐电阻的发热效应,使熔盐达到预定温度。将零件吊挂在熔盐中,通过对流、传导作用,使工件加热。低温盐浴炉采用电阻丝外加热式。盐浴炉可以完成多种热处理工艺的加热,其特点是加热速度快、均匀,氧化和脱碳少,是中小型工、模具的主要加热方式。如图 4-4 所示是盐浴炉结构示意图。中温炉最高工作温度为 950 ℃,高温炉最高工作温度为 1300 ℃。

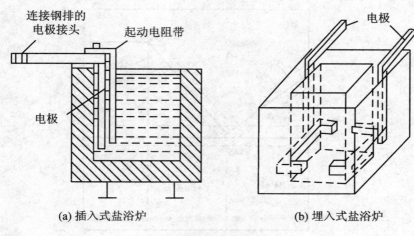

图 4-4 盐浴炉

4. 冷却设备

淬火冷却槽是热处理生产中主要的冷却设备,常用的有水槽、油槽、浴炉等。为了保证淬火能够正常连续地进行,使淬火介质保持比较稳定的冷却能力,须将被工件加热了的冷却介质冷却到规定的温度范围以内,因此常在淬火槽中加设冷却装置,如图 4-5 所示。

5. 专用工艺设备

专用工艺设备指专门用于某种热处理工艺的设备,如气体渗碳炉、井式回火炉、高频感应加热淬火装置等。

6. 质量检测设备

根据热处理零件质量要求,检测设备一般有检验硬度的硬度计、检验裂纹的探伤机、检验内部组织的金相显微镜及制样设备、校正变形的压力机等。

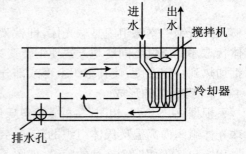

图 4-5 淬火冷却槽

4.2 钢在加热和冷却时的组织转变

4.2.1 钢在加热和冷却时的转变温度

大多数钢件热处理工艺,为了在热处理后获得所需要的性能,都要将钢加热到相变温度以上,使其组织发生变化。对于碳素钢,在缓慢加热和冷却过程中,相变温度可以根据 Fe-Fe$_3$C 相图来确定,然而由于 Fe-Fe$_3$C 相图中的相变温度 A_1、A_3、A_{cm} 是在极其缓慢的加热和冷却条件下测定的,与实际热处理的相变温度有一些差异,加热时相变温度因有过热现象而偏高,冷却时因有过冷现象而偏低,随着加热和冷却速度的增加,这一偏离现象愈加严重,因此,常将实际加热时偏离的相变温度用 Ac_1、Ac_3、Ac_{cm} 表示,将实际冷却时偏离的相变温度用 Ar_1、Ar_3、Ar_{cm} 表示,如图 4-6 所示。

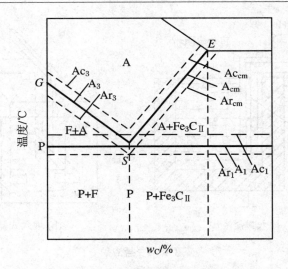

图 4-6 加热或冷却时的相变温度变化

4.2.2 钢在加热时的组织转变

共析钢的室温组织是珠光体,即铁素体和渗碳体两相组成的机械混合物。只有在奥氏体状态才能通过不同冷却方式使钢转变为不同组织,获得所需要性能。所以,热处理时须将钢加热到一定温度,使其组织全部或部分转变为奥氏体。

1. 奥氏体的形成

根据 Fe-Fe$_3$C 相图,共析碳钢奥氏体化的温度应在 A$_1$ 线以上。因此,共析碳钢由室温珠光体组织向高温奥氏体组织的转变,要通过形核与核长大过程实现。其奥氏体形成的全过程应包括下面四个连续的阶段,如图 4-7 所示。

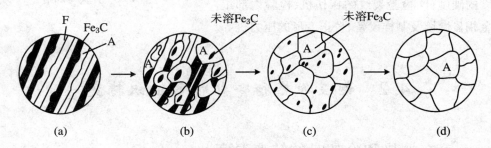

图 4-7 共析钢的奥氏体形核及其核长大过程示意图

(1) 第一阶段为奥氏体形核。钢在加热到 Ac$_1$ 时,奥氏体晶核优先在铁素体与渗碳体的相界面上形成,这是因为相界面的原子是以铁素体与渗碳体两种晶格的过渡结构排列的,原子偏离平衡位置处于畸变状态,具有较高能量;再则,与晶体内部比较,晶界处碳的分布是不均匀的,这些都为形成奥氏体晶核在成分、结构和能量上提供了有利条件。

(2) 第二阶段为奥氏体晶核长大。奥氏体形核后的长大,是新相奥氏体的相界面向着铁素体和渗碳体这两个方向同时推移的过程。通过原子扩散,铁素体晶格先逐渐改组为奥氏体晶格,随后通过渗碳体的连续不断分解和铁原子扩散而使奥氏体晶核不断长大。

(3) 第三阶段是残余渗碳体的溶解。由于渗碳体的晶体结构和含碳量与奥氏体差别很大,所以,渗碳体向奥氏体的溶解必然落后于铁素体向奥氏体的转变。在铁素体全部转变消失之后,仍有部分渗碳体尚未溶解,因而还需要一段时间继续向奥氏体溶解,直至渗碳体全部消失为止。

(4) 第四阶段是奥氏体成分均匀化。奥氏体转变刚结束时,其成分是不均匀的,在原来铁素体处含碳量较低,在原来渗碳体处含碳量较高,只有继续延长保温时间,通过碳原子扩散才能得到均匀成分的奥氏体组织,从而在冷却后得到良好组织与性能。

亚共析钢和过共析钢的奥氏体形成过程基本上与共析钢是一样的,所不同之处是在加热时有过剩相的出现。亚共析钢的室温组织为铁素体和珠光体,因此当加热到 Ac_1 以上保温后,其中珠光体转变为奥氏体,还剩下过剩相铁素体,需要加热超过 Ac_3,过剩相才能全部消失。过共析钢在室温下的组织为渗碳体和珠光体,当加热到 Ac_1 以上保温后,珠光体转变为奥氏体,还剩下过剩相渗碳体,只有加热超过 Ac_{cm} 后,过剩渗碳体才能全部溶解。

2. 奥氏体晶粒长大及其控制

(1) 奥氏体晶粒的长大

当珠光体向奥氏体转变刚完成时,由于奥氏体是在片状珠光体的两相(铁素体与渗碳体)界面上形核,晶核数量多,获得细小的奥氏体晶粒,称为奥氏体起始晶粒度。随着加热温度升高或保温时间延长,奥氏体晶粒慢慢长大,因为高温下原子扩散能力增强,通过大晶粒"吞并"小晶粒可以减少晶界表面积,从而使晶界表面能降低,奥氏体组织处于更稳定的状态。由此可见,奥氏体晶粒长大是个自然过程,而高温和长时间保温只是个外因或外部条件。加热温度越高,保温时间越长,奥氏体晶粒就长得越大。钢在某一具体加热条件下实际获得的奥氏体晶粒,称为奥氏体实际晶粒度,其大小直接影响热处理后的机械性能。不同钢材在加热时奥氏体晶粒的长大倾向是不同的,有的钢材加热时奥氏体晶粒容易长大,而有的钢材则不容易长大,凡是奥氏体晶粒容易长大的钢称为"本质粗晶粒钢",奥氏体晶粒不容易长大的钢称为"本质细晶粒钢"。

(2) 奥氏体晶粒度的控制

奥氏体晶粒度对钢在室温下的组织和性能有影响。奥氏体晶粒细小时,冷却后转变产物的组织也细小,其强度与塑性、韧性都较高,冷脆转变温度也较低;反之,粗大的奥氏体晶粒,冷却转变后仍获得粗晶粒组织,使钢的机械性能(特别是冲击韧性)降低,甚至在淬火时产生变形、开裂。所以,热处理加热时获得细小而均匀的奥氏体晶粒,往往是保证热处理零件质量的关键之一。热处理加热时为了使奥氏体晶粒不致粗化,一般控制因素如下:

① 加热温度和保温时间。加热温度越高,晶粒长大越快,奥氏体晶粒越粗大。因此,必须严格控制加热温度。当加热温度一定时,随着保温时间延长,晶粒不断长大,但长大速度越来越慢,不会无限长大下去,所以延长保温时间的影响要比提高加热温度小得多。

② 加热速度。当加热温度一定时,加热速度越快,则过热度越大(奥氏体化的实际温度越高),形核率越高,因而奥氏体的起始晶粒越小;此外,加热速度越快,则加热时间越短,晶粒越来不及长大,所以快速短时加热是细化晶粒的重要手段之一。

③ 钢的成分。当加热温度相同时,奥氏体中的碳化物增加,奥氏体晶粒长大倾向也增加,但奥氏体晶界上存在未溶的碳化物时,可阻止奥氏体晶粒长大。

④ 在冶炼时采用 Al 脱氧或加入 Nb、V、Ti、Zr 等合金元素,可阻碍奥氏体的晶粒长大。

4.2.3 钢在冷却时的组织转变

热处理中对钢进行加热和保温的主要目的是为了获得细小而均匀的奥氏体晶粒。钢在加热转变为奥氏体后,以什么方式和速度进行冷却,将对钢的组织和性能有着决定性的作用,因为冷却的方式和速度不同,所得到的组织和性能就大不相同。因此应掌握奥氏体在什么冷却条件下向什么组织转变,以便正确地选择合适的冷却方法来控制钢的组织和性能。实践证明,即使是相同成分的钢,加热到高温奥氏体状态后,由于冷却方式不同,反映在最终的机械性能上也有明显差异。这是由于冷却速度不同,得到不同的组织所引起的。这便是各种热处理操作的主要理论依据。

实际生产中,钢热处理时常用的冷却方式有两种。一是等温冷却,即奥氏体化的钢先以较快的冷却速度冷却到相变点(A_1 线)以下一定的温度,这时奥氏体尚未转变,但成为过冷奥氏体,然后进行保温,使过冷奥氏体在等温下发生组织转变,转变完成后再冷却到室温,例如等温退火、等温淬火等均属于等温冷却方式。二是连续冷却,即对奥氏体化的钢,使其在温度连续下降的过程中发生组织转变,例如在热处理生产中经常使用的水中、油中或空气中冷却等都是连续冷却方式(见图 4-8)。共析钢过冷奥氏体不同的冷却方式对钢组织及性能的影响是很大的,下面分别对共析钢过冷奥氏体等温冷却转变和连续冷却转变进行分析。

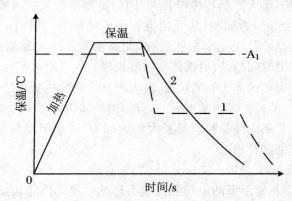

图 4-8 奥氏体的冷却曲线示意图
1—等温冷却;2—连续冷却

1. 共析钢过冷奥氏体等温冷却转变

如图 4-9 所示为共析钢过冷奥氏体的等温转变曲线。过冷奥氏体等温转变曲线形状类似字符"C",故简称 C 曲线,又称为 TTT 曲线(英文"时间"、"温度"、"转变"三词字头)。图中 A_1、M_s 两条温度线划分出上、中、下三个区域:A_1 线以上是稳定奥氏体区;M_s 线以下是马氏体转变区;A_1 和 M_s 线之间的区域是过冷奥氏体等温转变区。

图中两条 C 曲线又把等温转变区划分为左、中、右三个区域:左边一条 C 曲线为转变开始线,其左侧是过冷奥氏体区;右边一条 C 曲线为转变终了线,其右侧是转变产物区;两条 C 曲线之间是过冷奥氏体部分转变区。

(1) 在 $A_1 \sim 650$ ℃ 范围内等温转变,过冷度小,形成粗片状珠光体组织 P,层片间距大于 0.4 μm,在 200 倍金相显微镜下可显示组织特征,布氏硬度达 170~230 HBW。

(2) 在 650~600 ℃ 范围内等温转变,过冷度稍大,形核多,奥氏体转变快,形成细片状珠光体组织,称为索氏体S,其层片间距为0.2~0.4μm,在800~1000倍金相显微镜下可分辨组织特征,布氏硬度达230~320 HBW。

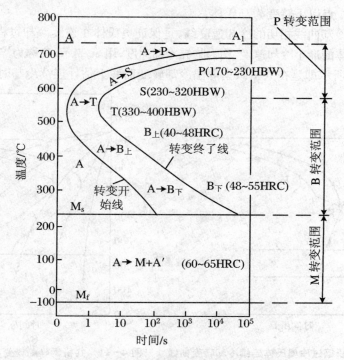

图4-9 共析钢过冷奥氏体的等温转变曲线

(3) 在600~550 ℃范围内等温转变,过冷度更大,奥氏体转变更快,形成极细片状珠光体组织,称为托氏体T,其层片间距小于0.2μm,在高倍光学显微镜下也分辨不清,层片形态呈黑色团状,其布氏硬度达330~400 HBW。

(4) 在550~350 ℃范围内,碳原子有一定的扩散能力,在铁素体片的晶界上析出不连续短杆状的渗碳体,这种组织称为上贝氏体$B_上$。上贝氏体强度、硬度较高(40~48 HRC),塑性较低,脆性较大,生产中很少采用。

(5) 在350 ℃~M_s范围内,碳原子的扩散能力更弱,难以扩散到片状铁素体的晶界上,只能沿与晶轴呈55°~60°夹角的晶面析出断续条状渗碳体,这种组织称为下贝氏体$B_下$,其形态在光学显微镜下呈黑色针状。下贝氏体具有高的强度和硬度(约48~55 HRW)及良好的塑性和韧性,综合机械性能好,生产中常采用等温转变获得下贝氏体组织。

(6) 马氏体的转变是在M_s~M_f范围内,不断降温的过程中进行的,冷却中断,转变随即停止,只有继续降温,马氏体转变才能继续进行,直至冷却到M_f点温度,转变终止。M_s为马氏体转变开始温度,M_f为马氏体转变终了温度。马氏体转变至环境温度下仍会保留一定数量的奥氏体,称为残留奥氏体,以A'或$A_残$表示。

2. 共析钢过冷奥氏体连续冷却转变

在热处理生产中,钢经奥氏体化后,多采用连续冷却的方式,转变开始及转变终止的时间与转变温度之间的关系曲线称为连续冷却C曲线或CCT曲线,如图4-10所示。共析钢在连续冷却时,只发生珠光体和马氏体转变,不发生贝氏体转变,未转变的过冷奥氏体一直保留到M_s线以下转变为马氏体。

共析钢连续冷却曲线中有三条曲线：P_s 线为过冷奥氏体向珠光体转变开始线；P_f 线为转变终止线；K 线为高温转变中止线，当过冷奥氏体冷却到 K 线时，不再发生珠光体型转变，而一直保留到 M_s 点以下转变为马氏体。

图中与连续冷却曲线相切的冷却速度线，是保证奥氏体在连续冷却过程中不发生分解而全部过冷到马氏体的最小冷却速度，称为临界冷却速度，用 v_k 表示，又称为淬火临界冷却速度。

如图 4-11 所示即是在共析碳钢等温冷却转变曲线上估计连续冷却时的转变情况。

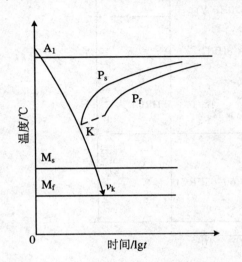 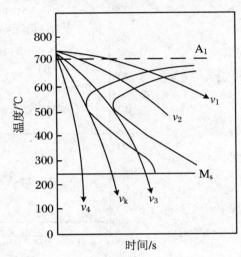

图 4-10 共析钢过冷奥氏体连续冷却转变曲线　　图 4-11 共析钢等温转变与连续冷却曲线

（1）v_1 相当于随炉冷却速度（退火），与 CCT 曲线相交于 700～670 ℃，过冷奥氏体转变为珠光体，硬度为 170～230 HBW。

（2）v_2 相当于空气中冷却速度（正火），与 CCT 曲线相交于 650～600 ℃，过冷奥氏体转变为索氏体，硬度为 230～320 HBW。

（3）v_3 相当于油中淬火时的冷却速度，与 CCT 曲线相割于转变开始线，且割于 600～450 ℃，后又与 M_s 相交，过冷奥氏体转变为托氏体、马氏体、残留奥氏体的混合组织，硬度为 45～55 HRC。尽管 v_3 也穿过了贝氏体区，但在共析钢 CCT 曲线中无贝氏体转变区，所以共析钢在连续冷却时不会得到贝氏体。

（4）v_4 相当于水中冷却速度（淬火），与 CCT 曲线不相交而直接与 M_s 相交，过冷奥氏体在 A_1～M_s 之间来不及分解，在 M_s 线以下转变为马氏体和残留奥氏体。

（5）v_k 为临界冷却速度，与 C 曲线相切于鼻部，过冷奥氏体转变为马氏体和残留奥氏体。

上述方法对正确判定热处理工艺、分析钢的组织与性能、合理选材有极大帮助。

4.3　钢的普通热处理

4.3.1　钢的退火

退火是将钢件加热到高于或低于钢的相变点适当温度，保温一定时间后，在炉中或埋入导热性较差的介质中缓慢冷却,以获得接近平衡状态组织的一种热处理工艺。

退火的目的是降低钢材硬度,提高钢材塑性;消除钢材内应力,防止变形和开裂;细化钢材组织,消除组织缺陷,提高钢的机械性能;均匀钢材成分,为最终热处理做好组织准备。

根据钢材化学成分和退火目的的不同,退火通常分为完全退火、球化退火、等温退火、去应力退火、扩散退火和再结晶退火等。

1. 完全退火

完全退火是将亚共析钢加热到 Ac_3 以上 30～50 ℃,保温一定时间后,随炉缓慢冷却,或埋入石灰中冷却,至 500 ℃以下在空气中冷却,如图 4-12 所示。所谓"完全"是指退火时钢件被加热到奥氏体化温度以上获得完全的奥氏体组织,并在冷至室温时获得接近平衡状况的铁素体和片状珠光体组织。

完全退火的目的是使铸造、锻造或焊接所产生的粗大组织细化,产生的不均匀组织得到改善,产生的硬化层得到消除,以便于切削加工。

完全退火主要用于处理亚共析组织的碳钢和合金钢的铸件、锻件、热轧型材以及焊接结构,也可作为一些不重要件的最终热处理。

2. 球化退火

球化退火是将共析或过共析钢加热至 Ac_1 以上 20～30 ℃,保温一定时间,再冷至 Ar_1 以下 20 ℃左右等温一定时间,然后随炉冷至 600 ℃左右出炉空冷,如图 4-12 所示。在其加热保温过程中,网状渗碳体不完全溶解而断开,成为许多细小点状渗碳体弥散分布在奥氏体基体上。在随后缓慢冷却过程中,以细小渗碳体质点为核心,形成颗粒状渗碳体,均匀分布在铁素体基体上,称为球状珠光体。T10 钢球化退火工艺如图 4-13 所示。

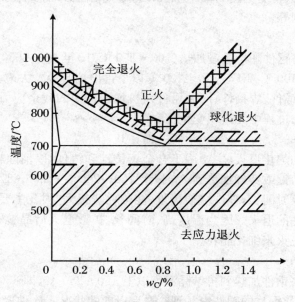

图 4-12 各种退火和正火的加热温度范围

球化退火主要用于消除过共析碳钢及合金工具钢中的网状二次渗碳体及珠光体中的片状渗碳体。由于过共析钢的层片状珠光体较硬,再加上网状渗碳体的存在,不仅给切削加工带来困难,使刀具磨损增加,切削加工性变差,而且还容易引起淬火变形和开裂。为了克服这一缺点,可在热加工之后安排一道球化退火工序,使珠光体中的网状二次渗碳体和片状渗碳体球化,以降低硬度、改善切削加工性,并为淬火做组织准备。

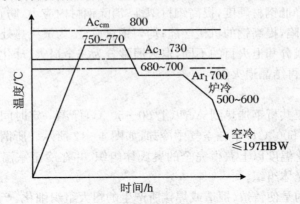

图 4-13　T10 钢球化退火工艺

对存在严重网状二次渗碳体的过共析钢,应先进行一次正火处理,使网状渗碳体溶解,然后再进行球化退火。至于亚共析钢虽然也可以得到球状珠光体,但是非常困难,而且也不必要,因为它已经具有很好的切削性能。

3. 等温退火

等温退火是将钢件加热到 Ac_3 以上(对亚共析钢)或 Ac_1 以上(对共析钢和过共析钢)30~50 ℃,保温后较快地冷却到稍低于 Ar_1 的温度,进行等温保温,使奥氏体转变成珠光体,转变结束后,取出钢件在空气中冷却。等温退火与完全退火目的相同,但可将整个退火时间缩短大约一半,而且可获得更为均匀的组织和硬度。等温退火主要用于奥氏体比较稳定的合金工具钢和高合金钢等。

4. 去应力退火

去应力退火是将钢件随炉缓慢加热(100~150 ℃/h)至 500~650 ℃,保温一定时间后,随炉缓慢冷却(50~100 ℃/h)至 300~200 ℃以下再出炉空冷。去应力退火又称低温退火,主要用于消除铸件、锻件、焊接件、冷冲压件及机加工件中的残余应力,以稳定尺寸、减少变形。钢件在低温退火过程中无组织变化。

5. 扩散退火

扩散退火又称均匀化退火,主要用于合金钢铸锭和铸件,以消除枝晶偏析,使成分均匀化。扩散退火是把铸锭或铸件加热到 Ac_3 以上 150~200 ℃(1000~1200 ℃),长时间保温后随炉冷却。由于退火时间长,零件烧损严重,能量耗费很大,因此主要用于质量要求高的优质高合金铸锭和铸件的退火。因为温度高、时间长,扩散退火后晶粒剧烈长大,所以还要经过一次完全退火或正火来细化晶粒。

6. 再结晶退火

再结晶退火是将钢件加热到再结晶温度以上 150~250 ℃,即 650~750 ℃范围内,保温后炉冷,通过再结晶使钢材的塑性恢复到冷变形以前的状况。这种退火也是一种低温退火,用于处理冷轧、冷拉、冷压等产生加工硬化的钢材。

4.3.2　钢的正火

正火是将亚共析钢加热到 Ac_3 以上、过共析钢加热到 Ac_{cm} 以上 30~50 ℃,保温一定时间后在空气中冷却的热处理工艺方法。正火与退火的主要区别是正火冷却速度较快,所获得的组织较细,强度和硬度较高。

在生产中,正火主要应用于如下场合:

（1）改善切削性能。低碳钢和低合金钢退火后铁素体所占比例较大,硬度偏低,切削加工时有"粘刀"现象,而且表面粗糙度值较大。通过正火能适当提高硬度,改善切削加工性。因此,低中碳结构钢、低合金钢选择正火作为预先热处理;而 $w_C > 0.5\%$ 的中高碳钢、合金钢一般选择退火作为预备热处理。

（2）消除网状碳化物,为球化退火做组织准备。对于过共析钢,正火可以抑制或消除网状二次渗碳体的形成。因为在空气中冷却速度较快,二次渗碳体不能像退火时那样沿晶界完全析出形成连续网状,这样有利于球化退火。

（3）用于普通结构零件或某些大型非合金钢工件的最终热处理,以代替调质处理,如铁道车辆的车轴。

（4）用于淬火返修件,消除应力,细化组织,防止再淬火时产生变形与开裂。

4.3.3 钢的淬火

淬火是将钢加热到 Ac_3（亚共析钢）或 Ac_1（共析或过共析钢）以上 30～50 ℃,保温一定时间使其奥氏体化,然后在冷却介质中迅速冷却的热处理工艺。

淬火的主要目的是得到马氏体、贝氏体组织,提高钢的硬度和耐磨性,与回火工艺合理配合,更好地发挥钢材的性能潜力。各种工具、模具、量具等都需要通过淬火来提高硬度和耐磨性。

1. 淬火加热温度

对于亚共析碳钢,适宜的淬火温度为 Ac_3 以上 30～50 ℃（见图 4-14）,淬火后获得均匀细小的马氏体组织。如果加热温度过低（小于 Ac_3）,则在淬火组织中将出现大块未溶铁素体,使淬火组织出现软点,造成淬火硬度不足。

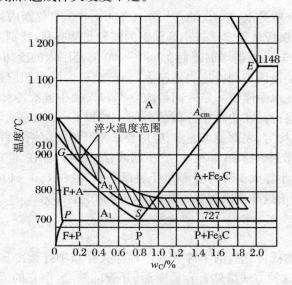

图 4-14 淬火加热温度选择示意图

对于共析碳钢和过共析碳钢,适宜的淬火温度为 Ac_1 以上 30~50 ℃,淬火后的组织为马氏体和粒状二次渗碳体,可提高钢的耐磨性。如果加热温度超过 Ac_{cm},不仅会得到粗片状马氏体组织,脆性极大,而且由于奥氏体碳含量过高,使淬火钢中残留奥氏体量增加,会降低钢的硬度和耐磨性。

淬火时要得到马氏体,淬火的冷却速度必须大于临界冷却速度。但根据碳钢的奥氏体等温转变曲线可知,要获得马氏体组织,并不需要在整个冷却过程中都进行快速冷却,关键是在过冷奥氏体最不稳定的 C 曲线鼻尖附近,即在 650~400 ℃的温度范围内要尽快冷却,650 ℃以上及 400 ℃以下并不需要快速冷却,300~200 ℃以下发生马氏体转变时,尤其不应该快速冷却,否则会因工件截面内外温差引起的热应力及组织转变应力的共同作用,使工件产生变形和裂纹,因此,理想的淬火冷却速度如图 4-15 所示。

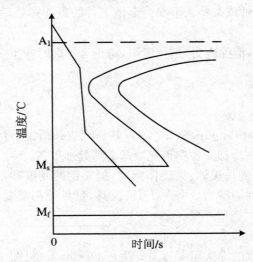

图 4-15 理想淬火冷却曲线示意图

2. 淬火冷却介质

淬火常用的冷却介质是水、盐水、油等。水在 650~400 ℃范围内具有很大的冷却能力(大于 600 ℃/s),这对奥氏体稳定性较小的碳钢的淬硬非常有利,特别是用浓度(质量分数)为 10%~15% 的盐水淬火,更能增加碳钢在 650~400 ℃范围内的冷却能力。但盐水和清水一样,在 300~200 ℃的范围内因冷速仍然很大,会产生很大的组织应力而造成工件严重变形或开裂。所以工件在水中停留一定时间后应立即转入油中继续冷却,使马氏体相变在冷却能力比较弱的油中进行。在盐水中停留的时间一般以 4~6 mm/s 计算。盐水适用于形状简单、硬度要求高而均匀、表面要求光洁、变形要求不严格的碳钢零件,如螺钉、销钉等。

淬火用油几乎全部为矿物油(如机油、变压器油、柴油等),油在 300~200 ℃范围内冷却速度远小于水,这对减小淬火工件的变形和开裂很有利,但在 650~400 ℃范围内冷却速度比水小得多,因此多用于过冷奥氏体稳定性较大的合金钢的淬火。

3. 常用淬火方法

(1) 单液淬火法

单液淬火法是将奥氏体化后的工件放入一种淬火介质中连续冷却到室温的淬火方法,如图 4-16(a)所示。这种方法虽然有容易变形、开裂的缺点,但它的操作简单,容易实现机械化、自动化,适用于形状简单的工件,故应用广泛。

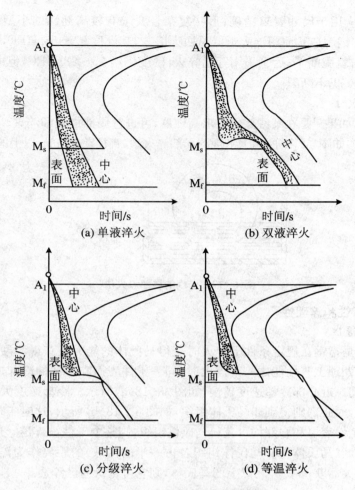

图 4-16 常用淬火方法示意图

(2) 双液淬火法

双液淬火法是将奥氏体化后的工件先在水中淬火,待冷到 300~400 ℃时取出再放入冷却能力较弱的油中冷却,如图 4-16(b)所示。这个方法的优点是高温冷却快,使奥氏体不转变为珠光体;在低温冷却较慢,减小了马氏体转变的应力。但在第一种冷却介质中停留的时间不易掌握,对操作者技术要求较高。对于形状复杂的碳钢件,为了防止开裂和减小变形,适宜采用双液淬火。

(3) 分级淬火(热浴淬火)法

分级淬火法是把奥氏体化后的工件放入稍高(或稍低)于 M_s(150~260 ℃)的盐槽或碱槽中,保温一定时间,使其表面和心部的温度均匀,大大减少温差应力,然后取出空冷,如图 4-16(c)所示。保温时要避免奥氏体分解。这种方法的优点是应力小,变形轻微;但由于盐浴或碱浴冷却能力不够大,只适宜形状复杂的小零件。

(4) 等温淬火法

对一些形状复杂而又要求较高硬度或强度与韧性相结合的工具、模具或机器零件,可进行等温淬火以得到下贝氏体组织。其方法是将奥氏体化后的工件放入温度高于 M_s 点(260~400 ℃)的盐槽或碱槽中,保温使其发生下贝氏体转变后在空气中冷却,如图 4-16(d)所示。这种方法只应用于尺寸要求精确、形状复杂且要求有较高韧性的小型工件和工模具。例如,螺丝刀(T7 钢制造),原用淬火+低温回火工艺,其硬度高于 55 HRC,因韧性不够,使用时扭到 10°左右就脆断了;后来采用等温淬火,硬度仍达 55～58 HRC,但由于韧性和塑性都较好,故扭到 90°仍不断裂。

(5) 局部淬火法

对某些零件,如果只是在某些部位要求高硬度,可进行局部加热和淬火,以避免其他部分产生变形和裂纹。如图 4-17 所示为卡规的局部淬火法(直径在 60 mm 以上的较大卡规)。

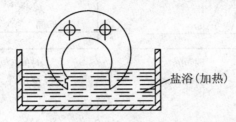

图 4-17 卡规的局部淬火法

4. 钢的淬透性和淬硬性

(1) 钢的淬透性

钢的淬透性是指钢在规定条件下淬火时获得马氏体的能力或获得淬硬层深度的能力,它是钢的主要热处理工艺性能之一。淬火时,同一工件表面和心部的冷却速度不同。表面冷却速度最快,越靠近心部冷却速度越慢,如图 4-18(a)所示。冷却速度大于 v_k 的表层将获得马氏体组织,而心部则得到非马氏体组织,如图 4-18(b)所示,这时工件未被淬透。若工件截面较小,工件表层和心部均可获得马氏体组织,则整个工件被淬透。通常将淬火工件表面至半马氏体区(马氏体与非马氏体组织各占一半的区域)的距离作为淬透层深度,如果工件的中心在淬火后获得了 50% 以上的马氏体,则它可被认为已淬透。

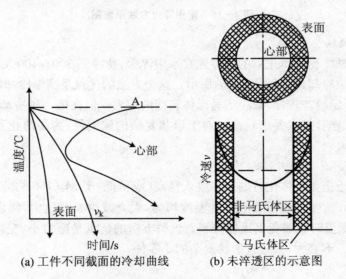

(a) 工件不同截面的冷却曲线　　(b) 未淬透区的示意图

图 4-18 工件淬透层深度与冷速的关系示意图

对需要做热处理的钢件,其机械性能沿截面的分布受淬透性影响很大。对大截面低淬透性工件,因其心部未淬透,机械性能很低,尤其是屈服强度和冲击韧度降低很多。因此在选材时应注意钢的淬透性，对于承受交变应力及冲击载荷等截面大且复杂的重要件，例如连杆、模具、板簧等零件，若要求淬透，应选用淬透性好的材料；而对于承受交变弯曲、扭转、冲击载荷或局部磨损的轴类、齿轮类、活塞销、转向节等零件，若要求表面淬硬且耐磨而内部韧性好，就应选用淬透性稍低的材料。

（2）钢的淬硬性

淬硬性是指钢在淬火时的硬化能力，常用淬火后马氏体所能达到的最高硬度表示。它主要取决于马氏体中的碳含量，碳含量越高则相应的马氏体越硬，完全淬火状态钢件的硬度也就越高。不同成分的钢的马氏体硬度主要取决于钢的碳含量。

4.3.4 钢的回火

工件经淬火后，一般都要进行回火。回火是将淬火工件重新加热至 Ac_1 以下的预定温度，保持一定时间，然后以一定速度冷却到室温。回火是紧接着淬火之后进行的一道热处理工序。这是因为淬火后得到的马氏体性能很脆（低碳马氏体除外），并存在很大的内应力，如不及时回火，时间久了有可能使工件发生变形或开裂。再者淬火组织中的马氏体和残余奥氏体都是不稳定的组织，如不回火会在日后使用中发生组织转变而引起工件尺寸变化，因此，回火是钢淬火后不可缺少的一个重要工序。

回火的目的是降低零件脆性，消除或降低内应力；稳定组织，从而稳定尺寸；降低硬度，以提高切削加工性；调整性能以获得较好的强度和韧性。

1. 淬火钢回火时组织和性能的变化

（1）淬火钢回火时的组织变化

淬火钢中的马氏体及残余奥氏体都是不稳定的组织，具有向稳定组织转变的自发倾向。但在室温下，这种转变进行得十分缓慢，通过回火加热和保温能促使这种转变的进行。随着回火温度的升高，淬火组织将发生马氏体的分解、残余奥氏体的转变、渗碳体的形成、渗碳体的聚集长大和铁素体的回复与再结晶等一系列变化。

（2）淬火钢回火时的性能变化

淬火钢回火时的组织变化，必然导致性能的变化。从图 4-19 可见，各种碳钢在 200 ℃以下回火时，硬度变化不大，仍保持淬火马氏体的高硬度，但共析钢、过共析钢的硬度略有升高；200～300 ℃回火时，一方面由于马氏体的分解造成硬度降低，另一方面由于残余奥氏体转变为下贝氏体，造成硬度的增加，两者共同作用的结果，硬度降低不大。当回火温度继续升高时，钢的硬度很快下降。碳钢通常回火温度每升高 100 ℃，硬度约下降 10 HRC。40 钢的机械性能随回火温度变化的规律如图 4-20 所示。图中可见，回火温度高于 250 ℃以后，σ_b 随着回火温度的升高而降低，但塑性增加，约到 600 ℃时，塑性达到最大值。而淬火钢在 250～350 ℃回火时，冲击韧度明显下降，出现脆性，这种现象称为低温回火脆性。为防止低温回火脆性，一般不在该温度范围内回火，或改用等温淬火。

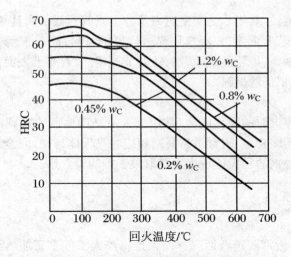

图 4-19 淬火钢回火时的硬度变化

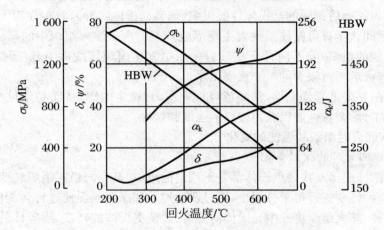

图 4-20 淬火 40 钢回火时机械性能的变化

2. 回火的方法和应用

根据工件的不同性能要求,按其回火温度的范围,可将回火大致分为以下 3 种:

(1) 低温回火(150~250 ℃)。主要是为了降低淬火钢的内应力和脆性,保持淬火马氏体的高硬度和高耐磨性。低温回火后的组织为回火马氏体,回火马氏体组织硬度可达 58~64 HRC。中高碳钢工具、冷作模具、滚动轴承、渗碳或表面淬火零件,经常采用低温回火。

(2) 中温回火(350~500 ℃)。中温回火所得到的组织为回火屈氏体(或托氏体),硬度为 35~45 HRC。中温回火后具有高的弹性极限和屈服强度,同时有较好的韧性,故主要用于弹簧、弹簧夹头及某些强度要求较高的零件,如枪械击针、刃杆、销钉、扳手、螺丝刀等。

(3) 高温回火(500~600 ℃)。高温回火所得的组织为回火索氏体,它的渗碳体颗粒比回火屈氏体粗。高温回火的钢件具有强度、塑性、韧性都较好的综合机械性能。

生产中常把"淬火+高温回火"称为调质处理。调质处理后的机械性能(强度、韧性)比相同硬度的正火好,这是因为前者的渗碳体呈颗粒状,后者为片状。调质处理后的硬度与高温回火的温度、钢的回火稳定性及工件截面尺寸有关,一般为 25~35 HRC。

调质处理主要用于各种重要的结构零件,特别是在交变载荷下工作的连杆、连接螺栓、齿轮及轴类零件。调质处理还可作为某些精密零件(如精密量具、模具等)的预先热处理,以减少最终热处理(淬火)时的变形。

但是必须指出,粒状渗碳体调质组织,只有在完全淬透得到马氏体组织的条件下才能经调质得到。相比之下,正火工艺简单、经济。因此,在零件性能要求不很高,或零件过大和形状复杂的情况下,还是采用正火处理。对飞机和航天工业,为了减少零件变形,简化最终热处理操作,通常采用等温淬火来代替调质,也可获得优良性能。

某些精密的工件,为了保持淬火后的高硬度及尺寸的稳定性,常进行低温(100~150 ℃)长时间(10~50 h)保温的回火,称为时效处理。

4.4 钢的表面热处理

有些零件的工作表面要求具有高的硬度和耐磨性,而心部又要求有足够的韧性和塑性,如汽车、拖拉机的传动齿轮、凸轮轴和曲轴等,此时多需要采用表面热处理。

4.4.1 钢的表面淬火

表面淬火是将钢件表层快速加热至奥氏体化温度,就立即予以快速冷却,使表层获得硬而耐磨的马氏体组织,而心部仍保持原来塑性和韧性较好的退火、正火或调质状态组织的一种局部淬火工艺。按其加热方式不同,可分为感应加热表面淬火、火焰加热表面淬火和激光加热表面淬火等。

1. 感应加热表面淬火

(1) 感应加热表面淬火原理

将工件放入感应器(用空心铜管绕成,管内通入冷却水)内,感应器内通入中频或高频电流(频率一般为 50~300000 Hz)产生交变磁场,于是工件中就产生同频率的感应电流,这种感应电流的特点是:在工件截面上分布不均匀,心部的电流几乎为零,而表面电流密度极大,这种现象称为集肤效应。频率愈高,电流密度愈大的表面层愈薄。由于钢本身具有电阻,因而集中于工件表面的电流可使表层迅速被加热,在几秒钟内即可使温度上升至 800~1000 ℃,而心部温度仍接近室温。如图 4-21 所示给出了工件与感应器的工作位置及工件截面上电流密度的分布。一旦表层温度上升至淬火加热温度,便立即喷水冷却(合金钢浸油淬火),使工件表层淬硬。

(2) 分类及应用特点

按照电源频率不同,可将感应加热表面淬火分为高频淬火、中频淬火和工频淬火。其中高频淬火应用最广,其生产率高,加热温度和淬硬层厚度容易控制,淬火组织细小,淬火后硬度比普通淬火高 2~3 HRC;淬硬层脆性低,疲劳强度可提高 20%~30%;工件表面不易氧化脱碳,且变形也小。但高频淬火设备维修、调整较难,形状复杂件感应圈不易制造,且不适宜于单件生产。

高频淬火的频率为 200~300 kHz,淬硬层深度为 0.5~2 mm,适用于要求淬硬层较薄的中、小型轴类及齿轮类等零件的表面淬火;中频淬火的频率为 2500~8000 Hz,淬硬层深度为 2～10 mm,适用于直径较大的轴和大、中模数齿轮等的处理;工频淬火的频率为 50 Hz,淬硬层深度可达 10～20 mm,适用于大型工件如轧辊、车轮等的表面淬火。

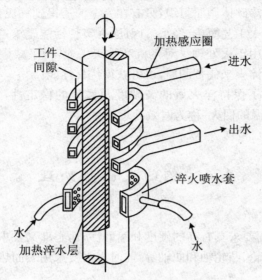

图 4-21 感应加热表面淬火示意图

(3) 应用范围

感应加热表面淬火适用于碳含量为 0.4%～0.5% 的中碳结构钢或中碳低合金结构钢,如 40 钢、45 钢、40Cr、40MnB 等,也可用于高碳工具钢和铸铁件等。一般零件的淬硬层深度为半径的 1/10 左右时,可得到强度、耐疲劳性和韧性的最好配合。对于小直径(10～20 mm)零件,淬硬层深度可达半径的 1/5,而截面较大的零件则可取较浅的淬硬层深度,即小于半径的 1/10 以下。

感应加热表面淬火件合理的工艺路线是正火(或调质)→表面淬火→低温回火,以保证表层具有较高的硬度、较小的淬火应力和脆性而其心部具有高的强韧性。

2. 火焰加热表面淬火

是一种利用乙炔—氧火焰(最高温度 3200 ℃)或煤气—氧火焰(最高温度 2000 ℃)对工件表面进行快速加热,并随即喷水冷却的表面淬火方法,如图 4-22 所示。其淬硬层深度一般为 2～6 mm。适用于单件小批量及大型轴类、大模数齿轮等的表面淬火。使用设备简单、成本低、灵活性大,但温度不易控制,工件表面易过热,淬火质量不够稳定。

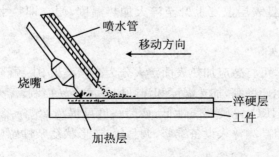

图 4-22 火焰加热表面淬火示意图

3. 激光加热表面淬火

利用激光束扫描工件表面,使工件表面迅速加热到钢的临界点以上,当激光束离开工件表面时,由于基体金属大量吸热,使表面获得急速冷却而硬化,无需冷却介质。其淬硬层深度为 0.3～0.5 mm。淬火后可获得极细的马氏体组织,硬度高且耐磨性好,其耐磨性比普通淬火加低温回火提高 50%,并能对复杂形状的工件拐角、沟槽、盲孔底部或深孔侧壁等处进行硬化处理。

4.4.2 钢的化学热处理

化学热处理是将工件置于特定介质中加热和保温,使介质中的活性原子渗入工件表层,以改变表层化学成分和组织,从而达到使工件表层具有某些特殊机械性能或物理化学性能的一种热处理工艺。与表面淬火相比,化学热处理不仅表面层有化学成分的变化,而且还有组织的变化。各种化学热处理都是依靠介质元素的原子向工件内部扩散来进行,在零件加热到一定温度后,都要进行分解活性原子、工件表面吸收的活性原子进入晶格内形成固溶体或形成化合物、由表面向内部扩散形成扩散层等过程。

按照渗入元素的不同,化学热处理有渗碳、渗氮、碳氮共渗、渗硼、渗硫、渗金属等方式。目前在机器制造业中最常见的化学热处理是渗碳、渗氮、碳氮共渗。

1. 渗碳

渗碳是向低碳钢或低合金钢表面渗入碳原子的过程,可以在气体介质、固体介质或液体介质中进行,渗碳后再进行淬火和低温回火。此热处理工艺使工件表面具有高的硬度和耐磨性,适用于承受较大冲击载荷和严重磨损条件下工作的零件。

按照使用的渗剂不同,渗碳法可分为气体渗碳、固体渗碳、液体渗碳等,常用的是前两种,尤其是气体渗碳。

(1) 气体渗碳

如图 4-23 所示,是将工件置于密闭的炉膛中加热到 900～950 ℃时,向炉内通入气体渗碳剂(如煤油或甲醇加丙酮等),渗碳剂在高温下裂解成活性碳原子,活性碳原子向工件表层扩散,形成一定深度的渗碳层。渗碳速度一般为 0.2～0.5 mm/h,渗碳工件表层至 0.5～2.0 mm 范围内的碳含量可提高到 0.85%～1.05%。

(2) 固体渗碳

使用固体渗碳剂木炭与催渗剂碳酸盐($BaCO_3$ 或 Na_2CO_3)的混合物埋住工件并封好,加热至 900～950 ℃,经保温分解出的活性碳原子被吸收,溶入钢件表面的奥氏体。

与气体渗碳相比,该方法生产效率低、劳动条件差、渗碳质量不易控制,但设备简单、操作容易,故仍有不少中、小工厂在使用。

工件渗碳后空冷表层为珠光体加网状二次渗碳体,心部为铁素体加少量珠光体。即表层碳含量增加变成了高碳钢,心部仍为低碳钢。渗碳层厚度一般为 0.5～2.0 mm,太薄易疲劳剥落,太厚不耐冲击。渗碳后可采用直接淬火,即将工件以渗碳后温度预冷到略高于心部 Ar_3 某一温度,立即放入水或油中,适用于性能要求不高的工件。渗碳后也可采用一次淬火法,即将工件渗碳后先空冷,然后再重新加热淬火。对于心部性能要求较高的工件,淬火温度取略高于钢的 Ac_3 以上温度。

渗碳件淬火后,都应进行低温回火,回火温度一般为 150～200 ℃。经淬火+低温回火后,普通低碳钢 15、20 钢表层为细小片状回火马氏体和少量渗碳体,硬度达 58～64 HRC,耐磨性很好,心部为铁素体和珠光体,硬度为 10～15 HRC;而对于某些低碳合金钢如 20CrMnTi,心部由回火低碳马氏体及铁素体组成,硬度为 35～45 HRC,并具有较高的强度及足够的韧性和塑性。

一般渗碳件的加工工艺路线为:锻造 → 正火 → 切削加工 → 渗碳 → 淬火 + 低温回火 → 精加工。

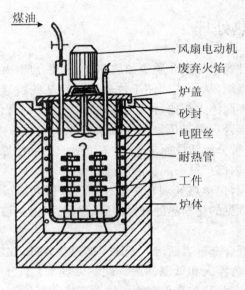

图 4-23 气体渗碳

2. 渗氮

渗氮是把氮原子渗入钢件表面的过程,俗称氮化。渗氮后可显著提高零件表面硬度和耐磨性,并能提高其疲劳强度和耐蚀性。渗氮前需调质及精加工,为减小零件在渗氮处理中的变形,精加工后需进行消除应力的高温回火。按使用设备不同渗氮可分为气体渗氮和离子渗氮。

(1) 气体渗氮

将氨气通入井式炉中加热,使氨气分解出活性氮原子($2NH_3 = 3H_2 + 2[N]$),氮原子在 500～570 ℃的温度下,保温 20～50 h,被钢件表面吸收并溶入铁素体中向内层扩散,形成富氮硬化层,渗氮层深度为 0.3～0.5 mm,一般不超过 0.6～0.7 mm。

气体渗氮和渗碳相比,渗氮层有高的硬度、耐磨性和高的疲劳强度,专用渗氮钢如 38CrMoAl、35CrMo、40Cr 等渗氮后硬度可达 72 HRC,在 600～650 ℃的温度下仍能保持较高的硬度(约 65 HRC)。此外,渗氮温度低于渗碳,没有相变,工件变形小。但渗氮时间长,效率低。渗氮层薄且脆不能承受冲击,主要用于耐磨性和精度要求很高的镗床主轴、精密传动齿轮、压铸模、冷挤压模、热挤压模等。

渗氮工件的加工工艺路线为:锻造 → 退火 → 粗加工 → 调质处理 → 精加工 → 除应力 → 粗磨 → 渗氮 → 精磨或研磨。

(2) 离子渗氮

将氮气或氮、氢混合气体通入真空度为 133.3～11333.2 Pa(常用 266.6～800.0 Pa)的真空容器内,以真空容器为阳极,工件为阴极,两极间加 400～1100 V 直流电压,使含氮的稀薄气体电离,并使氮正离子高速冲击工件表面,在 500～570 ℃ 的渗氮温度下渗入工件并向内扩散成氮化层。

离子渗氮处理时间短(为气体渗氮的 1/5～1/2),渗氮层深度 0.3～0.5 mm,无脆性层,变形小,但生产成本高,复杂件或截面差别大的工件很难同时达到同一硬度和渗层深度。主要用于 IT6～IT7 级精度以上的单件或小批量精密模具,如铝型材挤压模等。

3. 碳氮共渗

气体碳氮共渗又称氰化,是将碳、氮原子同时渗入工件表面的一种化学热处理工艺。它兼有渗碳和渗氮的双重作用。目前应用较广的是中温气体碳氮共渗法和低温气体氮碳共渗法,前者以渗碳为主,后者以渗氮为主。

(1) 中温气体碳氮共渗法

中温气体碳氮共渗法以渗碳为主,使用的介质是煤油和氨气,也有使用三乙醇胺、甲酰胺和甲醇+尿素等作为渗剂进行碳氮共渗的。共渗温度为 820～860 ℃,渗层深度一般为 0.3～0.8 mm。共渗时气体中含有一定量的氮和碳,碳的渗入速度比相同温度下氮的速度快,保温 1～2 h 后渗层深度即达 0.2～0.5 mm,并且在相同的温度和时间条件下,气体碳氮共渗层要厚于渗碳层。适用材料为低碳钢或低碳合金钢(如 20 钢、20Cr、20CrMnTi)等。

与渗碳一样,中温气体碳氮共渗后需进行淬火和低温回火,共渗层得到细片状回火马氏体、适量的粒状碳氮化合物和少量的残留奥氏体。共渗层比渗碳层具有更高的耐磨性、抗蚀性和疲劳强度,比渗氮层具有更高的抗压强度。主要用来处理低碳结构钢零件,如汽车、机床上的各类齿轮及轴类零件等。

(2) 低温气体氮碳共渗法

低温气体氮碳共渗以渗氮为主,使用尿素或甲酰胺等作渗剂,因其渗层硬度低于气体渗氮,又称"软氮化"。共渗温度为 500～700 ℃,共渗时间为 1～3 h,渗层深度一般为 0.1～0.4 mm(渗层中铁氮化合物层深度仅为 0.01～0.02 mm),硬度为 570～680 HBW。工件氮碳处理后,变形小,处理前后精度没有显著变化,具有耐磨、耐疲劳、抗咬合和抗擦伤等性能,且氮化层硬而且有一定韧性,不易发生疲劳剥落。工件氮碳共渗后一般无需再经热处理即可直接使用。

气体氮碳共渗适用于碳素钢、合金钢、铸铁、粉末冶金等材料,用于处理模具、量具及耐磨件,使用效果良好。如 3Cr2W8V 压铸模氮碳共渗后使用寿命可提高 3～5 倍,高速钢刀具氮碳共渗后使用寿命可提高 20%～200%。

4.5 钢热处理缺陷分析及其防止措施

钢在热处理过程中由于热处理工艺安排不当、操作不规范以及热处理组织变化等,会形成热处理缺陷。如果出现热处理缺陷,热处理就无法达到预期的目的,成为不合格品或废品,造成经济损失;如果热处理缺陷不能及时发现,带有缺陷的零件或产品投入使用,可能引起重大事故,工程上这类事件时有发生,因此,热处理缺陷是危害性极大的缺陷,应该大力防止产生这类缺陷。

4.5.1　过热

由于加热温度过高,使晶粒明显长大,以致冷却后工件的组织粗化,机械性能变坏,特别是冲击韧性、塑性显著下降,钢的屈服强度降低,脆性提高。过热的工件往往引起热处理后变形和开裂倾向增大,如果承受加工或使用,也容易断裂破坏。因淬火加热温度较高,一旦加热温度失控,很容易造成过热或过烧,从而引起热处理裂纹。或淬火加热时间过长,引起奥氏体晶粒长大,在快速冷却淬火时,出现沿晶界分布的淬火裂纹(称过热淬火裂纹)。过热组织包括结构钢的晶粒粗大、马氏体粗大、残余奥氏体过多等。

过热组织按正常热处理工艺消除的难易程度可分为稳定过热和不稳定过热两种。一般过热组织,可通过正常热处理消除,称为不稳定过热组织。稳定过热组织是指经正火、退火不能完全消除的过热组织。

4.5.2　过烧

过烧组织包括晶界局部熔化。加热温度接近开始熔化的温度,加热过程中从钢材里冒出火花,在晶界氧化和开始部分熔化的现象称过烧。过烧使工件性能严重恶化,极易产生热处理裂纹,所以过烧是不允许的热处理缺陷,一旦出现过烧无法补救,只好报废。因此在热处理生产中要严格防止出现过烧。

由于过热和过烧都是加热温度过高引起的,因此预防的办法是要制定正确的加热温度;经常检查仪表,以免仪表失灵造成过热和过烧。

4.5.3　氧化

钢在空气等氧化性气体中加热时表面产生氧化层,氧化层由 Fe_2O_3、Fe_3O_4、FeO 三种铁的氧化物组成。外表面有过剩的氧存在,因而形成含氧较高的氧化物 Fe_3O_4;在靠近基体内部,由于氧少金属多,因而形成含氧较低的氧化物 FeO;氧化层中间部分为 Fe_2O_3。即由外层到内层氧化程度逐渐减弱。随气体中氧含量增加及加热温度升高,氧化程度增加,氧化层厚度增加。氧化层达到一定厚度就形成氧化皮了,由于氧化皮与钢的膨胀系数不同,产生机械分离,不仅影响钢材表面质量,而且加速了钢材的氧化。氧化使金属表面失去金属光泽,表面粗糙度增加,精度下降,这对精密零件是不允许的。

钢表面的氧化皮往往是造成淬火软点和淬火开裂的根源,氧化使钢件强度降低。钢表面氧化一般同时伴随有表面脱碳。

4.5.4　脱碳

脱碳是钢在加热时表面碳含量降低的现象。脱碳的实质是钢中碳在高温下与氧和氢等发生作用生成一氧化碳。一般情况下,钢的氧化与脱碳同时进行,当钢表面氧化速度小于碳从内层向外层扩散的速度时发生脱碳;反之,当氧化速度大于碳从内层向外层扩散的速度时发生氧化,因此,氧化作用相对较弱的氧化气体中容易产生较深的脱碳层。脱碳会明显降低钢的淬火硬度、耐磨性及疲劳性能,如高速钢脱碳会降低其红硬性。

防止氧化脱碳的有效措施是采用盐浴炉、保护气体炉、真空炉加热,采用空气电炉或燃烧炉加热时,必须采用适当的保护措施,如包套、装箱、控制炉气等措施。

4.5.5 变形

工件热处理变形主要是由于热处理应力造成的,工件的结构形状、原材料刚度、热处理前的加工状态、工件的自重以及工件在炉中加热和冷却时的支承或夹持不当等因素也能引起变形。凡是牵涉到加热和冷却的热处理过程,都可能造成工件的变形。但淬火变形是热处理变形中最常见的,因为淬火过程中,组织的比容、体积变化大,加热温度高,冷却速度快,故淬火变形最为严重。即使对淬火变形的工件能够进行校正和机加工修整,也会因而增加生产成本。

热处理变形一方面是由于冷却过程中,工件表面与心部冷却速度不同,造成温度差,表面与心部体积收缩不同,产生热应力;另一方面是钢在组织转变时比容发生变化,由于工件截面上各处转变先后不同,产生组织应力。显然,工件淬火变形就是热应力和组织应力综合作用影响的结果。当应力超过钢的屈服强度时,工件产生弹性变形;而应力超过钢的抗力强度时,工件产生塑性变形或开裂。此外,当工件内部存在显微裂纹、气孔、夹渣等缺陷及结构设计不合理时,热处理时也易引起应力集中,导致工件的变形或开裂。

减少或防止变形与开裂的措施主要有:

① 合理进行结构设计:淬火工件力求结构对称、截面均匀,防止尖角,以免工件淬火时造成各部分冷却速度不同。

② 进行预备热处理:高碳钢及合金工具钢球化退火有助于减少淬火变形;对于导热性差的高合金工具钢应进行一次或几次的预热后再加热至淬火温度。

③ 严格热处理工艺:包括严格控制加热速度、加热温度、保温时间,正确选择淬火冷却介质和淬火方法。

④ 工件淬火后应及时回火(特别是合金钢),以便及时消除淬火应力和稳定组织。

4.5.6 残余内应力

工件在加热和冷却过程中,由于热胀冷缩和相变时新旧相比容差异而发生体积变化,由于工件表层和心部存在温差和相变非同时发生以及相变量的不同,致使表层和心部的体积变化不能同步进行,因而产生内应力。

工程上常用的表面淬火方法有高频淬火和火焰淬火两种。高频淬火的残余应力的大小、分布与淬火层深度和硬度分布、工件尺寸、加热和冷却规范等许多因素有关。淬火层深度对残余应力的分布有显著影响,随淬火硬化层深度的增大,表层残余压应力增大,淬火层下最大的拉应力峰向中心移动。

通过热处理方法,可以消除工件的残余应力。退火和回火能够部分地或完全地消除残余应力,是最常用的方法。

4.5.7 硬度不足

硬度不足是最常见的热处理缺陷,主要表现在软点、高频淬火和渗碳工件的硬化层不足等。产生硬度不足的主要原因有:

① 对于亚共析钢,加热温度偏低(在 $Ac_3 \sim A_1$ 之间)或保温时间不足,加热组织中有铁素体存在,造成淬火组织中有非马氏体组织,即铁素体组织存在,因而硬度低。

② 钢在加热时氧化、脱碳。

③ 淬火时冷却速度低或冷却不均匀。

④ 冷却剂和冷却方法也影响淬火钢的硬度。

复习思考题

选择题

1. 过冷奥氏体在_____温度下存在,是尚未转变的奥氏体。
   A. M_s B. M_f C. A_1 D. A_3

2. 退火的主要目的是降低钢的_____。
   A. 硬度   B. 强度   C. 塑性   D. 韧性

3. 调质处理就是_____的热处理。
   A. 淬火+高温回火   B. 淬火+中温回火
   C. 淬火+低温回火   D. 高温回火

4. 化学热处理与其他热处理的基本区别是_____。
   A. 加热温度   B. 组织变化
   C. 改变表面化学成分   D. 改变心部化学成分

5. 亚共析钢的正火加热到_____。
   A. $Ac_1+(30\sim50\ ℃)$ B. $Ac_{cm}+(30\sim50\ ℃)$
   C. $Ac_3+(30\sim50\ ℃)$ D. Ac_3

6. 低碳钢或低合金钢渗碳后,一般再进行_____处理,使工件表面具有高的硬度和耐磨性。
   A. 正火   B. 淬火+低温回火
   C. 调质   D. 淬火

7. 钢的淬透性是指钢在规定条件下淬火时获得_____组织的能力。
   A. 马氏体   B. 贝氏体   C. 奥氏体   D. 索氏体

8. 零件渗碳后,一般需经_____处理,才能达到表面高硬度和耐磨的目的。
   A. 淬火+低温回火   B. 正火   C. 调质

问答题

1. 常用的热处理方法有哪几种？热处理的目的是什么？
2. 奥氏体、过冷奥氏体与残余奥氏体三者之间有何区别？
3. 指出 Ac_1、Ac_3、Ac_{cm} 和 Ar_1、Ar_3、Ar_{cm} 及 A_1、A_3、A_{cm} 之间的关系。
4. 正火和退火有何异同？试说明两者的应用有何不同。
5. 淬火的目的是什么？亚共析钢和过共析钢的淬火加热温度应如何选择？
6. 回火的目的是什么？工件淬火后为什么要及时回火？
7. 常用的表面热处理方法有哪些？其目的是什么？
8. 渗碳的目的是什么？为什么渗碳后要进行淬火和低温回火？
9. 用低碳钢(20钢)和中碳钢(45钢)制造齿轮，为了获得表面高硬度和高耐磨性，心部具有一定的强度和韧性，各需采取怎样的热处理工艺？
10. 热处理常见的缺陷有哪些？说明这些缺陷产生的原因。

第 5 章 金属表面处理技术

5.1 金属表面强化处理

金属表面强化主要是对金属表面通过喷涂覆层、气相沉积、高能束强化等方法，在金属表面形成一层具有更高耐磨、耐蚀、耐高温氧化等特殊性能的表面层，而材料基体仍保持原有性能，从而提高材料表面的使用性能。材料表面强化的工艺方法很多，应用范围亦不尽相同，本节主要介绍上述提及的几种应用广泛的表面强化技术。

5.1.1 喷涂覆层

喷涂覆层又称热喷涂，它是利用某种热源（如电弧、等离子喷涂或燃烧火焰等）将粉末状或丝状的金属或非金属材料加热到熔融或半熔融状态，然后借助焰流本身或压缩空气以一定速度喷射到预处理过的基体表面，沉积而形成具有各种功能的表面涂层的一种技术。喷涂覆层示意图如图 5-1 所示。

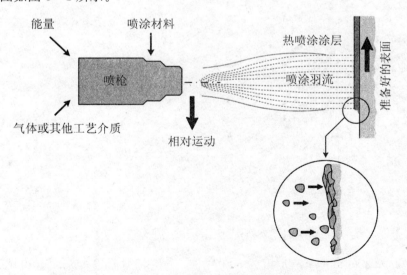

图 5-1 喷涂覆层示意图

热喷涂是指在一系列过程中，细微而分散的金属或非金属的涂层材料，以一种熔化或半熔化状态，沉积到一种经过制备的基体表面，形成某种喷涂沉积层。涂层材料可以是粉状、带状、丝状或棒状。热喷涂枪由燃料气、电弧或等离子弧提供必需的热量，将热喷涂材料加热到塑态或熔融态,再经受压缩空气的加速,使受约束的颗粒束流冲击到基体表面上。冲击到表面的颗粒,因受冲压而变形,形成叠层薄片,黏附在经过制备的基体表面,随之冷却并不断堆积,最终形成一种层状的涂层。该涂层因涂层材料的不同可实现耐高温腐蚀、抗磨损、隔热、抗电磁波等功能。

喷涂用的金属材料很广,从低熔点的 Sn,到高熔点的 W 等金属及其合金都可作为喷涂材料。被喷涂材料不但可以是金属,而且陶瓷、玻璃、木材、纸张等都可通过喷涂获得表面强化。其优点是操作温度低、工件温升小,因而热应力也小;操作过程较为简单、迅速,被喷涂件大小不受限制。热喷涂常用的方法有火焰喷涂、氧乙炔火焰粉末喷涂、氧乙炔火焰线材喷涂、氧乙炔火焰喷焊、超音速火焰喷涂(HVOF)、电弧喷涂、等离子喷涂、大气等离子喷涂、低压等离子喷涂等。

5.1.2 气相沉积

气相沉积是利用气相中发生的物理、化学过程,改变工件表面成分,在工件表面形成另有特殊性能的金属或化合物涂层的表面处理技术。沉积过程中若沉积粒子来源于化合物的气相分解反应,则称为化学气相沉积(CVD),否则称为物理气相沉积(PVD)。

1. 气相沉积的基本过程

(1) 提供气相镀料物质

气相物质可通过两种方法产生。一种方法是使镀料加热蒸发,称为蒸发镀膜;另一种是用一定能量的离子轰击靶材(镀料),从靶材上击出镀料原子,称为溅射镀膜。蒸发镀膜和溅射镀膜是物理气相沉积的两类基本镀膜技术。

(2) 镀料向所镀制的工件(或基片)输送

气相物质的输送要求在真空中进行,目的是为了避免气体碰撞妨碍气相镀料到达基片。

(3) 镀料沉积在基片上构成膜层

气相物质在基片上沉积是一个凝聚过程。根据凝聚条件不同,可形成非晶态膜、多晶膜或单晶膜。镀料原子在沉积时,可与其他活性气体分子发生化学反应形成化合物膜,称为反应镀。在镀料原子凝聚成膜过程中,还可同时用具有一定能量的离子轰击膜层,目的是改变膜层结构和性能,这种镀膜技术称为离子镀。

2. 化学气相沉积(CVD)

化学气相沉积(CVD)是利用气态物质在一定温度下与基体表面相互作用,使气态物质中的某些成分分解,并在基体上形成一种金属或化合物的固态薄膜或镀层的过程。

传统 CVD 的反应温度范围为 900~2000 ℃,它取决于沉积物的特性。由于其沉积温度过高,工件易变形,高温时工件还会发生组织变化而导致基体机械性能降低,因而发展了中温化学气相沉积(MTCD)、等离子增强化学气相沉积(PCVD)和激光化学气相沉积(LCVD)。MTCVD 的典型反应温度为 500~800 ℃,它通常是通过金属有机化合物在较低温度的分解来实现,所以又称为金属有机化合物化学气相沉积(MOCVD)。PCVD 和 LCVD 中的气相物质由于等离子体的产生或激光的辐照得以激活,因而化学反应温度可得以降低。

CVD 涂层材料常采用难熔的碳化物、氮化物、氧化物、硼化物等。特别是钛的碳化物和氮化物,它们具有很高的硬度(可达 2000~4000 HV)、较低的摩擦系数、优异的耐磨性和良好的抗黏着能力。此外,CVD 涂层厚度均匀,大都具有优越的耐蚀性,加之工艺设备简单、可处理小孔和深槽,因而在生产中应用广泛,且前景非常广阔。目前,碳素工具钢、渗碳钢、滚动轴承钢、高速钢、铸铁及硬质合金等多种材料均可进行 CVD 表面处理。经 CVD 处理后的刃具和模具具有极好的切削能力和耐磨性,实践表明,硬质合金 CVD 涂层刀具、钢制 CVD 涂层模具及耐磨机件,其使用寿命较未涂层工件提高了 3~10 倍。

值得注意的是,钢铁材料经高温 CVD 处理后,虽然镀层的硬度很高,但基体被退火软化,在外载下易塌陷。因此,CVD 处理后应再加以淬火回火后才适合使用。又因镀层很薄,已镀零件不能再进行磨削加工。因而热处理变形也就成为限制 CVD 在钢铁材料上应用的一个突出的问题。

3. 物理气相沉积(PVD)

PVD 是通过真空蒸发、电离或溅射等过程,产生金属离子并沉积在工件表面,形成合金涂层或与反应气体反应形成化合物涂层的表面处理技术。PVD 是相对于 CVD 而言的,但并不意味着 PVD 不能有化学反应。PVD 技术的重要特点是沉积温度低于 500 ℃,沉积速度比 CVD 快,可适用于钢铁、非铁金属、陶瓷、玻璃等各种材料。PVD 技术有真空蒸镀、真空溅射和离子镀三大类。

(1) 真空蒸镀

在高真空条件下用加热蒸发的方法使镀料转化为气相,然后凝聚在基体表面形成涂层的方法称为真空蒸镀。

与液体一样,固体在任何温度下也或多或少地气化(升华),形成物质的蒸气。在高真空中,将镀料加热到高温,相应的饱和蒸气向上蒸发,基片设在蒸气源上方阻挡蒸气流,蒸气则在其上形成凝固膜。为弥补凝固的蒸气,蒸发源要以一定的比例供给蒸气。

真空蒸镀目前只用于镀制对结合强度要求不高的某些功能膜,如用作电极的导电膜、光学镜头用的增透膜等。用于镀制合金膜时,在保证合金成分方面相对较困难,但在镀制纯金属时,则能表现出镀膜形成速度快的优势。

(2) 真空溅射

真空溅射是指在真空中,利用荷能粒子轰击镀料表面,使被轰击出的粒子在基片上沉积形成镀膜(涂层)的表面处理技术。

真空溅射方法有两种。一种是在真空室中,利用离子束轰击镀料表面,使溅射出的粒子在基片表面形成镀膜。离子束需要由特制的离子源产生,离子源结构较为复杂,价格较贵,只是在用于技术分析和制取特殊的薄膜时才采用。另一种是在真空中利用低压气体放电现象,让处于等离子状态下的离子轰击镀料表面,使溅射出的粒子在基片表面形成镀膜。

溅射镀膜(涂层)按其功能和应用不同可大致分为机械功能膜和物理功能膜两大类。前者包括耐磨、减摩、耐热、抗蚀、固体润滑等功能,后者包括电、磁、声、光等功能。

(3) 离子镀

离子镀是在镀膜的同时,采用荷能离子轰击基片表面和镀膜层的表面处理技术。其目的在于改善镀膜层的性能,是镀膜与离子改性同时进行的镀膜技术。

无论是真空蒸镀还是真空溅射都可以发展为离子镀。在真空溅射时,将基片与真空室绝缘,再加上数百伏特的负偏压,即有上百电子伏特的离子向基片轰击,从而实现离子镀。真空蒸镀时,真空室通入适量的氩气,并在基片上加上千伏特的负偏压,即可产生辉光放电,并有数百电子伏特的离子轰击基片,实现离子镀。

5.1.3 高能束强化

激光束、电子束、离子束为三大高能量粒子束流,由于它们的能量密度极高,对材料表面加热时具有加热速度快、加热精度高、节约能源、无二次污染等优点,已在金属材料改性方面得到成功应用,成为材料表面改性的一个高新技术领域。

1. 激光表面强化

激光加工是在光热效应下产生的高温熔融和冲击波的综合作用过程。激光表面强化技术主要有激光相变硬化、激光表面合金化、激光熔覆等。

激光表面处理的目的是改变表面层的成分和显微结构。它的处理工艺包括激光相变硬化、激光熔覆、激光合金化、激光非晶化和激光冲击硬化等。

激光表面处理的许多效果是与快速加热和随后的急速冷却分不开的。加热和冷却速率可达$10^6 \sim 10^8$ ℃/s。目前,激光表面处理技术已用于汽车、冶金、石油、机车、机床、军工、轻工、农机以及刀具、模具等领域,并正显示出越来越广泛的工业应用前景。

(1) 激光淬火

激光相变硬化也称激光淬火,其原理是将激光束照射到金属材料的表面,表面很薄一层吸收能量,温度上升,被快速加热到相变温度以上,内部材料则保持冷态,并能迅速传热使表层急剧冷却,达到自身淬火的目的。对于钢铁材料,因冷速极快,可得到极细的马氏体组织。

激光淬火具有以下特点:加热和冷却速度快,淬火硬度高(较同质钢材高频淬火高50 HV),耐磨性好且变形小,淬火区表面存在较高的残余压应力,硬化层深较浅(0.1~0.8 mm),可实现表面薄层及局部淬火,不影响基体机械性能,但组织均匀性欠佳,硬化带搭接重叠处出现软化区,不适用于大面积表面强化,设备投资大。

激光表面淬火应用广泛,例如发动机铸铁汽缸内壁淬火硬化,在内表面获得宽度为 4.1~4.5 mm,深度为 0.3~0.4 mm,表面硬度为 644~825 HV 的内螺纹形状淬火带,实验结果表明,比先进的电火花强化汽缸套耐磨性提高 0.3~1 倍,使用效果良好。

(2) 激光表面熔覆

该方法是利用高能量的激光束,将预置的涂层与经同步送粉器送向激光辐照光斑内的合金粉末瞬间熔凝,并与基体表面形成冶金结合,随着光束在工件上扫过或搭接扫描,在金属基体上形成涂层。

表面熔覆与激光淬火的区别在于熔凝层是铸态组织。其特点是硬度高,淬层深,耐磨性好;缺点是表面粗糙,后续加工困难。特别适合于灰铁和球铁,易形成白口,硬度可达 1000~1100 HV。

(3) 激光表面合金化

激光表面合金化,是利用高能密度的激光束快速加热熔化的特性,使基材表层和添加的合金元素熔化混合,从而形成以原基材为基的新的表面合金层。它是激光束与材料表面互相作用,使材料表面发生物理冶金和化学变化,达到表面强化的方法。

该技术的特点:一是能在材料表面进行各种合金元素的合金化,改善材料表面的性能;二是能在零件需要强化部位进行局部处理。

激光表面合金化工艺,在排气阀门、阀座、高速钢刀具及汽车活塞等零件上有很好的应用。北京机电研究所曾将此技术应用于电地冲棒、无缝钢管穿孔顶头及泥浆泵叶轮等零件的处理,以及拖拉机换向拨叉、螺母攻丝机料道、轴承扩孔模、冲材模、电厂排粉机叶片及铝活塞等零件的应用研究,都取得了很好的效果。拨叉、料道使用寿命提高 10 倍以上。冲材模、排粉机叶片使用寿命提高 2～3 倍。激光表面合金化用于铝活塞环槽强化,经装车试验,运行 142000 km 以后拆检,头道环槽的侧隙仅为 0.11 mm,如果减去 0.04～0.05 mm 的原始侧隙,则环槽最大磨损量仅为 0.07 mm。所以激光表面合金化用于铝合金的强化是十分有效的。

2. 电子束表面强化

电子束加工是在真空条件下,利用加速聚焦后能量密度极高(10^6～10^9 W/cm^2)的电子束,以极高的速度冲击到工件表面极小的面积上,在极短的时间(几分之一微秒)内,其能量的大部分转变为热能,使被冲击部分的工件材料达到几千摄氏度以上的高温,从而使材料的局部熔化和气化,被真空系统抽走。如图 5-2 所示为电子束加工设备组成图。

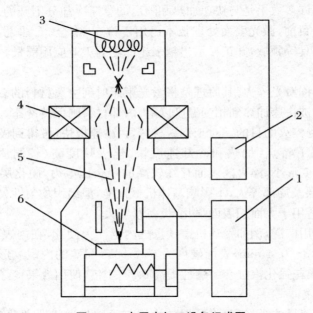

图 5-2 电子束加工设备组成图
1—电源及控制系统;2—抽真空系统;3—电子枪系统;4—聚焦系统;5—电子束;6—工件

电子束表面处理的主要特点是:

(1) 加热和冷却速度快。将金属材料表面由室温加热至奥氏体化温度或熔化温度仅需几分之一到千分之一秒,其冷却速度可达 10^6～10^8 ℃/s。

(2) 与激光相比使用成本低。电子束处理设备一次性投资比激光少(约为激光的 1/3),电子束实际使用成本也只有激光处理的一半。

(3) 结构简单。电子束靠磁偏转动、扫描,而不需要工件转动、移动和光传输机构。

(4) 电子束与金属表面偶合性好。电子束所射表面的角度仅 3°～4°,电子束与表面的偶合不受反射的影响,能量利用率远高于激光。因此电子束处理工件前,工件表面不需加吸收涂层。

(5) 电子束是在真空中工作的,以保证在处理中工件表面不被氧化,这带来了许多不便。

(6) 电子束能量的控制比激光束方便,通过灯丝电流和加速电压很容易实施准确控制。

(7) 电子束易激发 X 射线，使用过程中应注意防护。

3. 离子束表面强化

离子束表面处理主要指离子注入技术，它是将所需物质的离子在电场中加速后高速轰击工件表面使之注入工件表面一定深度的真空处理工艺，也属于 PVD 范围。用离子注入方法可获得高度过饱和固溶体、亚稳定相、非晶态和平衡合金等不同组织结构形式，大大改善了工件的使用性能。离子注入已在表面非晶化、表面冶金、表面改性和离子与材料表面相互作用等方面取得了可喜的研究成果。离子注入装置简图如图 5-3 所示。

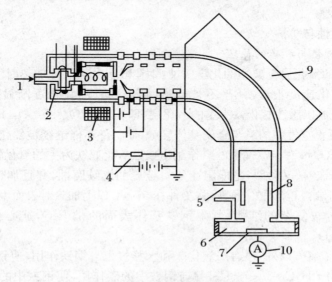

图 5-3 离子注入装置简图

1—气体；2—炉；3—离子源；4—静电加速器；5—真空；6—注入室；
7—试样；8—XY扫描；9—质量分析仪；10—电流积分器

该装置包括离子发生器、分选装置、加速系统、离子束扫描系统、试样室和排气系统。从离子发生器发出的离子由几万伏电压引出，进入分选部，将一定质量/电荷比的离子选出。在几万至几十万伏电压的加速系统中加速获得高能量，通过扫描机构扫描轰击工件表面。离子进入工件表面后，与工件内原子和电子发生一系列碰撞。

离子束表面处理可大大改善和提高基体的硬度、耐磨性、耐蚀性、耐疲劳性和抗氧化性。离子束表面处理广泛使用在金属固体，如钢、硬质合金、钛合金、铬和铝等材料上。应用最广泛的金属材料是钢铁材料和钛合金。但是，用离子注入方法强化面心立方晶格材料是困难的。注入的离子常有 Ni、Ti、Cr、Ta、Cd、B、N、He 等的离子。

5.2 金属表面防护处理

金属表面防护处理是指采用某种工艺方法，在金属表面生成或覆盖上一层能阻止介质腐蚀的物质，既可防护金属基体不被腐蚀，又可起到装饰和美观作用，从而提高工件的机械性能和使用寿命，满足生产需要。

5.2.1 金属腐蚀与防护

金属腐蚀是非常普遍而又多种多样的,根据腐蚀过程的不同,可分为化学腐蚀和电化学腐蚀两类。化学腐蚀是金属表面直接与介质发生化学反应(无电流产生)引起的,而电化学腐蚀是金属在电解质溶液中形成原电池或微电池,发生电化学反应引起的,这两类腐蚀之间没有严格的界限。例如,金属在水蒸气中的电化学腐蚀,在高温下都转化为化学腐蚀,很难指出其间的温度界限。

1. 金属高温腐蚀与防护

(1) 金属高温氧化与脱碳的原理

钢材在高温下的氧化属于典型的化学腐蚀,钢在锻造及热处理加热时经常遇到,当温度在 150 ℃以下时氧化速度很慢,几乎不被觉察,随温度升高氧化逐渐显著。在温度低于 570 ℃的情况下,生成以磁性氧化铁为主的氧化层,即 $3Fe+2O_2=Fe_3O_4$,Fe_3O_4 是一种结构致密的氧化物,能阻止空气中的氧与金属基体接触,使工件不能继续被氧化,起到保护作用。但当温度高于 570 ℃时,铁与空气中的氧作用生成以氧化亚铁为主的氧化物层,即 $2Fe+O_2=2FeO$,FeO 结构既疏松又易裂,不能阻止氧对金属的继续腐蚀,并且加热温度越高,时间越长,钢铁表面被腐蚀得越严重。通常,将工件在 570 ℃以上加热时表面生成的较厚氧化物层称为氧化皮,它有较复杂的结构,紧附钢铁基体表面的是 FeO,往心部依次是 $FeO+Fe_3O_4$、Fe_3O_4 和 Fe_2O_3。

在加热炉中除了氧气以外,还有二氧化碳和水蒸气也与钢铁作用,使钢铁氧化,即 $Fe+CO_2=FeO+CO$,$Fe+H_2O=FeO+H_2$,并与钢铁中的碳作用,使钢铁中的碳被氧化并发生脱碳现象,即 $C+H_2O=H_2+CO$,$C+O_2=CO_2$,$C+CO_2=2CO$。因此,常称 O_2、CO_2 和 H_2O 等气体为氧化性介质,而 H_2、CO 为还原性介质,后者能防止或减轻氧化脱碳现象。

当温度在 700~900 ℃时,碳与氧的亲合力大于铁与氧的亲合力,氧化性介质与工件表面接触,先与碳作用形成脱碳层,再与铁作用形成氧化物层,因此在工件的氧化皮下面必然有一层或浅或深的脱碳层。

(2) 钢铁高温氧化脱碳的防护方法

工件表面的氧化皮不仅降低其表面质量,改变工件尺寸,消耗金属,还影响工件在淬火冷却时的均匀性,增加热处理后的清理等辅助工序,以及机械加工的工作量。工件表面的脱碳会造成表面硬度不足或软点,大大降低疲劳强度和耐磨性,缩短工件使用寿命,甚至使工件报废。因此,必须采取相应的工艺措施防止钢铁的高温氧化和脱碳。具体可采取以下措施:

① 增加还原性气体和合金含量。在加热炉内放入木炭或固体渗碳剂,使这些物质与氧气和水蒸气发生反应,即 $2C+O_2=2CO$,$C+H_2O=CO+H_2$,$CO_2+C=2CO$,使炉内的 O_2、CO_2、H_2O 等氧化性介质转变为 H_2 和 CO 等还原性介质,从而防止或减轻氧化脱碳现象。同时,加入与氧亲合力很强的合金元素,如 Cr、Al、Si 等与氧结合形成 Al_2O_3、Cr_2O_3、SiO_2 等氧化物,可与工件表面基体金属结合,在工件表面上形成一层保护膜,阻止金属表面不再氧化。例如电阻加热炉的电阻丝或带用镍铬合金或铁铬合金都有较好的抗蚀能力。

② 工件表面涂硼砂层。在预热后的工件表面浸涂硼砂($Na_2B_4O_7 \cdot 10H_2O$)溶液后,放在炉内加热,高温下水受热迅速蒸发,附在工件上的硼砂在 741 ℃时熔化并与工件表面的

FeO 发生反应，即 $Na_2B_4O_7+FeO=Fe(BO_2)_2+2NaBO_2$，生成的偏硼酸亚铁和偏硼酸钠覆盖工件表面，防止工件氧化与脱碳。此覆盖层在工件淬火时可脱落。

③ 向炉内喷洒 $ZnCl_2$ 溶液。$ZnCl_2$ 溶液受热发生反应，即 $ZnCl_2+H_2O=ZnO+2HCl\uparrow$，生成的 ZnO 与工件表面铁的氧化物构成致密的氧化膜，保护工件不再氧化脱碳。

此外，某些工件（如硅钢片）表面质量要求很高，通常将这类工件埋入装有 Al_2O_3 粉及硅粉的箱中加热，使工件不与氧化性介质接触，或采用真空或盐浴加热等方法也能防止工件氧化脱碳。

2. 金属电化学腐蚀与防护

（1）金属电化学腐蚀原理

钢铁材料中渗碳体的电极电位代数值较铁素体高，不易失去电子且又能导电。因此，在腐蚀介质中它们与铁素体构成原电池的两个电极，产生电化学腐蚀，使钢铁遭受腐蚀。

（2）电化学腐蚀的防护方法

金属发生电化学腐蚀的必备条件是不同金属或同种金属的不同区域之间电极电位不相等，且两者之间必须有导体相连或直接接触，并共处于电解质溶液中。若破坏其中任一条件，就可阻止或减缓原电池的工作，防止金属发生电化学腐蚀。

生产中常用表面防护的方法或改变材料基体电极电位的方法来防止或减缓电化学腐蚀。

钢中加入一定量的 Cr 会使其电极电位提高。在铁中加入 Cr 超过 13％后，铁的电极电位可由 -0.5 V 跃升至 $+0.2$ V，因此其耐蚀性显著提高，形成不锈钢。在不锈钢中同时加入一定量的 Cr 和 Ni，可形成单一奥氏体组织。

5.2.2 电镀和化学镀

电镀是一种用电化学方法在镀件表面上沉积所需形态的金属覆盖工艺。电镀的目的是改善材料的外观，提高材料的各种物理和化学性能，赋予材料表面特殊的耐蚀性、耐磨性、装饰性、焊接性及电、磁、光学性能等。为达到上述目的，镀层仅需几微米到几十微米厚。电镀工艺设备简单、操作条件易于控制、镀层材料广泛、成本较低，因而在工业生产中获得了广泛的应用，是材料表面处理的重要方法之一。

1. 电镀

电镀是利用电解作用在金属（或非金属）表面沉积上一层金属覆盖层的过程。电镀在电解质水溶液中进行。电镀时，阳极是要镀的金属（如 Cu、Zn、Ni、Sn 等）或惰性电极，阴极是经过镀前处理的被镀工件（如钢铁件），电解液是要镀的金属的盐溶液。在直流电源的作用下，阳极发生氧化反应，金属失去电子而成为正离子进入溶液中，即阳极溶解，阴极发生还原反应，金属正离子在阴极镀件上获得电子，沉积成镀层，如图 5-4 所示。

目前常用的电镀种类有镀锌、镀铬、镀镍等。镀锌层在空气及水中有很好的防腐蚀能力，但镀层较软，不耐冲击和摩擦；镀铬、镀镍层不仅具有很好的抗腐蚀能力，而且镀层硬度高、耐磨性好并易于抛光。常用于量具、模具及需要装饰的工件。

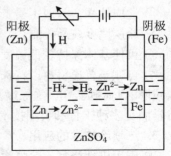

图 5-4 镀锌示意图

2. 化学镀

化学镀是利用还原剂将溶液中的金属离子化学还原在呈催化活性的工件表面,使之形成金属镀层的过程,也称为无电解镀。镀层分布均匀,晶粒细密,无孔隙,耐蚀性能好。例如化学镀镍磷合金时,在化学镀液中加入 SiC、金刚石、Al_2O_3 等,可获得硬度更高的复合镀层;在镀液中加入石墨、PTFE(塑料)等可获得具有减摩润滑性能的复合镀层。这种方法广泛应用于磁带、磁鼓、半导体接触件等的制造以及铝、铍、镁件电镀前的底层处理及铜、锌基体上镀金属的隔离层处理。

此外,还有化学镀铜常用于制造双面或多层印刷线路板;化学镀钴常用于改进导磁性的需要;化学镀金、钯、锡、铅等则用于电器、线路板、首饰装饰及改善零部件表面的焊接性。

5.2.3 热喷涂技术

热喷涂是一种用专用设备把喷涂材料熔化并加速喷射到工件表面上,形成防护层,以提高工件耐腐蚀、耐磨、耐高温等性能的新型的表面科学技术。

1. 常用的热喷涂方法

(1) 火焰喷涂

火焰喷涂以燃烧着的气体火焰作为加热源,将喷涂材料加热至熔化或半熔化状态,然后借助于压缩空气将其喷射到工件表面形成喷涂层。所用燃气通常为乙炔,也可用丙烷、氢气、氧气和空气为助燃气。喷涂材料通常为棒材、丝材和粉末。

(2) 电弧喷涂

电弧喷涂利用两根连续送进的喷涂线材端部之间产生的电弧,将喷涂材料熔化,熔融金属被压缩空气流冲击而雾化成微颗粒,喷射到工件表面而形成涂层。

(3) 等离子喷涂

等离子喷涂是利用等离子电弧作为加热源而进行的喷涂工艺。

2. 热喷涂技术特点

① 涂材广泛。几乎所有的金属及其合金、陶瓷都可以作为喷涂材料,塑料、尼龙有机高分子材料也可以作为喷涂材料。

② 可用于各种基体。几乎可在所有的固体材料(如金属、陶瓷、玻璃、石膏、布、纸、木材等)表面上进行喷涂。

③ 工艺灵活,工效高,操作施工方便,经济性好,易于推广。

④ 适应性强。一般不受工件尺寸大小、场地所限。

⑤ 涂层厚度较易控制,薄者可为几十微米,厚者可达几毫米。

⑥ 可使基体保持较低温度,工件变形小,金相组织及性能变化也较小。

⑦ 可赋予普通材料以特殊的表面性能,可使材料满足耐磨、耐蚀、抗高温氧化、隔热、密封、减摩、耐辐射、导电、绝缘以及足够的高温强度等性能要求,达到节约贵重材料,提高产品质量,满足多种工程和尖端技术的需要。

3. 热喷涂技术的应用

① 用于机件修复。热喷涂可用来修复多种因磨损超差或腐蚀失效的机件。例如曲轴轴颈、机床导轨面、滑动轴承等。

② 制备耐磨涂层。用于多种承受磨损的零件,如活塞环、冲模及冲头、阀密封面等。

③ 制备耐热、隔热涂层。如铝涂层有良好的抗高温氧化性,可用于加热器、燃烧室、烟囱等易受高温氧化的钢铁件。

④ 制备耐蚀层。大多采用 Zn、Al 等金属或合金涂层,可用于铁桥、铁路、水闸、船体、水处理设备、天线等多种钢结构件。

5.2.4 转化膜处理

转化膜处理是将工件浸入某些溶液中,在一定条件下使其表面产生一层致密的保护膜,以提高工件的防腐能力、增加装饰作用。

金属表面转化膜技术就是使金属与特定的腐蚀液接触,通过化学或电化学手段,使金属表面形成一层稳定的、致密的、附着良好的化合物膜,这种通过化学或电化学处理所生成的膜层称为化学转化膜。化学转化膜几乎在所有的金属表面都能生成,目前工业上应用较多的是铁、铝、锌。按主要组成物的类型,金属表面转化膜分为氧化物膜(氧化)、磷酸盐膜(磷化)、铬酸盐膜(钝化)和草酸盐膜等。

金属表面转化膜能提高金属表面的耐蚀性、减摩性、耐磨性和装饰性,还能提高有机涂层的附着性和抗老化性,用作涂装底层。此外,有些表面转化膜可提高金属表面的绝缘性和防爆性。

1. 氧化处理

氧化处理是金属在含有氧化剂的溶液中形成的膜,其成膜过程叫氧化。

(1) 钢的氧化处理

钢铁的氧化处理俗称发蓝(发黑),因为氧化处理后的零件表面生成的氧化膜呈黑色而得名。它是指将钢铁在含有氧化剂的溶液中,保持一定时间,在其表面生成一层均匀的、以磁性 Fe_3O_4 为主要成分的氧化膜的过程。现代工业上钢铁发蓝采用高温型和常温型两种工艺。钢铁常温发蓝又称酸性化学氧化,是 20 世纪 80 年代以来迅速发展起来的新技术,与高温氧化工艺相比,这种新工艺具有氧化速度快,膜层耐腐蚀性好;节能、高效,成本低,操作简单,环境污染小等优点。其缺点是槽液寿命短、不稳定,所以应根据工作量大小,随用随配;此外氧化膜层附着力也稍差。

无论高温氧化还是常温发黑,膜层厚度均只有 $0.6\sim1.5~\mu m$,故不影响零件的精度。钢铁经发蓝处理后虽可提高耐蚀性,但效果均不及金属镀层,也不如磷化层。氧化后的工件经适当的后处理,可明显提高其耐蚀性和润滑性。钢铁氧化成本较低、工效高、保持精度,又无氢脆危险,常用作机械、精密仪器、兵器和日常用品的一般防护、装饰。一些对氢脆很敏感的弹簧钢、细铁丝和薄钢片也常用发蓝膜作防护层。

(2) 铝与铝合金的氧化处理

铝及铝合金在大气中虽能自然形成一层氧化膜,但膜薄疏松多孔,为非晶态的、不均匀也不连续的膜层,不能作为可靠的防护装饰性膜层。随着铝制品加工工业的不断发展,在工业上越来越广泛地采用阳极氧化或化学氧化的方法,在铝及铝合金制件表面生成一层氧化膜,以达到防护装饰的目的。

铝合金氧化处理广泛应用于机械、电子、家庭装饰、生活日用品及 IT 产品中,如许多数码相机、数码摄像机、笔记本电脑外壳就是用经过氧化处理的铝镁合金制造的。铝和铝合金装饰性氧化工艺种类很多,一般可分为化学氧化法和电化学氧化法即阳极氧化法两大类。

其中,阳极氧化处理的应用较为广泛。

① 化学氧化。是指在含有缓蚀剂的对氧化膜有轻微溶解作用的弱酸和弱碱溶液中煮沸,可得 0.5~4 mm 的化学氧化膜。铝及铝合金的化学氧化处理设备简单,操作方便,生产效率高,不消耗电能,适用范围广,不受零件大小和形状的限制。故大型铝件或难以用阳极氧化法获得完整膜层的复杂铝件(如管件、点焊件或铆接件等),通常采用化学氧化法处理。其氧化膜较薄,厚度约为 0.5~4 μm,多孔而质软,具有良好的吸附性,可作为有机涂层的底层,但其耐磨性和抗蚀性能均不如阳极氧化膜。缺点是薄、着色难、装饰性不好、软。化学氧化一般作为涂漆前处理,防止膜下腐蚀,只有对性能要求不高的地方,才使用化学氧化膜。

② 电化学氧化(阳极氧化)。将铝及铝合金放入适当的电解液中,以铝工件为阳极,其他材料为阴极,在外加电流作用下,使其表面生成氧化膜,这种方法称为阳极氧化。氧化膜厚度为 5~20 μm(硬质阳极氧化膜厚度可达 60~200 μm),有较高硬度,良好的耐热和绝缘性,抗蚀能力高于化学氧化膜,多孔,有很好的吸附能力。

2. 磷化处理

金属在含有锰、铁、锌的磷酸盐溶液中进行化学处理,使金属表面生成一层难溶于水的结晶型磷酸盐保护膜的方法叫作金属的磷酸盐处理,简称磷化。磷化膜厚度一般在 1~50 μm,具有微孔结构,膜的颜色一般由浅灰到黑灰色,有时也可呈彩虹色。

磷化处理是大幅度提高金属表面耐腐蚀性的一个简单可靠、费用低廉、操作方便的工艺方法,磷化膜层为微孔结构,与基体结合牢固,经钝化或封闭后具有良好的吸附性、润滑性、耐蚀性、不黏附熔融金属(锡、铝、锌)及较高的电绝缘性等,广泛用于汽车、船舶、航空航天、机械制造及家电等工业生产中,如用作涂料涂装的底层、金属冷加工时的润滑层、金属表面保护层以及硅钢片的绝缘处理、压铸模具的防黏处理等。其中涂装底层是磷化的最大用途所在,约占磷化总工业用途的 60%~70%,如汽车行业的电泳涂装。磷化膜作为涂漆前的底层,能提高漆膜附着力和整个涂层体系的耐腐蚀能力。磷化处理得当,可使漆膜附着力提高 2~3 倍,整体耐腐蚀性提高 1~2 倍。

磷化处理所需设备简单,操作方便,成本低,生产效率高。磷化技术的发展方向是薄膜化、综合化、降低污染、节省能源。尤其是降低污染是研究的重点方向,包括生物可降解表面活性剂技术、无磷脱脂剂、双氧水无污染促进剂等。

钢铁磷化膜主要用于耐蚀防护、油漆涂装的底层和冷变形加工时的润滑层,膜厚度一般在 5~20 μm。目前用于生产的钢铁磷化工艺按磷化温度可分为高温磷化、中温磷化和常温磷化三种,主要朝中低温磷化方向发展。

高温磷化的工作温度为 90~98 ℃,处理时间 10~20 min。优点是磷化速度快,膜层较厚;膜层的耐蚀性、结合力、硬度和耐热性都比较好。缺点是工作温度高,能耗大,溶液蒸发量大,成分变化快,常需调整;膜层容易夹杂沉淀物且结晶粗细不均匀。高温磷化主要用于需要防锈、耐磨和减摩的零件,如螺钉、螺母、活塞环、轴承座等。

中温磷化的工作温度为 50~70 ℃,处理时间 10~15 min。优点是磷化速度较快,膜层的耐蚀性接近高温磷化膜,溶液稳定,生产效率高;缺点是溶液成分较复杂,调整麻烦。中温磷化常用于要求防锈、减摩的零件;中温薄膜磷化常用于涂装底层。

常温磷化一般在 15~35 ℃的温度下进行,处理时间 20~60 min。其优点是不需要加热,节约能源,成本低,溶液稳定;缺点是对槽液控制要求严格,膜层耐蚀性及耐热性差,结合力欠佳,处理时间较长,效率低等。

5.3 金属表面装饰处理

5.3.1 涂装

利用喷射、涂饰等方法，将有机涂料涂覆于工件表面并形成与基体牢固结合的涂覆层的过程称为涂装。涂装可以用来保护物体表面免受外界（空气、水分、阳光及其他腐蚀介质）侵蚀；在物体表面增添一层硬膜，减轻表面磨损；掩饰表面缺陷，美化物体，并赋予各种丰富的色彩，改善外观。此外，还可以在特殊情况下起特殊的作用，例如色彩伪装，防红外伪装，电气绝缘和船体防菌藻、防污涂层等。

涂料一般由四部分组成，即成膜材料、颜料、溶剂和助剂。成膜材料是涂料中形成漆膜的主要物质，它主要有以天然或合成树脂为基础的油脂、天然树脂、酚醛树脂、沥青、醇酸树脂、丙烯酸酯、环氧树脂等十八大类。颜料是不溶于水或油的微细粉末状有色物质，能使漆胶具有一定的遮盖能力，增加色彩、装饰和保护作用，还能防紫外线穿透，防涂层老化，增强漆膜的耐磨性等。溶剂的作用是使涂料始终保持溶解状态，调整涂料的黏度，便于施工；使漆膜具有均衡的挥发速度，达到漆膜的平整与光泽；消除漆膜的针孔、鱼眼、刷痕等瑕疵。助剂是为了改善施工性能和实现其他特殊性能的附加物质，例如表面活性剂改善颜料的分散性，防沉淀剂防止颜料沉淀，此外还有紫外线吸收剂、防霉剂、增滑剂、消泡剂等。

涂料的涂装工艺方法很多，其中常用的方法有浸涂法、喷涂法、淋涂法、静电喷涂法、电泳涂装法、粉末涂装法和辊涂法等。

1. 浸涂法

将工件浸入漆槽中进行涂装的方法，而自动浸涂是工件置放在悬链上，借悬链沿轨道的运动自动浸入漆槽中涂漆。这种工艺方法简单，省工省料，生产率高，常用在大批量生产的流水线上，涂工件上的底漆。

2. 喷涂法

利用压缩空气，用喷枪将油漆雾化并喷射到工件上。此法漆膜均匀平滑，质量好，喷射灵活，但漆的浪费较大，适合各种大小的工件。

3. 静电喷涂

用静电喷枪使油漆雾化并带负电荷，与接地的工件间形成高压静电场，静电引力使漆雾均匀沉积在工件表面，形成均匀的漆膜。其特点是漆膜均匀、装饰性好，易于实现自动化，生产率比空气喷涂高 1～3 倍，油漆利用率可达到 80%～90%，并减少漆雾的飞散和污染，改善了劳动条件。静电喷涂方式有固定式和手提式两种，固定式主要用于形状简单工件，手提式主要用于形状复杂工件。

4. 电泳涂装

将电泳漆用水稀释到固体成分为 10%～15% 左右，工件作为直流电正极浸入电泳槽内，电泳漆中的树脂和颜料在电场作用下移向阳极并沉积于工件表面，形成不溶于水的涂层，然后用水冲去附于工件表面的残液，烘干后形成均匀的漆层。其特点是漆膜质量好，厚度均匀，边缘覆盖好，涂料利用率高（可达 95% 以上），生产率高，易于自动化，而且整个系统处在水环境中,安全而且污染小。

5. 粉末涂装

粉末涂装的基本方法为静电喷涂法和硫化床法。

① 粉末静电喷涂法的电源由高压静电发生器供给,其产生的高电压接到喷枪的内部或前端。粉末在供粉器中与空气流混合,进入喷枪,在喷枪内部或出口处带上电荷。在静电场的作用下,粉末粒子飞到接地的工件上。当粉末涂覆一定厚度时,后来的粉末由于同性相斥而不能被吸附,使膜厚度均匀地覆盖工件。被喷涂的工件在固化炉中将粉层熔融、流平和固化,形成均匀的膜层。

② 硫化床法是在容器内装一多孔板(孔径为 $0.4 \sim 0.8~\mu m$),板上的粉末由于板下的压缩空气通入而产生沸腾状,加热后的工件浸入沸腾的粉层而黏附上粉末层,其厚度可根据工件浸入时间和工件预热温度来调整,然后再经过烘烤进行固化,形成平滑的膜层。

5.3.2 表面着色和染色

金属的着色是指通过化学或电化学等处理方法,使金属自身表面产生色调的变化,并保持金属光泽的工艺。金属经着色后,表面产生的有色膜或干扰膜很薄,它们的光反射与金属光反射相互干扰,形成不同的色彩。因此随着膜层厚度的变化,色调也随之变化。

金属着色的方法有:

(1) 化学法。利用溶液与金属表面产生的化学反应生成氧化物、硫化物等有色化合物。

(2) 置换法。溶液中金属离子进行化学置换反应并沉积在工件表面,形成有色薄膜。

(3) 热处理法。将工件置于一定环境氛围中热处理,使其表面形成具有适当结构和色彩的氧化膜。

(4) 电解法。将工件置于一定的电解液中进行电解处理,使金属表面形成多孔、无色的氧化膜,然后再进行着色或染色处理,形成各种色彩的膜层。

某些金属(例如钢铁)的着色工艺往往先进行电镀,然后再着色处理,会收到更好的效果。金属制品着色后,表面要涂覆一层透明的保护层,以增加制品的使用效果。

金属的染色是通过金属表面的微孔或吸附作用和化学反应将染料均匀地涂覆在金属表面,也可用电解法使金属离子与染料共同沉积在金属表面形成色彩。而金属表面需要经过化学氧化或阳极电解氧化处理,以获得大量吸附能力很强的微孔,有利于染料的吸附。有的金属或镀层需要经过化学钝化或电化学钝化处理,才能使其表面对染料具有强烈的吸附能力,例如钢的钝化处理是在 $3\% \sim 5\%$ 肥皂、温度为 $60 \sim 70~°C$ 的溶液中处理 $3 \sim 5~min$ 或在 0.2% 铬酐 $+0.1\%$ 磷酸、温度为 $60 \sim 70~°C$ 的溶液中处理 $0.5 \sim 1~min$。

复习思考题

选择题

1. CVD 指的是_____。
   A. 化学气相沉积　　　　B. 物理气相沉积
2. 激光表面强化获得的表面组织是_____。
   A. 马氏体　　B. 渗碳体　　C. 珠光体
3. 金属表面防护处理可以达到_____。
   A. 防腐蚀　　B. 美观作用　　C. 提高机械性能　　D. 都对
4. 表面着色后的金属表面形成不同的色彩是由于_____。
   A. 染成五颜六色　　　　B. 光反射的结果　　　　C. 化学反应

问答题

1. 表面处理的目的和作用是什么？通过表面处理可改变金属的哪些性能？
2. 简述电镀和化学镀的基本原理。
3. 什么是气相沉积？气相沉积的基本过程包括哪些步骤？
4. 试比较 CVD 和 PVD 的工艺特点。
5. 什么是化学转化膜技术？其基本原理是什么？
6. 涂料的涂装工艺方法有哪些？

第6章 金属材料

6.1 概 述

6.1.1 金属材料的分类

金属具有良好的导电性和导热性,有一定的强度和塑性,并具有表面光泽,如铁、铝和铜等。金属材料是由金属元素或以金属元素为主要材料组成的并具有金属特性的工程材料。它包括纯金属和合金。

金属通常分为黑色金属和有色金属两大类。铁和以铁为主而形成的物质称为黑色金属,它包括钢和铁;除黑色金属以外的其他金属称为有色金属,如铜、铝、镁等。常用的金属材料如图6-1所示。

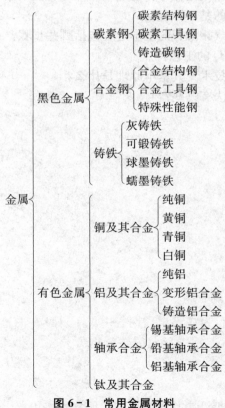

图6-1 常用金属材料

6.1.2 杂质元素和合金元素在钢中的作用

1. 杂质元素对钢的影响

碳素钢中除铁和碳两种元素外,还含有一些其他元素如硅、锰、硫和磷等,称为杂质元素。

(1) 硅

硅作为脱氧剂,进行脱氧后残留在钢中,形成固溶体,提高钢的强度和硬度。钢材中的硅是有益元素,但由于含量少,故其强化作用不大。钢中的硅含量通常小于 0.5%,碳素镇静钢中一般控制在 0.17%~0.37% 之间。

(2) 锰

锰作为脱氧剂,进行脱氧后残留在钢中,溶于铁素体和渗碳体中,使钢的强度和硬度提高。锰还和硫形成 MnS,降低钢的脆性,从而减轻对钢的危害。所以锰是钢中的有益元素,在钢中锰的含量一般为 0.25%~0.8%。

(3) 硫

硫主要是在炼钢时,由生铁和燃料带入钢中。它在钢中与铁生成化合物 FeS,FeS 与铁形成共晶体(Fe-FeS),它的熔点低,约为 985 ℃。当钢材加热到 1000~1200 ℃ 进行轧制或锻造时,沿晶界分布的 Fe-FeS 共晶体已经熔化,各晶粒间的连接被破坏,导致钢材开裂,这种现象称热脆。从总体来讲,硫是钢材中的有害元素,钢中的含硫量不得超过 0.05%。钢中加入锰,可从 FeS 中夺走硫而形成 MnS,消除硫的有害影响。

(4) 磷

磷主要来源于炼钢原料生铁。磷在钢材中能全部溶于铁素体中,提高铁素体的强度和硬度。但在室温下却使钢材的塑性和韧性急剧下降,产生低温脆性,这种现象称为冷脆。一般来说,磷是钢材中的有害元素,应严格控制其含量,一般小于 0.04%。

钢中的硫和磷是有害元素,应严格控制它们的含量。但在易切削钢中,适当地提高硫、磷的含量,增加钢的脆性,反而有利于形成崩碎切屑,从而提高切削效率和延长刀具寿命。

2. 合金元素在钢中的作用

为了改善钢的性能,在熔炼时有目的地加入一定比例的合金元素。在钢中,通常加入的合金元素有硅、锰、铬、镍、钨、钼、钒、钴、铝、钛和稀土元素等。合金元素在钢中的作用包括以下方面:

(1) 形成合金铁素体

除铅外,大多数合金元素都能溶于铁素体,形成合金铁素体。合金元素溶入铁素体后,必然引起铁素体晶格畸变,产生固溶强化,使铁素体强度、硬度提高,塑性、韧性有所下降。

(2) 形成碳化物

碳化物是钢中的重要相之一,碳化物的种类、数量、大小、形状及其分布对钢的性能有重要的影响。碳化物形成元素,为在元素周期表中位于铁以左的过渡族金属,越靠左,形成碳化物的倾向越强。合金元素在钢中形成的碳化物可分为两类:合金渗碳体和特殊碳化物。弱碳化物形成元素形成的合金渗碳体的熔点较低,硬度较低,稳定性较差,如 $(Fe,Mn)_3C$。中碳化物形成元素,形成合金渗碳体的熔点、硬度、耐磨性以及稳定性都比较高,如 $(Fe,Cr)_3C$、$(Fe,W)_3C$。强碳化物形成元素在钢中优先形成特殊碳化物,如 VC、NbC 和 TiC 等,它们的稳定性最高,不易分解,熔点、硬度和耐磨性高,它们弥散分布在钢的基体上,能显著提高钢的强度、硬度和耐磨性。

（3）减缓奥氏体化过程

大多数合金元素（除镍、钴外）都会减缓奥氏体化过程。

（4）细化晶粒

几乎所有的合金元素都有抑制钢在加热时的奥氏体长大的作用，达到细化晶粒的目的。强碳化物形成元素形成的碳化物，它们弥散地分布在奥氏体的晶界上，能强烈地阻碍奥氏体晶粒长大，使合金钢在热处理后获得比碳钢更细的晶粒。

（5）提高钢的淬透性

大多数合金元素（除钴外）溶解于奥氏体中后，均可增加过冷奥氏体的稳定性，使 C 曲线右移，减小淬火临界冷却速度，从而提高钢的淬透性。往往单一合金元素对淬透性的影响没有多种合金元素联合作用效果显著，通过复合元素，采用多元少量的合金化原则，对提高钢的淬透性会更有效。

（6）提高钢的回火稳定性

淬火钢在回火时抵抗硬度下降的能力称为回火稳定性。合金钢在回火过程中，由于合金元素的阻碍作用，使马氏体不易分解，碳化物不易析出，即使析出后也难于聚集长大，从而提高了钢的回火稳定性。

6.2 非合金钢

非合金钢即碳素钢，指含碳量大于 0.218% 小于 2.11% 且不含有特意加入合金元素的铁碳合金。碳素钢冶炼方法简单，容易加工，价格低廉，具有较好的力学性能和工艺性能，因此在机械制造、交通运输等许多部门中得到广泛的应用。

6.2.1 非合金钢的分类

1. 按非合金钢中碳的质量分数分类

① 低碳钢：是指碳的质量分数为 $0.218\% < w_C < 0.25\%$ 的铁碳合金。
② 中碳钢：是指碳的质量分数为 $0.25\% \leqslant w_C \leqslant 0.6\%$ 的铁碳合金。
③ 高碳钢：是指碳的质量分数为 $0.6\% < w_C < 2.11\%$ 的铁碳合金。

2. 按非合金钢中所含杂质 S、P 的质量分数分类

① 普通钢：硫的质量分数为 $w_S \leqslant 0.05\%$；磷的质量分数为 $w_P \leqslant 0.045\%$。
② 优质钢：硫的质量分数为 $w_S \leqslant 0.035\%$；磷的质量分数为 $w_P \leqslant 0.035\%$。
③ 高级优质钢：硫的质量分数为 $w_S \leqslant 0.025\%$；磷的质量分数为 $w_P \leqslant 0.025\%$。
④ 特级优质钢：硫的质量分数为 $w_S \leqslant 0.015\%$；磷的质量分数为 $w_P \leqslant 0.025\%$。

3. 按非合金钢的用途分类

① 碳素结构钢：碳素结构钢主要用于制造各种机械零件和工程结构件，其碳的质量分数 $w_C < 0.7\%$，分为普通碳素结构钢和优质碳素结构钢。此类钢常用于制造齿轮、轴、螺母、弹簧等机械零件，用于制作桥梁、船舶、建筑等工程结构件。

② 碳素工具钢：碳素工具钢主要用于制造工具，如制作刃具、模具、量具等，其碳的质量分数 $w_C>0.7\%$。

此外，按冶炼方法不同分为平炉钢、转炉钢和电炉钢；按冶炼时脱氧程度不同分为沸腾钢、镇静钢和半镇静钢等。

6.2.2 非合金钢的牌号和用途

1. 普通碳素结构钢

普通碳素结构钢含碳量在 $0.06\%\sim 0.38\%$ 之间，这类钢强度和硬度不高，但冶炼方便、产量大、价格便宜，有良好的塑性和焊接性。适用于一般工程结构、桥梁、船舶和厂房等建筑结构以及力学性能要求不高的机械零件（如螺钉、螺母和铆钉等）。

普通碳素结构钢的牌号由屈服点字母、屈服点数值、质量等级符号、脱氧方法符号组成。其中屈服点字母以"Q"表示；质量等级有 A、B、C、D 四级，质量依次提高；脱氧方法用汉语拼音字首表示，"F"——沸腾钢、"b"——半镇静钢、"Z"——镇静钢、"TZ"——特殊镇静钢。例如 Q235—AF 表示 $\sigma_s\geqslant 235$ MPa，质量等级为 A 级，脱氧程度为沸腾钢的普通碳素结构钢。普通碳素结构钢的具体牌号、质量等级、化学成分、力学性能和应用见表 6-1。

表 6-1 普通碳素结构钢的牌号、质量等级、化学成分、力学性能和应用

牌 号	质量等级	化学成分/% w_C	力学性能（不小于） σ_s/MPa	σ_b/MPa	δ/%	应用举例
Q195	—	0.06~0.12	195	315~390	33	用于制作开口销、铆钉、垫片及载荷较小的冲压件
Q215 A	A	0.09~0.15	215	335~410	31	
Q215 B	B	0.09~0.15	215	335~410	31	
Q235 A	A	0.14~0.22	235	375~460	26	用于制作后桥壳盖、内燃机支架、制动器底板、发电机机架、曲轴前挡油盘
Q235 B	B	0.12~0.20	235	375~460	26	
Q235 C	C	≤0.18	235	375~460	26	
Q235 D	D	≤0.17	235	375~460	26	
Q255 A	A	0.18~0.28	255	410~510	24	用于制作拉杆、心轴、转轴、小齿轮、销、键
Q255 B	B	0.18~0.28	255	410~510	24	
Q275	—	0.28~0.38	275	490~610	20	

2. 优质碳素结构钢

优质碳素结构钢硫、磷含量均较低，塑性和韧性较好，主要用于制作较重要的机械零件，如轴类、齿轮、弹簧等。这类钢经热处理后具有良好的综合力学性能。

优质碳素结构钢的牌号用两位数字表示，两位数字表示钢中碳的平均质量分数的万分之几。如 45 钢，表示平均 $w_C=0.45\%$ 的优质碳素结构钢。钢中含锰较高（$w_{Mn}=0.7\%\sim 1.2\%$）时，在数字后面附以符号"Mn"，如 65Mn 钢，表示平均 $w_C=0.65\%$，并含有较多锰（$w_{Mn}=0.9\%\sim 1.2\%$）的优质碳素结构钢。高级优质钢在数字后面加"A"；特级优质钢在数字后面加"E"；沸腾钢在数字后面加"F"；半镇静钢在数字后面加"b"。优质碳素结构钢的牌号、化学成分、力学性能和应用见表 6-2。

表 6-2 优质碳素结构钢牌号、化学成分、力学性能和应用

牌 号	化学成分/% w_C	力学性能 σ_s MPa 不小于	σ_b MPa 不小于	δ % 不小于	ψ % 不小于	α_k J/cm² 不小于	应用举例
08F	0.05~0.11	175	295	35	60	—	
08	0.05~0.12	195	325	33	60	—	
10F	0.07~0.14	185	315	33	55	—	塑性高,焊接性好,适宜制造冲压件、焊接件及强度要求不高的机械零件和渗碳件,如一般螺钉、铆钉、垫圈等
10	0.07~0.14	205	335	31	55	—	
15F	0.12~0.19	205	355	29	55	—	
15	0.12~0.19	225	375	27	55	—	
20	0.17~0.24	245	410	25	55	—	
25	0.22~0.30	275	450	23	50	88.3	
30	0.27~0.35	295	490	21	50	78.5	
35	0.32~0.40	315	530	20	45	68.5	优良的综合力学性能,适宜制作受力较大的机械零件,如齿轮、连杆、活塞杆、轴类零件及联轴器等零件
40	0.37~0.45	335	570	19	45	58.8	
45	0.42~0.50	355	600	16	40	49	
50	0.47~0.55	375	630	14	40	39.2	
55	0.52~0.60	380	645	13	35	—	
60	0.57~0.65	400	675	12	35	—	
65	0.62~0.70	410	695	10	30	—	屈服点高,弹性好,适宜制造弹性元件(如各种螺旋弹簧、板簧等)及耐磨零件
70	0.67~0.75	420	715	9	30	—	
75	0.72~0.80	880	1080	7	30	—	
80	0.77~0.85	930	1080	6	30	—	
85	0.82~0.90	980	1130	6	30	—	
15Mn	0.12~0.19	245	410	26	55	—	
20Mn	0.17~0.24	275	450	24	50	—	
25Mn	0.22~0.30	295	490	22	50	88.3	
30Mn	0.27~0.19	315	540	20	45	78.5	
35Mn	0.32~0.40	335	560	18	45	68.5	用于渗碳零件、受磨损零件及较大尺寸的各种弹性元件等
40Mn	0.37~0.45	335	590	17	45	58.7	
45Mn	0.42~0.50	375	620	15	40	49	
50Mn	0.47~0.55	390	645	13	40	39.2	
60Mn	0.57~0.65	410	695	11	35	—	
65Mn	0.62~0.70	430	735	9	30	—	
70Mn	0.67~0.75	450	785	8	30	—	

(1) 08~25钢属于低碳钢

此类钢含碳量低,强度、硬度较低,塑性、韧性好,具有良好的焊接性能和塑性变形能力,常常轧制成薄板或钢带,主要用于制造冷冲压零件、焊接结构件以及强度要求不太高的机械零件及表面硬而心部韧的渗碳零件,如各种仪表板、容器、内燃机机油盆、油箱、小轴、销子、螺钉、螺母等。

(2) 30~55钢属于中碳钢

这类钢具有较高的强度和硬度,且切削性能良好,其塑性和韧性随含碳量的增加而逐步降低,此类钢经调质处理后可获得较好的综合力学性能,主要用来制作齿轮、连杆、轴类、套类等零件,其中40钢、45钢应用广泛。

(3) 60~85钢属于高碳钢

这类钢具有较高的强度、硬度和良好的弹性,但焊接性和冷变形塑性较差,切削性能不好,主要用来制造具有较高强度、耐磨性和弹性的零件,如弹簧、弹簧垫圈等,其中65Mn作为弹簧钢应用较多。

3. 碳素工具钢

碳素工具钢的含碳量为0.65%~1.35%,属于优质钢或高级优质钢。这类钢经热处理后具有较高的硬度和耐磨性,主要用于制作低速切削刀具,以及对热处理变形要求低的一般模具、低精度量具。碳素工具钢的牌号用"T+数字"表示,其中T代表碳素工具钢,数字表示钢中平均含碳量的千分之几,如T10表示平均$w_C=1.0\%$的碳素工具钢。若在牌号后加字母A,则表示为高级优质碳素工具钢,如T12A表示平均$w_C=1.2\%$的高级优质碳素工具钢。碳素工具钢牌号、化学成分、力学性能和应用见表6-3。

表6-3 碳素工具钢牌号、化学成分、力学性能和应用

牌号	化学成分/%			硬度		应用举例
	w_C	w_{Si}	w_{Mn}	退火后 HBW 不大于	淬火后 HRC 不小于	
T7 T7A	0.65~0.74	≤0.35	≤0.40	187	62	承受冲击,韧性较好,硬度适当的工具,如扁铲、手钳、大锤、旋具、木工工具
T8 T8A	0.75~0.84	≤0.35	≤0.40	187	62	承受冲击,要求较高硬度的工具,如冲头、压缩空气工具、木工工具
T8Mn T8MnA	0.80~0.90	≤0.35	0.40~0.60	187	62	承受冲击,具有较高硬度和耐磨性的工具,如冲头、压缩空气锤工具、木工工具
T9 T9A	0.85~0.94	≤0.35	≤0.40	192	62	韧性中等、硬度高的工具,如冲头、木工工具、凿岩工具
T10 T10A	0.95~1.04	≤0.35	≤0.40	197	62	不受剧烈冲击,高硬度、耐磨的工具,如车刀、刨刀、丝锥、钻头、手锯条
T11 T11A	1.05~1.14	≤0.35	≤0.40	207	62	不受剧烈冲击,高硬度、耐磨的工具,如车刀、刨刀、丝锥、钻头、手锯条

续表

牌号	化学成分/%			硬度		应用举例
	w_C	w_{Si}	w_{Mn}	退火后 HBW 不大于	淬火后 HRC 不小于	
T12 T12A	1.15~1.24	≤0.35	≤0.40	207	62	不受冲击,要求高硬度、耐磨的工具,如锉刀、刮刀、精车刀、丝锥、量具
T13 T13A	1.25~1.35	≤0.35	≤0.40	217	62	不受冲击,要求高硬度、耐磨的工具,如锉刀、刮刀、精车刀、丝锥、量具

碳素工具钢在锻、轧后要进行球化退火,目的是降低硬度,改善切削加工性能,并为淬火做组织准备。最终热处理采用淬火+低温回火,淬火温度约为 780 ℃,回火温度约为 180 ℃,组织为回火马氏体+粒状渗碳体+少量残余奥氏体。碳素工具钢红硬性(金属材料高温下保持高硬度的能力)低,一般工作温度为 200 ℃以下,只适用于制作低速刀具。

4. 工程用铸造碳钢

工程用铸造碳钢的平均 $w_C=0.2\%\sim0.6\%$。主要用来制作形状复杂、难以进行锻造或切削加工,且要求较高强度和韧性的零件。

工程用铸造碳钢的牌号用"ZG+两组数字"表示,其中 ZG 表示铸钢,第一组数字表示最低屈服点数值,第二组数字表示最低抗拉强度数值,如 ZG270—500 表示屈服点不小于 270 MPa,抗拉强度不小于 500 MPa 的工程用铸造碳钢。工程用铸造碳钢的牌号、化学成分、力学性能和应用见表 6-4。

表 6-4 工程用铸造碳钢的牌号、化学成分、力学性能和应用

牌号	化学成分/%					力学性能					应用举例
	w_C	w_{Si}	w_{Mn}	w_P	w_S	σ_s	σ_b	δ	ψ	α_k	
						MPa		%		J/cm²	
	不大于					不小于					
ZG200—400	0.20	0.50	0.80			200	400	25	40	60	机座和变速箱体
ZG230—450	0.30	0.50	0.90			230	450	22	32	45	轴承盖、阀体、外壳、底板
ZG270—500	0.40	0.50	0.90	0.04	0.04	270	500	18	25	35	轧钢机机架、连杆、箱体、缸体、曲轴、轴承座、飞轮
ZG310—570	0.50	0.60	0.90			310	570	15	21	30	大齿轮、制动轮、汽缸体
ZH340—640	0.60	0.60	0.90			340	640	12	18	20	齿轮、联轴器、棘轮

6.3 合金钢

6.3.1 合金钢的分类

合金钢的分类方法有很多,常用的分类方法有两种:
1. 按合金钢的用途分
① 合金结构钢:用于制造机械零件和工程构件的合金钢。
② 合金工具钢:用于制造各种工具的合金钢。
③ 特殊性能钢:具有某种特殊性能的合金钢,如不锈钢、耐磨钢、耐热钢等。
2. 按合金钢中合金元素总量分
① 低合金钢:合金元素总量低于5%的合金钢。
② 中合金钢:合金元素总量为5%～10%的合金钢。
③ 高合金钢:合金元素总量高于10%的合金钢。

6.3.2 合金钢的牌号和用途

1. 合金结构钢

合金结构钢是机械制造、交通运输、石油化工及建筑工程等方面应用最广、用量最大的一类合金钢。合金结构钢是在优质碳素结构钢的基础上加入一些合金元素而形成的。

合金结构钢的牌号采用"两位数字(碳含量)+化学元素符号+数字"表示。前面"两位数字"表示钢的平均含碳量的万分之几,"化学元素符号"表示钢中含有的主要合金元素,其后面的"数字"则标明该元素含量的百分之几。当合金元素的平均含量小于1.5%时,牌号中仅标明元素符号,不标注含量;平均含量为1.5%～2.5%,2.5%～3.5%,3.5%～4.5%,…时,则相应地标以2,3,4,…。如40Cr钢,表示平均含碳量为0.40%,主要合金元素为铬,其含量在1.5%以下的合金结构钢。若合金结构钢为高级优质钢,则在牌号后加注A,若为特级优质钢则加注E。

(1) 低合金结构钢

低合金结构钢是在碳素结构钢的基础上加入少量合金元素而制成的工程用钢,是一种低碳($w_C \leqslant 0.2\%$)、低合金(合金总量≤3%)钢。这类钢比相同含碳的碳素结构钢的强度要高得多,并且有良好的塑性、韧性、耐蚀性和焊接性。以少量锰为主加元素,含硅量较碳素结构钢高,以提高钢的强度;并辅加其他合金元素,如铜、钛、钒、稀土元素等,以提高钢的耐蚀性和淬透性。低合金结构钢大多数是在热轧、正火状态下使用,组织为铁素体和珠光体。在强度级别较高的低合金结构钢中,也加入铬、钼、硼等元素,主要是为了提高钢的淬透性,以便在空冷条件下得到比碳素钢更高的力学性能。低合金结构钢牌号表示方法与碳素结构钢相同,如最常用的Q345。

(2) 合金渗碳钢

合金渗碳钢的含碳量在0.10%～0.20%之间。合金渗碳钢用于制造既要有优良的耐磨性、耐疲劳性，又能在承受冲击载荷的作用下，有足够的韧性和足够高强度的零件，如汽车、拖拉机中的变速齿轮、内燃机上的凸轮轴、活塞销等。这种合金钢心部有足够高的塑性和韧性，加入铬、镍、锰、硅、硼等合金元素能提高淬透性，使零件在热处理后，表层和心部都得到强化，加入钒、钛等合金元素，可以阻碍奥氏体晶粒长大，起细化晶粒作用。常用的合金渗碳钢有20Cr钢、20CrMnTi钢。

(3) 合金调质钢

合金调质钢是在中碳钢(30、35、40、45、50)的基础上加入一种或几种合金元素，以提高淬透性和耐回火性，使之在调质处理后具有良好的综合力学性能的钢。常加入的合金元素有Mn、Si、Cr、B、Mo等，主要作用是提高钢的强度和韧性，增加钢的淬透性。合金调质钢的热处理工艺是淬火后高温回火(调质)，处理后获得回火索氏体组织，使零件具有良好的综合性能。若要求零件表面有很高的耐磨性，可在调质后再进行感应淬火或渗氮。合金调质钢常用来制造负荷较大的重要零件，如发动机轴、连杆及传动齿轮等。常用的合金调质钢有40Cr钢、40MnB钢、40CrNi钢。

(4) 合金弹簧钢

合金弹簧钢主要用于制造各种机械和仪表中的弹簧。应具有高的弹性极限和高的屈服点，高的疲劳极限与足够的塑性和韧性。合金弹簧钢的碳含量在0.50%～0.70%之间。加入合金元素锰、硅、铬、钼、钒等主要是提高淬透性、抗回火稳定性和强化铁素体，热处理后能获得高的弹性和屈服点；加入少量铬、钼、钒可防止脱碳，并能细化晶粒，提高屈服点、弹性极限和高温强度。弹簧钢按加工和热处理不同分为热成形弹簧钢和冷成形弹簧钢。

1) 热成形弹簧钢

当弹簧直径或板簧厚度大于10 mm时，常采用热态下成形，即将弹簧加热至比正常淬火温度高50～80 ℃进行热卷成形，然后利用余热立即淬火、中温回火，获得回火托氏体，硬度为40～48 HRC，具有较高的弹性极限、疲劳强度和一定的塑性与韧性。

2) 冷成形弹簧钢

当弹簧直径或板簧厚度小于8～10 mm时，常用冷拉弹簧钢丝或弹簧钢带冷卷成形。由于弹簧钢丝在生产过程中已具备了很好的性能，所以冷绕成形后不再淬火。做250～300 ℃的去应力退火，以消除在冷绕过程中产生的应力，并使弹簧定型。

常用的合金弹簧钢有60Si2Mn钢、60Mn钢。

2. 合金工具钢

合金工具钢主要用于制造尺寸大、精度高和形状复杂的模具，各种精密量具，以及切削速度较高的刀具。合金工具钢的牌号和结构钢的区别仅在于碳含量的表示方法，它用一位数字表示平均含碳量的千分之几，当碳含量 $w_C \geq 1.0\%$ 时，不予标出。如9CrSi钢，表示平均含碳量为0.90%，主要合金元素为铬和硅，其含量都在1.5%以下的低合金工具钢；Cr12MoV钢，表示平均含碳量 $w_C \geq 1.0\%$，主要合金元素铬的平均含量为12%，钼和钒的含量均小于1.5%的高合金工具钢。高速钢牌号的表示方法略有不同，其含碳量 $w_C \leq 1.0\%$ 也不予标出，合金元素及其含量的标注相同。如W18Cr4V，表示平均含碳量为0.7%～0.8%，平均含钨量为18%，平均含铬量为4%，含钒量小于1.5%的高速工具钢。合金工具钢按用途可分为刃具钢、模具钢、量具钢。

(1) 合金刃具钢

合金刃具钢主要用来制造车刀、铣刀、拉刀、钻头等各种金属切削用刀具。合金刃具钢要求高硬度、耐磨、高红硬性、足够的强度以及良好的塑性和韧性。合金刃具钢分为低合金刃具钢和高速钢两种。

1) 低合金刃具钢

低合金刃具钢是在碳素工具钢的基础上加入少量合金元素的钢。钢中主要加入铬、锰、硅等元素，其目的是为了提高钢的淬透性，同时还能提高钢的强度。加入钨、钒等强碳化物元素，提高钢的硬度和耐磨性，并防止加热时过热，保持晶粒细小。最常用的低合金刃具钢是 9SiCr 钢、CrWMn 钢等。其中，9SiCr 钢具有较高的淬透性和回火稳定性，碳化物细小均匀，红硬性可达 300 ℃，适用于制作刀刃细薄的低速刀具，如丝锥、板牙、铰刀等；CrWMn 钢的含碳量在 0.90%～1.05% 之间，具有更高的硬度和耐磨性，但红硬性不如 9SiCr，但 CrWMn 钢热处理后变形小，故称微变形钢，主要用来制造较精密的低速刀具，如拉刀、铰刀等。

2) 高速钢

用于制造高速切削工具的钢称为高速钢，又称锋钢。高速钢是一种含有钨、钒、铬、钼等多种元素的高合金工具钢。高速钢的碳含量一般大于 0.70%，最高可达 1.5% 左右。钢中较多的碳和大量的钨、铬、钒、钼等碳化物形成元素，形成大量的合金碳化物，使高速钢具有高的硬度和耐磨性。这些碳化物较稳定，回火时要在 550 ℃ 以上才发生显著的聚集和长大，具有良好的红硬性，其工作温度高达 600 ℃。高速钢经高温锻造后必须进行退火处理，为了缩短时间，一般采用等温退火，以降低硬度、消除应力、改善切削加工性能，且为淬火做组织上的准备。高速钢中含有大量的钨、钼、钒、铬等难熔碳化物，它们只有在 1200 ℃ 以上才能大量溶入奥氏体中，从而保证淬火、回火后获得高的红硬性。因此高速钢的淬火加热温度高，一般为 1220～1280 ℃，常在油中淬火。高速钢淬火后必须在 550～570 ℃ 进行多次回火，此时由马氏体中析出极细碳化物，并使残余奥氏体转变成回火马氏体，以进一步提高钢的硬度和耐磨性，使钢的硬度达 63～66 HRC。常用的高速钢有 W18Cr4V 钢、W6Mo5Cr4V2 钢、W9Mo3Cr4V 钢、W18Cr4V2Co8 钢等。

(2) 合金模具钢

合金模具钢按使用条件不同分为冷作模具钢、热作模具钢。

1) 冷作模具钢

冷作模具钢用于制造在冷态下分离和成形的模具，如冷冲模、冷镦模、冷挤压模。这类模具工作时，要求有高的硬度和耐磨性，足够的强度和韧性。大型模具用钢还应具有良好的淬透性，热处理变形小等性能。冷作模具钢的含碳量高，一般碳含量 $w_C \geqslant 1.0\%$，有时高达 2.0%，其目的是为了获得高硬度和耐磨性。加入合金元素铬、钼、钨、钒等，目的是提高耐磨性、淬透性和耐回火稳定性。冷作模具钢最终热处理一般为淬火加低温回火，硬度达 60～62 HRC。目前应用较广的是 Cr12MoV 钢、Cr12 钢、9Mn2V 钢、CrWMn 钢等，其中 Cr12MoV 钢具有很高的硬度和耐磨性、较高的强度和韧性、热处理变形小等特点。主要用于制造截面较大、形状复杂的冷作模具。

2) 热作模具钢

热作模具钢用来制造使金属在高温下成形的模具，如热锻模、热挤压模、压铸模等。热作模具在高温下工作，承受很大的冲击力，因此要求热作模具钢具有高的热强性和红硬性，高温耐磨性和高的抗氧化性，以及较高的抗热疲劳性和导热性。热作模具钢一般采用中碳 (0.30%～0.60%) 合金钢制成。加入合金元素铬、镍、锰、硅等的目的是为了强化钢的基体和提高钢的淬透性;加入钼、钨、钒等是为了提高钢的回火稳定性和耐磨性。热作模具钢的最终热处理是淬火加中温回火(高温回火),以保证其有足够的韧性。

目前常采用 5CrMnMo 和 5CrNiMo 钢制作热锻模,采用 3Cr2W8V 钢制作挤压模和压铸模。

(3) 合金量具钢

量具钢主要用于制造测量零件尺寸的各种量具,如卡尺、千分尺、塞规、样板等。由于量具在使用过程中经常与被测零件接触,易受到磨损或碰撞;量具本身应具有非常高的尺寸精度和恒定性,因此,要求量具有高的硬度、耐磨性、尺寸稳定性和足够的韧性;同时还要求有良好的磨削加工性,以便达到很低的表面粗糙度要求。量具钢含碳量高,一般碳含量在 0.90%~1.5%之间,以保证较高的硬度和耐磨性。加入铬、钨、锰等合金元素,以形成合金碳化物,提高钢的淬透性和耐磨性,减少淬火变形及应力,提高马氏体的稳定性,从而获得较高的尺寸稳定性。量具钢的热处理往往预先热处理是球化退火,最终热处理是淬火+低温回火。为了提高量具尺寸的稳定性,对精密量具在淬火后应立即进行冷处理,然后在 150~160 ℃下低温回火;低温回火后还应进行一次人工时效,尽量使淬火组织转变为较稳定的回火马氏体并消除淬火应力。量具精磨后要在 120 ℃下人工时效 2~3 h,以消除磨削应力。常用量具钢目前没有专用钢种,对一般要求的量具,可用碳素工具钢、合金工具钢和滚动轴承钢制造;精度要求较高的量具,均采用微变形合金工具钢 CrMn、CrWMn 等制成。

3. 滚动轴承钢

滚动轴承钢用来制造各种轴承的滚珠、滚柱和内外套圈,也用来制造刀具、冷冲模、量具及性能与滚动轴承相似的耐磨零件。由于滚动轴承在工作时受到交变载荷的作用,套圈和滚动体之间产生强烈摩擦,因此滚动轴承钢必须具有高接触疲劳强度、高的弹性极限、高的硬度和耐磨性,并有足够的韧性、淬透性和一定的耐蚀性。滚动轴承钢是高碳铬钢,含碳量 0.95%~1.05%,含铬量 0.40%~1.65%。加入合金元素铬是为了提高淬透性,并在热处理后形成均匀分布的碳化物,以提高钢的硬度、接触疲劳极限和耐磨性。制造大型轴承时,为了进一步提高淬透性,还可以加入硅、锰等元素。

滚动轴承钢的牌号表示为"G+Cr+数字","G"表示"滚"字的汉语拼音字母字首,"Cr"表示铬元素,"数字"表示含铬量的千分之几,其他元素含量仍按百分数表示。如 GCr15SiMn,表示平均含铬量为 1.5%,硅、锰含量均小于 1.5%的滚动轴承钢。目前应用最多的滚动轴承钢有 GCr15 钢,主要用于中小型滚动轴承;GCr15SiMn 钢,主要用于较大的滚动轴承。

滚动轴承钢的热处理包括预备热处理和最终热处理。预备热处理是为了获得球状珠光体组织的球化退火,其目的是降低锻造后钢的硬度,便于切削加工,并为淬火做好组织上的准备。最终热处理为淬火加低温回火,其目的是获得极细的回火马氏体和细小均匀分布的碳化物组织,以提高轴承的硬度和耐磨性,硬度可达 61~65 HRC。

4. 特殊性能钢

用于制造在特殊工作条件或特殊环境下工作,具有特殊性能要求的机械零件的钢材,称特殊性能钢。特殊性能钢牌号表示方法与合金工具钢的表示方法基本相同,如不锈钢 4Cr13,表示平均含碳量为 0.4%,平均含铬量为 13%的不锈钢。工程中常用的特殊性能钢有不锈钢、耐热钢、耐磨钢等。

(1) 不锈钢

不锈钢是具有抵抗大气或某些化学介质腐蚀作用的合金钢。常用的不锈钢主要是铬不锈钢和铬镍不锈钢两类;按其组织不同分为铁素体不锈钢、马氏体不锈钢、奥氏体不锈钢。

1) 铁素体不锈钢

这类钢的含碳量小于 0.12%,铬含量在 16%～18% 之间,加热时组织无明显变化,为单相铁素体组织,故不能用热处理强化,通常在退火状态下使用。这类钢耐蚀性、高温抗氧化性、塑性和焊接性好,但强度低,主要用于制作化工设备的容器和管道等。常用牌号为 1Cr17 钢等。

2) 马氏体不锈钢

这类钢的碳含量在 0.10%～0.40% 之间,随含碳量增加,钢的强度、硬度和耐磨性提高,但耐蚀性下降。钢中铬的含量在 12%～14% 之间。这类钢在大气、水蒸气、海水、氧化性酸等氧化性介质中有较好的耐蚀性。淬火+低温回火,可获得回火马氏体组织,硬度可达 50 HRC 左右,具有较高的硬度和耐磨性,用于制造力学性能要求较高,并具有一定耐蚀性的零件,如医疗器械、量具、轴承、阀门等。常用牌号有 1Cr13 钢、3Cr13 钢等。

3) 奥氏体不锈钢

奥氏体不锈钢含碳量低,含铬量为 18%,含镍量为 8%～11%,也称 18-8 型不锈钢。铬、镍使钢有好的耐蚀性和耐热性,较高的塑性和韧性。奥氏体不锈钢主要用于制造在强腐蚀介质中工作的各种设备和零件,如贮槽、吸收塔、化工容器和管道等。此外,由于奥氏体不锈钢没有磁性,还可用于制造仪表、仪器中的防磁零件。奥氏体不锈钢采用固溶处理,即将钢加热到 1050～1150 ℃,使碳化物全部溶于奥氏体中,然后水淬快冷至室温,得到单相奥氏体组织,使钢具有高的耐蚀性、好的塑性和韧性,但强度低。为了提高其强度,可以通过冷变形强化方法得以实现。

常用的奥氏体不锈钢的牌号主要有 0Cr18Ni9、1Cr18Ni9、2Cr18Ni9、0Cr19Ni9Ti、1Cr19Ni9Ti 等。

(2) 耐热钢

耐热钢是指具有高温抗氧化性和热强性的钢。高温抗氧化性是指金属材料在高温下对氧化作用的抗力。为提高钢的抗氧化能力,向钢中加入合金元素铬、硅、铝等,使其在钢的表面形成一层致密的氧化膜,保护金属在高温下不再继续被氧化。热强性是指钢在高温下对机械负荷作用有较高抗力。高温下金属原子间结合力减弱,强度降低,此时金属在恒定应力作用下,随时间的延长会产生缓慢的塑性变形,称此现象为"蠕变"。为提高高温强度,防止蠕变,可向钢中加入铬、钼、钨、镍等元素,或加入钛、铌、钒、钨、铬等元素。耐热钢分为抗氧化钢、热强钢和汽阀钢。

1) 抗氧化钢

抗氧化钢主要用于制作长期在高温下工作但强度要求低的零件,如各种加热炉内结构件、渗碳炉构件、加热炉传送带料盘、燃气轮机的燃烧室等。常用钢种有 3Cr18Mn12Si2N、3Cr18Ni25Si2、2Cr20Mn9Ni2Si2N 等。

2) 热强钢

热强钢不仅要求在高温下具有良好的抗氧化性,而且要具有较高的高温强度。常用的热强钢,如 12CrMo、15CrMo、15CrMoV、24CrMoV 等是典型的锅炉用钢,可用于制造在 350 ℃以下工作的零件(如锅炉钢管等)。

3) 汽阀钢

汽阀钢是热强性较高的钢,主要用于制造高温下工作的汽阀,如 1Cr11MoV、1Cr12WMoV、4Cr9Si2 钢,可用于制造 600 ℃以下工作的汽轮机叶片、发动机排汽阀、螺栓紧固件等;4Cr14Ni14W2Mo 钢是目前应用最多的汽阀钢,用于制造工作温度不高于 650 ℃ 的内燃机重载荷排汽阀。

(3) 耐磨钢

在强烈冲击和磨损条件下具有良好韧性和高耐磨性的钢称为耐磨钢。典型的耐磨钢是高锰钢,钢中的含碳量为 1.0%~1.3%,含锰量为 11%~14%,因此称为高锰耐磨钢。由于高锰耐磨钢板易冷作硬化,很难进行切削加工,因此大多数高锰耐磨钢件采用铸造成形。高锰耐磨钢铸态组织中存在许多碳化物,因此钢硬而脆,为改善其组织以提高韧性,将铸件加热至 1000~1100 ℃,使碳化物全部溶入奥氏体中,然后水冷得到单相奥氏体组织,称此处理为水韧处理。铸件经水韧处理后,强度、硬度(180~230 HBW)不高,塑性、韧性好,工作时,若受到强烈冲击、巨大压力或摩擦,则因表面塑性变形而产生明显的冷变形强化,同时还发生奥氏体向马氏体的转变,使表面硬度和耐磨性大大提高,而心部仍保持奥氏体组织和良好的韧性、塑性,有较高的抗冲击能力。耐磨钢主要用于制造在强烈冲击载荷和严重磨损情况下工作的机械零件,如球磨机的衬板、挖掘机的铲斗;各种碎石机的颚板;铁道上的道岔;拖拉机和坦克的履带板、主动轮和履带支承滚轮等。常用牌号有 ZGMn13-1 铸钢和 ZGMn13-2 铸钢。

(4) 磁钢

1) 永磁钢

永磁钢具有较高的剩磁感及矫顽磁力(即不易退磁的能力)特性,即在外界磁场磁化后,能长期保留大量剩磁,要想去磁,则需要很高的磁场强度。永磁钢一般具有与高碳工具钢类似的化学成分(w_C=1%左右),常加入的合金元素是铬、钨和钼等。永磁钢主要用于制造无线电及通信器材里的永久磁铁装置以及仪表中的马蹄形磁铁。

2) 软磁钢(硅钢片)

磁化后容易去磁的钢称为软磁钢。软磁钢是一种碳的质量分数很低(w_C≤0.08%)的铁、硅合金,硅的质量分数在 1%~4%之间,通常轧制成薄片,是一种重要的电工用钢,如电动机的转子与定子都用硅钢片制作。硅钢片在常温下的组织是单一的铁素体,硅溶于铁素体后增加了电阻,减少了涡流损失,能在较弱的磁场强度下有较高的磁感应强度。硅钢片可分为电机硅钢片和变压器硅钢片。

3) 无磁钢

无磁钢是指在电磁场作用下,不引起磁感或不被磁化的钢。由于这类钢不受磁感应作用,也就不干扰电磁场。无磁钢常用于制作电机绑扎钢丝绳和护环、变压器的盖板、电动仪表壳体与指针等。

(5) 低温钢

低温钢是指用于制作工作温度在 0 ℃以下的零件和结构件的钢种。它广泛用于低温下工作的设备,如冷冻设备、制药氧设备、石油液化气设备、航天工业用的高能推进剂液氢等液体燃料的制造设备、南极与北极探险设备等。常用低温钢有低碳锰钢、镍钢及奥氏体不锈钢。低碳锰钢适用于-45~-70 ℃范围,如 09MnNiDR、09Mn2VRE 等;镍钢使用温度可达 -196 ℃;奥氏体不锈钢可达-269 ℃,如 0Cr18Ni9、1Cr18Ni9 等。

6.4 铸　铁

铸铁是含碳量大于 2.11% 的铁碳合金。工业上常用的铸铁含碳量一般在 2.5%～4.0% 的范围内，此外还有硅、锰、硫、磷等元素。铸铁具有良好的铸造性能，生产成本低，用途广。在一般的机械中，铸铁约占机器总质量的 40%～70%，在机床和重型机械中高达 80%～90%。近年来，铸铁组织进一步改善，热处理对基体的强化作用也更明显，因此，铸铁日益成为物美价廉、应用广泛的结构材料。

6.4.1 铸铁的种类

铸铁的种类很多。根据碳在铸铁中存在的形式不同，铸铁可分为以下几种：

① 白口铸铁。碳主要以渗碳体形式存在，其断口呈银白色，所以称为白口铸铁。这类铸铁的性能既硬又脆，很难进行切削加工，所以很少直接用来制造机器零件。

② 灰铸铁。碳主要以片状石墨形式析出的铸铁，断口呈灰色，故称为灰铸铁。

③ 可锻铸铁。白口铸铁通过石墨化或氧化脱碳退火处理，改变其金相组织或成分而获得的有较高韧性的铸铁称为可锻铸铁。

④ 球墨铸铁。铁液经过球化处理而不是在凝固后经过热处理，使石墨大部分或全部呈球状，有时少量为团絮状的铸铁称为球墨铸铁。

⑤ 蠕墨铸铁。相组织中石墨形态主要为蠕虫状的铸铁，称蠕墨铸铁。

⑥ 麻口铸铁。碳部分以游离碳化铁形式析出，部分以石墨形式析出的铸铁，断口呈灰白色相间，故称麻口铸铁。

6.4.2 铸铁的石墨化

铸铁中的石墨，在缓慢冷却时，从液体或奥氏体中直接析出，快速冷却时，形成渗碳体，渗碳体在高温下进行长时间加热时，可分解为铁和石墨。铸铁中的碳以石墨形态析出的过程称为石墨化。影响石墨化的主要因素是铸铁的成分和冷却速度。

(1) 成分的影响

铸铁中的元素按其对石墨化的作用，可以分为两大类：一类是促石墨化元素，如碳、硅等，其中碳和硅是强烈的促石墨化元素。碳、硅含量高，析出的石墨量多，石墨片的尺寸粗大。适当降低碳、硅含量能使石墨细化。另一类是阻碍石墨化的元素，如铬、钨、钼、钒、锰、硫等。它们均阻碍渗碳体分解，阻碍石墨化。

(2) 冷却速度的影响

冷却速度对石墨化的影响也很大。当铸铁结晶时，缓慢冷却有利于扩散，石墨化过程可充分进行，结晶出的石墨又多又大；而快冷则阻碍石墨化，促使白口化。铸铁的冷却速度主要决定于铸件的壁厚和铸型材料。例如铸铁在砂型中冷却比在金属型中冷却慢，铸件越厚，冷却越慢，这样的铸件有利于石墨化。

6.4.3 常用铸铁

1. 灰铸铁

（1）灰铸铁的化学成分、组织和牌号

灰铸铁中的碳多以片状石墨形式存在，其化学成分一般为 $w_C=2.7\%\sim3.6\%$, $w_{Si}=1.0\%\sim2.2\%$, $w_{Mn}=0.4\%\sim1.2\%$, $w_S<0.15\%$, $w_P<0.3\%$。灰铸铁的基体组织有三种：铁素体＋片状石墨；铁素体＋珠光体＋片状石墨；珠光体＋片状石墨。灰铸铁的牌号由"灰铁"两字的汉语拼音字母字首"HT"和一组数字组成，数字表示最低抗拉强度，如HT200，表示最低抗拉强度是200 MPa。灰铸铁的牌号、力学性能和应用见表6-5。

（2）灰铸铁的性能

灰铸铁内分布着许多片状石墨，而石墨的强度很低，塑性、韧性几乎为零，它的存在，相当于在钢的基体上分布了许多细小的裂纹，割裂了基体的连续性，减小了有效承载面积，而且石墨的尖角处易产生应力集中，所以灰铸铁的强度、塑性、韧性均比同基体的钢低。石墨片数量越多，尺寸越大，分布越不均匀，灰铸铁的抗拉强度越低。灰铸铁的硬度和抗压强度与同基体的钢差不多，石墨对其影响不大。灰铸铁的抗压强度约为其抗拉强度的3~4倍，故广泛用于制造受压构件。石墨虽然降低了铸铁的强度、塑性和韧性，但却使铸铁获得了下列优良性能：

① 铸造性能好、熔点低、流动性好。在结晶过程中析出体积较大的石墨，部分补偿了基体的收缩，所以收缩率较小。

② 良好的减振性和吸振性。石墨割裂了基体，阻止了振动的传播，并将振动能量转变为热能而消耗掉，其减振能力比钢高10倍左右。

③ 良好的减摩性。石墨本身有润滑作用，石墨从基体上剥落后所形成的孔隙有吸附和储存润滑油的作用，可减少磨损。

④ 有良好的切削加工性能。片状石墨割裂了基体，使切屑易脆性断裂，且石墨有减摩作用，减小了刀具的磨损。

⑤ 缺口敏感性低。灰铸铁中石墨的存在相当于许多微裂纹，致使外来缺口的作用相对减弱。

表6-5 灰铸铁的牌号、力学性能和应用

基体组织	牌号	力学性能		应用举例
		最低抗拉强度 σ_b/MPa	硬度 HBW	
铁素体	HT100	100	143~229	适用于制造盖、外罩、手轮、支架、重锤等负载小，对摩擦、磨损无特殊要求的零件
珠光体＋铁素体	HT150	150	163~229	适用于制造支柱、底座、工作台等承受中等载荷的零件
珠光体	HT200	200	170~241	适用于制造汽缸、活塞、齿轮、轴承座、联轴器等承受较大负荷和较重要的零件
	HT250	250	170~241	
孕育处理后的组织	HT300	300	187~225	适用于制造齿轮、凸轮、车床卡盘、高压液压筒和滑阀壳体等承受高负荷的零件
	HT350	350	197~269	

(3) 灰铸铁的孕育处理

为提高灰铸铁的力学性能,生产中常采用孕育处理,即在浇注前往铁水中投加少量的硅铁、硅钙合金等作孕育剂,以获得大量的、高度弥散分布的人工晶核,使石墨片及基体组织得到细化。经过孕育处理后的铸铁称为孕育铸铁,其强度较高,塑性和韧性有所提高。因此,孕育铸铁常用于力学性能要求较高、截面尺寸变化较大的大型铸件。

(4) 灰铸铁的热处理

灰铸铁可以通过热处理改变基体组织,但不能改变石墨的形态和分布,因而热处理对提高灰铸铁的力学性能作用不大。灰铸铁的热处理有减小铸件内应力的去应力退火,提高表面硬度和耐磨性的表面淬火,消除铸件白口组织、降低硬度的石墨化退火。

2. 球墨铸铁

(1) 球墨铸铁的化学成分、组织和牌号

球墨铸铁的化学成分一般为 $w_C=3.6\%\sim3.9\%$,$w_{Si}=2.0\%\sim2.8\%$,$w_{Mn}=0.6\%\sim0.8\%$,$w_S<0.07\%$,$w_P<0.1\%$。与灰铸铁相比,它的碳、硅含量较高,有利于石墨球化。球墨铸铁的基体组织有三种:铁素体+球状石墨;铁素体+珠光体+球状石墨;珠光体+球状石墨。球墨铸铁的牌号是由"球铁"两字的汉语拼音字母字首"QT"及后面的两组数字组成,两组数字分别表示其最低抗拉强度和最小伸长率。如 QT450-10,表示其最低抗拉强度为 450 MPa,最小伸长率为 10%。球墨铸铁的牌号、力学性能和应用见表 6-6。

表 6-6 球墨铸铁的牌号、力学性能和应用

基体组织	牌 号	σ_b/MPa	$\sigma_{0.2}$/MPa	δ/%	硬度 HBW	应用举例
		不小于				
铁素体	QT400-18	400	250	18	130~180	汽车、拖拉机或柴油机零件,机床零件,减速器壳等
	QT400-15	400	250	15	130~180	
	QT450-10	450	310	10	160~210	
珠光体+铁素体	QT500-7	500	320	7	170~230	机油泵齿轮、机车轴瓦等
	QT600-3	600	370	3	190~270	
珠光体	QT700-2	700	420	2	225~305	柴油机曲轴、凸轮轴、连杆、缸体等
	QT800-2	800	480	2	245~335	
下贝氏体	QT900-2	900	600	2	280~360	汽车锥齿轮、拖拉机齿轮、柴油机凸轮轴

(2) 球墨铸铁的性能

由于球墨铸铁中的石墨呈球状,其割裂基体的作用及应力集中现象大为减小,可以充分发挥金属基体的性能,它的强度和塑性超过灰铸铁,接近铸钢。球墨铸铁具有良好的力学性能和工艺性能,因此,球墨铸铁可以代替碳素铸钢、可锻铸铁,制造一些受力复杂,强度、硬度、韧性和耐磨性要求较高的零件,如内燃机曲轴、凸轮轴、连杆等。

(3) 球墨铸铁的热处理

由于球状石墨对基体的割裂作用小,所以通过热处理改变球墨铸铁的基体组织,对提高其力学性能有重要作用。常用的热处理工艺有以下几种:

① 退火:退火的主要目的是为了得到以铁素体为基体的球墨铸铁,以提高球墨铸铁的

塑性和韧性，改善切削加工性能，消除内应力。

② 正火：正火的目的是为了得到以珠光体为基体的球墨铸铁，从而提高其强度和耐磨性。

③ 调质：调质的目的是为了得到以回火索氏体为基体的球墨铸铁，从而获得良好的综合力学性能。

④ 等温淬火：等温淬火是为了获得以下贝氏体为基体的球墨铸铁，从而获得高强度、高硬度、高韧性的综合力学性能。对于一些要求综合力学性能好、形状复杂、热处理易变形开裂的重要零件，常采用等温淬火。

3. 可锻铸铁

(1) 可锻铸铁的化学成分、组织和牌号

可锻铸铁是将白口铸铁通过石墨化或氧化脱碳退火处理，改变其金相组织或成分而获得的有较高韧性的铸铁，其石墨形态呈团絮状。可锻铸铁的化学成分一般为 $w_C=2.2\%\sim2.8\%$，$w_{Si}=1.0\%\sim1.8\%$，$w_{Mn}=0.4\%\sim0.6\%$，$w_S<0.25\%$，$w_P<0.1\%$。以铁素体为基体的称为黑心可锻铸铁，也称为铁素体可锻铸铁；以珠光体为基体的可锻铸铁，称为白心可锻铸铁。可锻铸铁的牌号由三个字母及两组数字组成，前面两个字母"KT"是"可铁"两字的汉语拼音字母字首，第三个字母代表可锻铸铁的类别，后面两组数字分别代表最低抗拉强度和最小伸长率的数值。如KTH300－6，表示最低抗拉强度为300 MPa、最小伸长率为6%的黑心可锻铸铁。可锻铸铁的牌号、力学性能和应用见表6－7。

表6－7 可锻铸铁的牌号、力学性能及应用

牌号	σ_b/MPa	σ_s/MPa	δ/%	硬度 HBW	应用
	不小于				
KTH300-6	300	—	6	大于150	适用于管道配件、中低压阀门等气密性要求高的零件
KTH330-08	330	—	8		适用于扳手、车轮壳、钢丝绳接头承受中等动载和静载的零件
KTH350-10	350	220	10		适用于汽车轮壳、差速器壳、制动器等承受较高冲击、振动及扭转负荷的零件
KTH370-12	370	—	12		
KTZ450-06	450	270	6	150～200	适用于曲轴、凸轮轴、连杆、齿轮、摇臂等承受较高载荷、耐磨损且要求有一定韧性的重要零件
KTZ550-04	550	340	4	180～230	
KTZ650－02	650	430	2	210～260	
KTZ700－02	700	530	2	240～290	

(2) 可锻铸铁的性能

由于石墨形状的改变，减轻了石墨对基体的割裂作用。与灰铸铁相比，可锻铸铁的强度高、塑性和韧性好，但并没有到达可以锻造的地步，注意，可锻铸铁不可以锻造。与球墨铸铁相比，可锻铸铁具有质量稳定、铁液处理简单、易于组织流水线生产等优点。可锻铸铁广泛应用于汽车、拖拉机制造行业，常用来制造形状复杂、承受冲击载荷的薄壁、中小型零件。

4. 蠕墨铸铁

在一定成分的铁液中加入适量的蠕化剂和孕育剂，使石墨的形态呈蠕虫状的铸铁称蠕

墨铸铁。蠕墨铸铁中的碳主要以蠕虫状石墨形态存在,其石墨的形态介于片状石墨和球状石墨之间,形状与片状石墨类似。蠕墨铸铁的显微组织有三种类型:铁素体+蠕虫状石墨;珠光体+铁素体+蠕虫状石墨;珠光体+蠕虫状石墨。

蠕墨铸铁的牌号用"RuT+数字"表示。"RuT"来源于"蠕铁"两字的汉语拼音,其后数字表示蠕墨铸铁的最低抗拉强度。如 RuT420,表示最低抗拉强度为 420 MPa 的蠕墨铸铁。蠕墨铸铁的牌号、力学性能见表 6-8。

表 6-8 蠕墨铸铁的牌号、力学性能

基体组织	牌号	σ_b/MPa	$\sigma_{0.2}$/MPa	δ/%	硬度 HBW
		不小于			
珠光体	RuT420	420	335	0.75	200~280
珠光体+铁素体	RuT300	300	240	1.5	140~217
铁素体	RuT260	260	195	3.0	121~197

蠕墨铸铁的性能介于优质灰铸铁和球墨铸铁之间。抗拉强度和疲劳强度相当于铁素体球墨铸铁,减震性、导热性、耐磨性、切削加工性和铸造性能近似于灰铸铁。蠕墨铸铁常用于制造受热循环载荷,要求组织致密、强度较高、形状复杂的大型铸件,如机床的立柱,柴油机的汽缸盖、缸套、排气管等。

5. 合金铸铁

合金铸铁是指常规元素高于普通铸铁规定含量或含有其他合金元素,具有较高力学性能或某些特殊性能的铸铁,如抗磨铸铁、耐热铸铁、耐蚀铸铁等。

(1) 抗磨铸铁

提高铸铁耐磨的方法有许多。普通白口铸铁脆性大,不能承受冲击载荷,因此常采用"激冷"的方法,即在型腔中加入冷铁,使灰铸铁表面产生白口化,使硬度和耐磨性大为提高,而其心部仍保持灰口组织,从而在具有一定的韧性和强度的同时,又具有高耐磨性,使其具有"外硬内韧"的特点,可承受一定的冲击。这种因表面凝固速度快,碳全部或大部分呈化合态而形成一定深度的白口层,中心为灰口组织的铸铁称为冷硬铸铁。

在普通灰铸铁的基础上将含磷量提高到 0.5%~0.8%,就可获得高磷耐磨铸铁,具有高硬度和高耐磨性的磷共晶均匀分布在晶界处,使铸铁的耐磨性大为提高。在普通高磷耐磨铸铁的基础上,再加入 Cr、Mn、Cu、V、Ti 和 W 等元素,就构成了高磷合金铸铁,这样既细化和强化了基体组织,又进一步提高了铸铁的力学性能和耐磨性。生产上常用其制造机床导轨、汽车发动机缸套等。

我国研制的中锰耐磨球墨铸铁,铸态组织为马氏体、奥氏体、碳化物和球状石墨,这种铸铁具有较高的耐磨性和较好的强度及韧性,不需贵重合金元素,熔炼简单,成本低。此种铸铁可代替高锰钢或锻钢制造承受冲击的一些抗磨零件。

抗磨白口铸铁是在无润滑、干摩擦条件下工作的,如犁铧、轧辊、抛丸机叶片和球磨机磨球等。抗磨白口铸铁的牌号由 KmTB(抗磨白口铸铁)、合金元素符号和数字组成,如 KmTBNi4Cr2-DT、KmTBNi4Cr2-GT、KmTBCr20Mo、KmTBCr26 等。牌号中的"DT"表示低碳,"GT"表示高碳。

(2) 耐热铸铁

耐热铸铁具有良好的耐热性,可以代替耐热钢制造加热炉底板、坩埚、废气道、热交换器及压铸模等。

高温工作的许多零件都要求具有良好的耐热性,铸铁的耐热性主要是指它在高温下抗氧化的能力。在铸铁中加入合金元素铝、硅、铬等能提高其耐热性。合金元素在铸铁表面可生成 Al_2O_3、SiO_2 和 Cr_2O_3 等保护膜,保护膜非常致密,可阻止氧原子穿透而引起铸铁内部的继续氧化。另一方面,铬可形成稳定的碳化物,含铬越多,铸铁热稳定性越好。硅、铝可提高铸铁的临界温度,促使形成单相铁素体组织,因此在高温使用时,这些铸铁的组织较稳定。

耐热铸铁的牌号用"RT"表示,如 RTSi5、RTCr16 等;如果牌号中有字母"Q",则表示球墨铸铁,数字表示合金元素的百分质量分数,如 RQTSi5、RQTAl22 等。

耐热铸铁主要用于制作工业加热炉附件,如炉底板、烟道挡板、废气道、传递链构件、渗碳坩埚、热交换器、压铸模等。

(3) 耐蚀铸铁

耐蚀铸铁广泛应用于化工部门,可制作管道、阀门、泵体等。它是在铸铁中加入硅、铝、铬、镍、铜等合金元素,在铸铁的表面形成一层致密的保护性氧化膜,使铸铁组织成为单相基体上分布着数量较少且彼此孤立的球状石墨,提高铸铁基体组织的电极电位,从而提高其耐蚀性。

耐蚀铸铁种类很多,如高硅、高镍、负铝、高铬等耐蚀铸铁,其中应用最广泛的是高硅耐蚀铸铁,碳含量小于 1.2%,硅含量为 14%~18%。为改善铸铁在碱性介质中的耐蚀性,可向铸铁中加入 6.5%~8.5% 的 Cu;为改善铸铁在盐酸中的耐蚀性,可向铸铁中加入 2.5%~4.0% 的 Mn;为进一步提高耐蚀性,还可向铸铁中加入微量的硼和稀土镁合金进行球化处理。

常用的高硅耐蚀铸铁的牌号有 STSi11Cu2CrRE、STSi5RE、STSi15Mo3RE 等。牌号中的"ST"表示耐蚀铸铁,"RE"是稀土代号,数字表示合金元素的百分质量分数。

6.5 非铁合金及粉末冶金材料

除钢铁材料以外的其他金属统称为非铁合金,即有色金属。与钢铁材料相比较,非铁合金具有某些特殊性能,因而成为现代工业不可缺少的材料。非铁合金种类繁多,本节重点介绍铝及铝合金、铜及铜合金、轴承合金及硬质合金。

6.5.1 铝及铝合金

铝是自然界中储量最丰富的金属元素之一,在工业中是仅次于钢铁材料的一种重要材料。铝及铝合金具有许多优良的性能,在机械、电力、航空、航天等领域中有广泛的应用,也是日常生活用品中不可缺少的材料。

1. 工业纯铝

工业中使用的纯铝是银白色的金属。其纯度为 98%~99.7%,熔点为 660 ℃,密度为 2.7 g/cm³。纯铝的导电性、导热性好,仅次于铜、银、金,居第四位。纯铝有良好的耐蚀性,其与氧的亲和力很大,在空气中其表面生成一层致密的 Al_2O_3 薄膜,隔绝空气,故在大气中有良好的耐蚀性。

纯铝的强度、硬度很低（$\sigma_b = 80 \sim 100$ MPa，20 HBW），但塑性高（$\delta = 50\%$，$\psi = 80\%$）。通过冷变形强化可提高纯铝的强度，但塑性有所下降。

铝中的杂质主要是铁和硅，它们以游离或化合物等形式存在。这些杂质的存在使铝的塑性和强度下降，也使铝的耐蚀性下降，因此其含量必须加以限制。

纯铝的主要用途是可代替贵重的铜，制作导线、电器零件、电缆。加入合金元素成为铝合金可用于制造质轻、导热、耐腐蚀而强度要求不高的用品和器具。

2. 铝合金

纯铝的强度低，不适宜用作结构材料。为了提高其强度，一般向铝中加入适量的硅、铜、镁、锰等合金元素，形成铝合金。许多铝合金经冷变形强化或热处理，可进一步提高强度。铝合金具有密度小、耐腐蚀、导热和塑性好等性能。

铝合金按其成分和工艺特点不同可分为变形铝合金与铸造铝合金两大类。

(1) 变形铝合金

变形铝合金分为防锈铝合金（LF）、硬铝合金（LY）、超硬铝合金（LC）和锻铝合金（LD）等几类。

1) 防锈铝合金

这类合金是铝锰系或铝镁系合金，不能通过热处理强化，其特点是有很好的耐蚀性，故称为防锈铝合金。这类合金还有良好的塑性和焊接性能，但强度较低，切削加工性能较差，只能通过冷变形方法进行强化。防锈铝合金主要用于制作需要弯曲或冷拉伸的高耐蚀容器，以及受力小、耐蚀的制品与结构件。常用的有 LF5、LF11、LF21 等。

2) 硬铝合金

硬铝合金是铝—铜—镁系合金，还含有少量的锰。这类合金可以通过固溶处理、时效显著提高强度，σ_b 可达至 420 MPa，故称硬铝。硬铝的耐蚀性差，尤其不耐海水腐蚀，所以硬铝合金板材的表面常包一层纯铝，以增加其耐蚀性。包铝板材在热处理后强度稍低。常用的有 LY1、LY2、LY12 等。

3) 超硬铝合金

它是铝—铜—镁—锌系合金。这类合金经固溶处理和人工时效后，其强度比硬铝合金更高，σ_b 可达 680 MPa，故称超硬铝合金，它是强度最高的一种铝合金。超硬铝合金的耐蚀性也较差，可用包铝法提高其耐蚀性。超硬铝合金主要用于飞机上受力较大的结构件，常用的有 LC4 和 LC6 等。

4) 锻铝合金

它是铝—铜—镁—镍—铁系合金。此种合金中的元素种类多，但每种元素的含量都较少。它具有良好的锻造性能、铸造性能、热塑性和较高的力学性能。锻铝合金主要用作航空及仪表工业中形状复杂，要求强度较高、密度较小的锻件。常用的有 LD5、LD7 和 LD10 等。

常用变形铝合金的类别、牌号、成分、力学性能及用途见表 6-8。

表 6-8 变形铝合金的类别、牌号、成分、力学性能及用途

类别	原牌号	新牌号	半成品种类	状态	力学性能 σ_b/MPa	力学性能 δ/%	用途
防锈铝合金	LF2	5A02	冷轧板材	0	167~226	16~18	适用于在液体中工作的中等温度的焊接件、冷冲压件和容器、骨架零件等
			热轧板材	H112	117~157	6~7	
			挤压板材	0	≤226	10	
	LF21	3A21	冷轧板材	0	98~147	18~20	适用于要求高的可塑性和良好的焊接性、在液体或气体介质中工作的低载荷零件
			热轧板材	H112	108~118	12~15	
			挤制厚壁管材	H112	≤167	—	
硬铝合金	LY11	2A11	冷轧板材（包铝）	0	226~235	12	适用于要求中等强度的零件和构件、冲压的连接部件、空气螺旋桨叶片、局部镦粗的零件
			挤压棒材	T4	353~373	10~12	
			拉挤制管材	0	≤245	10	
	LY12	2A12	冷轧板材（包铝）	T4	407~427	10~13	用量最大。适用于要求高载荷的零件和构件
			挤压棒材	T4	255~275	8~12	
			拉挤制管材	0	≤245	10—	
超硬铝合金	LC4 LC9	7A04 7A09	挤压棒材	T6	490~510	5~7	适用于飞机大梁等承力构件和高载荷零件
			冷轧板材	0	≤240	10	
			热轧板材	T6	490	3~6	
锻铝合金	LD5	2A50	挤压棒材	T6	353	12	适用于形状复杂和中等强度的锻件和冲压件
	LD7	2A70	挤压棒材	T6	350	8	
	LD8	1A80	挤压棒材	T6	441~432	8~10	
	LD10	2A14	热轧板材	T6	432	5	适用于高负荷和形状简单的锻件和模锻件

(2) 铸造铝合金

铸造铝合金有良好的铸造性能，可浇注成各种形状复杂的铸件。常用的铸造铝合金有铝硅系、铝铜系、铝镁系和铝锌系四大类。

铸造铝合金的代号用"铸铝"两字的汉语拼音字首"ZL"及 3 位数字表示。第一位数字表示铝合金的类别，其中 1 为铝硅合金、2 为铝铜合金、3 为铝镁合金、4 为铝锌合金；第 2、3 位数字表示顺序号，如 ZL102、ZL401 等。

1) 铝硅系铸造铝合金

它是最常用的铸造铝合金，俗称硅铝明。常用的铝硅合金硅含量为 4.5%~13%。这种合金有着优良的铸造性能，铸件不易发生热裂，是目前工业上最常用的铸造铝合金之一，广泛用来制造形状复杂的零件。

铝硅合金抗拉强度很低，伸长率不高。为了改善铝硅合金的力学性能，可对合金进行变质处理。通过变质处理，硅晶体成为极细小的粒状，均匀分布在铝基体上，从而提高了合金

的力学性能。为了进一步提高铝硅合金的强度,还可加入铜、镁等元素,通过淬火、时效提高强度。

2) 铝铜系铸造铝合金

这是一种比较陈旧的铸造铝合金,由于合金中只含有少量的共晶体,故铸造性能不好,而耐蚀性也不及优质的硅铝明。目前大部分已由其他铝合金所代替。其中 ZL201 在室温下的强度、塑性较好,可用于制作在 300 ℃以下工作的零件;ZL202 的塑性较好,多用于高温下不受冲击的零件。

3) 铝镁系铸造铝合金

铝镁合金的强度高、密度小、耐蚀性好,但铸造性和耐热性较差。铝镁合金可进行时效强化,通常是自然时效。主要用于承受冲击载荷,在腐蚀性介质中工作的零件,如船舶的配件、氨用泵体等。

4) 铝锌系铸造铝合金

铝锌合金的铸造性能好,价格便宜,经变质处理和时效强化后,强度较高,但耐蚀性差,热裂倾向大。它主要用于制造汽车、拖拉机的发动机零件及形状复杂的仪表零件。

6.5.2 铜及铜合金

1. 工业纯铜

工业纯铜又称紫铜,密度为 8.9 g/cm^3,熔点为 1083 ℃,其导电性和导热性仅次于金和银,是最常用的导电、导热材料。具有良好的耐蚀性和塑性,但强度、硬度低,不能通过热处理强化,只能通过冷变形强化,但塑性降低。

工业纯铜的纯度为 99.5%~99.95%,主要杂质元素有铅、铋、氧、硫、磷等,杂质含量越多,其导电性越好,并易产生热脆和冷脆。工业纯铜的代号用 T(铜的汉语拼音字首)及顺序号(数字)表示,共有三个代号:T1、T2、T3,其后数字越大,纯度越低。

纯铜广泛用于制造电线、电缆、电刷、铜管及配制合金,不宜制造受力的结构件。

2. 铜合金

工业上广泛采用的是铜合金。常用的铜合金可分为黄铜、青铜和白铜三类。一般工业机械中常用的是黄铜、青铜,白铜用于制造精密机械与仪表的耐蚀件及电阻器、热电偶等。

(1) 黄铜

黄铜是锌为主加元素的铜合金。按其化学成分不同分为普通黄铜和特殊黄铜;按生产方法不同分为压力加工黄铜和铸造黄铜。

1) 普通黄铜

普通黄铜又分为单相黄铜和双相黄铜,当锌含量小于 39%时,锌全部溶于铜中形成 α 固溶体,即单相黄铜;当锌含量大于等于 39%时除了有 α 固溶体外,组织中还出现以化合物 CuZn 为基体的 β 固溶体,即 α+β 的双相黄铜。当锌含量小于 32%以下时,随锌含量的增加,黄铜的强度和塑性不断提高,当锌含量达到 30%~32%时,黄铜的塑性最好。当锌含量超过 39%以后,由于出现了 β 相,强度继续升高,但塑性迅速下降。当锌含量大于 45%以后,强度也开始急剧下降,在生产中无实用价值。

普通黄铜的牌号用"H+数字"表示。其中"H"为"黄"字汉语拼音的字首,数字表示平均含铜量的百分数。如 H62 表示铜的含量为 62%,其余元素为锌,即锌的含量为 38%的黄铜。

普通黄铜的耐蚀性良好,与纯铜接近,超过铁、碳钢及许多合金钢。普通黄铜具有良好的压力加工性能、铸造性能,但易形成集中缩孔。

常用黄铜的牌号、化学成分、力学性能及用途见表6-9。

表6-9 常用黄铜的牌号、化学成分、力学性能及用途

组别	牌号	化学成分/%		力学性能			用途
		Cu	其他	σ_b/MPa	δ/%	HBW	
普通黄铜	H90	88.0~91.0	余量 Zn	260	45	53	双金属片、供水和排水管、工作证章
	H68	67.0~70.0	余量 Zn	320	55	—	复杂的冲压件、散热器管、轴套、弹壳
	H62	60.5~63.5	余量 Zn	330	49	56	销钉、铆钉、螺钉、螺母、垫圈、夹线板式弹簧
特殊黄铜	HSn90-1	88.0~91.0	0.25~0.75Sn 余量 Zn	280	45	—	船舶零件、汽车和拖拉机的弹性套管
	HSi80-3	79.0~81.0	2.5~4.0Si 余量 Zn	300	58	90	船舶零件、蒸汽条件(小于265℃)下工作的零件、弱电电路用的零件
	HMn58-2	57.0~60.0	1.0~2.0Mn 余量 Zn	400	40	85	弱电电路用的零件
	HPb59-1	57.0~60.0	0.8~1.9Pb 余量 Zn	400	45	44	热冲压及切削加工零件
	HA159-3-2	57.0~60.0	2.5~3.5Al 2.0~3.0Ni 余量 Zn	380	50	75	船舶、电机及其他在常温下工作的高强度、耐热零件
	ZCuZn38	60.0~63.0	余量 Zn	295	30	60	法兰、阀座、手柄、螺母
	ZCu40Mn2	57.0~60.0	1.0~2.0Mn 余量 Zn	345	20	80	在淡水、海水、蒸汽中工作的零件
	ZCuZn33Pb2	63.0~67.0	1.0~3.0Pb 余量 Zn	180	12	50	煤气和给水设备壳体、仪器的构件

铸造黄铜的代号表示方法为"ZCu+主加元素的元素符号+主加元素的含量+其他加入元素符号及含量"。如 ZCuZn40Mn2,表示主加元素为锌,锌的含量为40%,其他加入元素为锰,锰的含量为2%的铸造黄铜。

2) 特殊黄铜

在普通黄铜中加入其他合金元素所组成的多元合金,称为特殊黄铜。常加入的元素有锡、铅、硅、锰和铁等,分别称为锡黄铜、铅黄铜、硅黄铜和锰黄铜等。铅使黄铜的力学性能变差,但却能改善其切削加工性能。硅能提高黄铜的强度和硬度,与铅一起还能提高黄铜的耐磨性。锡可以提高黄铜的强度和在海水中的抗蚀性,锡黄铜又称海军黄铜。

特殊黄铜又分特殊压力加工黄铜和特殊铸造黄铜两种。特殊压力加工黄铜的牌号用"H+主加元素的元素符号+铜含量的百分数+主加元素含量的百分数"表示。如HMn58—2表示铜含量为58%、锰含量为2%的锰黄铜。特殊黄铜的牌号用"ZCu+主加元素的元素符号+主加元素含量的百分数+其他加入元素的符号及含量的百分数"表示。如ZCuZn40Mn2表示锌含量为40%、锰含量为2%的铸造黄铜。

(2) 青铜

除了黄铜和白铜外,所有的铜基合金都称为青铜。其中含有锡元素的称为锡青铜,不含有锡元素的称为无锡青铜。常用青铜有锡青铜、铝青铜、铍青铜、铅青铜等。按生产方式不同,可分为压力加工青铜和铸造青铜。

青铜的牌号用"Q+主加元素的元素符号及含量的百分数+其他加入元素的含量百分数"表示,其中"Q"为"青"字汉语拼音的字首。如QSn4—3表示含锡4%、含锌3%、其余为铜的锡青铜。铸造青铜的牌号用"ZCu+主加元素的符号+主加元素含量的百分数+其他加入元素的元素符号及含量的百分数"表示。如ZcuSn10Pb1表示锡的含量为10%、铅的含量为1%的铸造青铜。

1) 锡青铜

以锡为主要合金元素的铜合金称为锡青铜。当含锡量较小时,青铜的强度和塑性增加,当锡含量超过5%～6%时,合金的塑性急剧下降,但强度继续增高。含锡量达10%时,塑性已显著降低。当含锡量大于20%时,合金变得又脆又硬,强度也迅速下降,已无实用价值。故工业上用的锡青铜,其含量一般在3%～14%,其中含锡量小于5%的锡青铜适用于冷加工,含锡量5%～7%的锡青铜适用于热加工,含锡量大于10%的锡青铜只适用于铸造。

锡青铜在铸造时因体积收缩小,易形成分散细小的缩孔,可铸造各种形状的铸件,但铸件的致密性差,在高压下易渗漏,故不适合制造密封性要求高的铸件。

锡青铜在大气及海水中的耐蚀性好,故广泛用于制造耐蚀零件。在锡青铜中加入磷、锌、铅等元素,可以改善锡青铜的耐磨性、铸造性及切削加工性,使其性能更佳。

2) 铝青铜

通常铝青铜的含铝量为5%～12%。铝青铜比黄铜和锡青铜具有更好的耐蚀性、耐磨性和耐热性,并具有更好的力学性能,还可以进行淬火和回火以进一步强化其性能,常用来铸造承受重载、要求耐蚀和耐磨的零件。

3) 铍青铜

以铍为主要添加元素的铜合金称为铍青铜。一般铍的含量为1.7%～2.5%。铍青铜经固溶处理和时效后具有高的硬度、强度和弹性极限,同时铍青铜还具有良好的耐蚀性、导电性、导热性和工艺性,无磁性,耐寒,受冲击时不产生火花等优点。可进行冷、热加工和铸造成形。主要用于制造仪器、仪表中的重要弹性元件和耐蚀、耐磨零件,如钟表齿轮、航海罗盘、电焊机电极、防爆工具等。但铍青铜成本高,应用受到限制。

4) 硅青铜

以硅为主要合金元素的铜合金称为硅青铜。硅在铜中的最大溶解度为4.6%,室温时下降到3%。硅青铜具有比锡青铜更高的力学性能,有良好的铸造性和冷、热加工性,而且价格较低。向硅青铜中加入1%～1.5%的锰,可以显著提高合金的强度和耐磨性;加入适量的铅可以大大提高合金的耐磨性,能代替磷青铜与铅青铜制成高级轴瓦。

常用青铜的牌号、化学成分、力学性能及用途见表6-10。

表6-10 常用青铜的牌号、化学成分、力学性能及用途

牌 号	化学成分/%		力学性能			用 途
	主加元素	其他	σ_b/MPa	δ/%	HBW	
QSn4-3	Sn 3.5～4.5	2.7～3.3Zn 余量Cu	350	40	60	弹性元件、管配件、化工机械中的耐磨零件及抗磁零件
QSn6.5-0.1	Sn 6.0～7.0	0.1～0.25P 余量Cu	350～450 700～800	60～70 7.5～12	70～90 160～200	弹簧、接触片、振动片、精密仪器中的耐磨零件
QSn4-4-4	Sn 3.0～5.0	3.5～4.5Pb 3.0～5.0Zn 余量Cu	220	5	80	重要的减磨零件,如轴承、轴套、蜗轮、丝杠、螺母
QAl7	Al 6.0～8.0	余量Cu	470	70	70	重要用途的弹性元件
QAl9-4	Al 8.0～10.0	2.0～5.0Fe 余量Cu	550	5	110	耐磨零件,在蒸汽及海水中工作的高强度、耐磨零件
QBe2	Be 1.8～2.1	0.2～0.5Mn 余量Cu	500	40	84	重要的弹性元件、耐磨件及高温高压高速下工作的轴承
QSi3-1	Si 2.7～3.5	1.0～1.5Mn 余量Cu	370	55	80	弹性元件及在腐蚀介质下工作的耐磨零件
ZCuSn5Pb5Zn5	Sn 4.0～6.0	4.0～6.0Zn 4.0～6.0Pb 余量Cu	200	13	60	较高负荷、中速的耐磨、耐蚀零件
ZCuSn10pb1	Sn 9.0～11.5	0.5～1.0Pb 余量Cu	200	3	80	高负荷、高速的零件
ZCuPb30	Pb 27.0～33.0	余量Cu	—	—	—	高速双金属轴瓦
ZCuAl9Mn2	Al 8.0～10.0	1.5～2.5Mn 余量Cu	390	20	85	耐蚀、耐磨件

6.5.3 滑动轴承合金

用来制造滑动轴承轴瓦和内衬的合金称轴承合金。滑动轴承是机床、汽车和拖拉机中的重要零件。当轴旋转时,在轴与轴之间有很大的摩擦,并承受轴颈传递的交变载荷。因此,轴承合金应具有下列性能:

① 足够的强度和硬度,以承受轴颈较大的压力。

② 耐磨性高,摩擦系数小,并能保留润滑油,以减轻磨损。

③ 足够的塑性和韧性,较高的抗疲劳强度,以承受轴颈的交变载荷,并抵抗冲击和振动。

④ 良好的导热性及耐蚀性,以利于热量的散失和抵抗润滑油的腐蚀。

⑤ 良好的磨合性,使其与轴颈能较快地紧密配合。

常用的轴承合金有锡基轴承合金、铅基轴承合金、铜基轴承合金和铝基轴承合金四类。

1. 锡基轴承合金

这类轴承合金具有适中的硬度、小的摩擦系数、较好的塑性和韧性、优良的导热性和耐蚀性等优点,常用于制作重要的轴承。但由于锡是较贵的金属,因此限制了它的广泛应用。

锡基轴承合金的牌号以"铸"、"承"两字的汉语拼音字首"Zch+基体元素和主加元素的元素符号+主加元素与辅加元素含量的百分数表示"。如 ZchSnSb11-6 表示主加元素锑的含量为 11%,辅加元素铜的含量为 6%,其余为锡的锡基轴承合金。

2. 铅基轴承合金

铅基轴承合金是以铅、锑为基,加入锡、铜等元素组成的轴承合金,是软基体硬质点类型的轴承合金。铅基轴承合金的强度、硬度、韧性均低于锡基轴承合金,且摩擦因数较大,故只用于中等负荷的轴承。由于其价格便宜,在可能的情况下,应尽量代替锡基轴承合金。

铅基轴承合金的牌号表示方法与锡基轴承合金相同。如 ZchPbSb16-16-2 表示主加元素锑的含量为 16%,铜的含量为 2%,其余为铅的铅基轴承合金。

3. 铜基轴承合金

有些青铜(铅青铜和锡青铜)也可用于制造轴承,故称为铜基轴承合金。

如铅青铜 ZcuPb30,由于固态下铅与铜互不溶解,因此其组织为硬的铜基体上均匀分布着软的铅颗粒。铅青铜的疲劳强度、承载能力高,导热性和塑性好,摩擦系数小,能在 250 ℃左右温度下工作,故广泛用于制造高速、重载下工作的轴承,如航空发动机、高速柴油机的轴承等。

4. 铝基轴承合金

铝基轴承合金密度小,导热性、耐热性、耐蚀性好,疲劳强度高,价格低,但膨胀系数大,抗咬合性差。目前采用较多的有高锡铝基轴承合金和铝锑镁轴承合金。

6.5.4 粉末冶金材料

粉末冶金材料是指用几种金属粉末或金属与非金属粉末作原料,通过配料、压制成形、烧结等工艺过程而制成的材料。

粉末冶金既能制取某些特殊性能材料,又是一种无切削屑或少切削屑的加工。它具有生产率高和材料利用率高,节省机床和生产占地面积等优点,但金属粉末和模具费用高,制品大小和形状受到一定限制,韧性较差。

常用的粉末冶金材料有硬质合金、减摩材料、结构材料、摩擦材料、难熔金属材料等。

1. 硬质合金

硬质合金是以一种或几种难熔的高硬度的碳化物(如碳化钨、碳化钛、碳化钽)的粉末为主要成分,加入起黏结作用的钴、镍粉末,经混合、压制成形,再在高温下烧结制成的一种粉末冶金材料。硬质合金材料不能用一般切削方法加工,只能采用电加工或砂轮磨削。

(1) 硬质合金的性能

① 硬度高、红硬性好、耐磨性好。由于硬质合金是以高硬度、高耐磨、极为稳定的碳化物为基体,在常温下的硬度可达 75 HRC 以上,在 900~1000 ℃时仍有较高的硬度。硬质合金刀具在使用时,其切削速度、耐磨性与寿命都比高速钢有显著的提高,这是硬质合金最突出的优点。

② 抗压强度高,可达 6000 MPa,但抗弯强度较低,约为高速钢的 30%~50%,韧性差,约为淬火钢的 30%~50%。

③ 耐蚀性(大气、酸、碱)和抗氧化性良好。

④ 线膨胀系数小,但导热性差。

(2) 常用硬质合金

1) 钨钴类硬质合金

钨钴类硬质合金的主要成分是碳化钨及钴。其牌号用"YG+数字"表示,其中"YG"为"硬"、"钴"两字汉语拼音字首,表示为钨钴类硬质合金;数字表示含钴量的百分数。如 YG8 表示含钴量为 8%的钨钴类硬质合金。常用的有 YG6 和 YG8 等。

2) 钨钴钛类硬质合金

钨钴钛类硬质合金的主要成分是碳化钨、碳化钛及钴。其牌号用"YT+数字"表示,其中"YT"为"硬"、"钛"两字汉语拼音字首,表示钨钴钛类硬质合金;数字表示碳化钛的含量。如 YT15 表示碳化钛的含量为 15%,其余为碳化钨及钴的钨钴钛类硬质合金。常用的有 YT15 和 YT30 等。

在硬质合金中,碳化物含量越多,钴含量越少,则合金的硬度、红硬性及耐磨性就越高,但强度和韧性却越低。当含钴量相同时,钨钴钛类合金由于碳化钛的加入,具有较高的硬度和耐磨性,同时,由于这类合金表面会形成一层氧化钛薄膜,切削时不易粘刀,故具有较高的红硬性,但其强度和韧性比钨钴类合金低。因此,钨钴类硬质合金有较好的强度和韧性,适用于加工铸铁等脆性材料,而钨钴钛类合金适宜加工塑性材料。同一类硬质合金中,含钴量较高的适宜制造粗加工刀具,含钴量低的适宜制造精加工刀具。

3) 通用硬质合金

这类硬质合金以碳化钽或碳化铌取代硬钛类硬质合金中的部分碳化钛。它适用于切削各种钢材,特别对于切削不锈钢、耐热钢、高锰钢等难加工的钢材,效果较好。它也可以代替 YG 类硬质合金加工铸铁等脆性材料。通用硬质合金牌号用"YW+数字"表示,其中"YW"为"硬"、"万"两字汉语拼音字首,数字表示顺序号。

常用硬质合金的牌号、化学成分、力学性能及用途见表 6-11。

第6章 金属材料

表6-11 常用硬质合金的牌号、化学成分、力学性能及用途

类别	牌号	化学成分/%				力学性能		用途
		WC	TiC	TaC	Co	HRA	σ_b/MPa	
钨钴类合金	YG3X	96.5	—	<0.5	3	92	1000	用于制造精车铸铁、有色金属的刀片
	YG6	94.0	—	—	6	89.5	1450	
	YG6X	93.5	—	<0.5	6	91	1400	用于制造精车、半精车铸铁、耐热钢、有色金属、高锰钢及淬火钢的刀片
	YG6A	91.0	—	3	6	91.5	1400	
	YG8	92.0	—	—	8	89	1500	用于制造粗车铸铁、有色金属的刀片
	YG15	85.0	—	—	15	87	2100	用于制造冲击工具
钨钴钛类合金	YT5	85.0	5	—	10	88.5	1400	适于制造碳钢、合金钢的粗车、半精车、粗铣、钻孔、粗刨、半精刨刀具
	YT15	79.0	15	—	6	91	1130	
	YT30	66.0	30	—	4	92.5	880	适用于制造精加工刀具
通用合金	YW1	84.0	6	4	6	92	1230	适用于加工各种材料的刀片
	YW2	82.0	6	4	8	91.5	1470	

2. 烧结减摩材料

一般用于制造滑动轴承。这种材料压制成轴承后,放在润滑油中,因毛细现象可吸附润滑油,故称含油轴承。轴承在工作时,由于发热、膨胀,使孔隙容积变小,同时轴旋转时带动轴承间隙中的空气层,降低了摩擦表面的静压力,在粉末孔隙内外形成压力差,使润滑油被抽到工作表面;停止工作时,润滑油又渗入孔隙中,故含油轴承可自动润滑。一般用于中速、轻载荷的轴承,特别适用于不能经常加油的轴承。如纺织机械、食品机械、家用电器等。常用的含油轴承材料有铁基和铜基两种。

(1) 铁基含油轴承

常用的是铁—石墨(石墨的含量为0.5%~3%)粉末合金和铁—硫(硫的含量为0.5%~1%)—石墨(石墨的含量为1%~2%)粉末合金。前者的组织为珠光体(>40%)+铁素体+渗碳体(<5%)+石墨+孔隙,硬度为30~110 HBW。后者的组织除可与前者的组织相同以外,还可添加硫化物进一步改善减摩性能,硬度为35~70 HBW。

(2) 铜基含油轴承

常用的是QSn6—6—3青铜与石墨的粉末合金,硬度为20~40 HBW。成分与QSn6—6—3青铜相近,但其中有0.5%~2%的石墨,组织是α固溶体+石墨+铅+孔隙,有较好的导热性、耐蚀性、抗咬合性,但承压能力较铁基含油轴承小。

3. 烧结铁基结构材料

一般是以碳钢粉末或合金钢粉末为主要原料,采用粉末冶金制成的粉末合金钢。这类结构零件的优点是制品的精度较高,不需或只需少量切削加工,零件精度高,表面粗糙度小,并且还可以通过淬火+低温回火和渗碳提高强度和耐磨性。可浸润滑油,有减摩、减振、消音等作用。

粉末中含碳量低的,可用来制造受力不大零件或渗碳件、焊接件。含碳量较高的,可制造淬火后有一定强度或耐磨要求零件。粉末合金钢有铜、钼、硼、锰、镍、铬、硅、磷等合金元素,这些元素可强化基体,提高淬透性。铜还可以提高耐蚀性。粉末合金钢制品淬火后强度可达 500~800 MPa，硬度 40~50 HRC，可制造受力较大的结构零件，如油泵齿轮，差速器齿轮、止推环等。

4. 烧结摩擦材料

摩擦材料广泛用于机轮刹车材料、离合器摩擦材料。作为制动用的机轮刹车盘是机轮刹车装置的核心。刹车材料的摩擦性能决定着刹车装置的特性，同时它也是大量消耗的关键材料。制动器在制动时要吸收大量的动能，使摩擦表面温度急剧上升，可达 1000 ℃，故材料极易磨损。因此，对摩擦材料性能的要求是：① 较大的摩擦系数；② 较高的耐磨性；③ 足够的强度；④ 良好的磨合性和抗咬性。

烧结摩擦材料通常是以强度高、导热性好、熔点高的金属（如铁、铜）为基体，加入能提高摩擦系数的摩擦组元（如 Al_2O_3、SiO_2 及石棉等）及能抗咬合的润滑组元（如铅、锡、石墨等）经烧结而成，因此，它能满足摩擦材料性能的要求。其中，铁基粉末冶金摩擦材料多用于各种高速重载机器的制动器；铜基粉末冶金摩擦材料常用于汽车、拖拉机、锻压机床的离合器与制动器。

6.6 钢材的火花鉴别

火花鉴别是将钢与高速旋转的砂轮接触，根据磨削产生的火花形状和颜色，近似地确定钢的化学成分的方法。当钢被砂轮磨削成高温微细颗粒被高速抛射出来时，在空气中剧烈氧化，金属微粒产生高热和发光，形成明亮的流线，并使金属微粒熔化达熔融状态，使所含的碳氧化为 CO 气体进而爆裂成火花。根据流线和火花特征，可大致鉴别钢的化学成分。

6.6.1 火花的组成

1. 火束

钢材在砂轮上磨削，产生的全部火花叫火束。整个火束分为根花、间花和尾花，如图 6-2 所示。

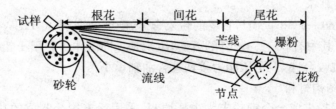

图 6-2 火束

2. 流线

火束中线条状的光亮火花叫流线。由于钢的化学成分不同，流线开头可分为直线流线、断续流线和波浪线，如图 6-3 所示。含碳量越多流线越短；碳钢的流线多是亮白色，合金钢和铸钢是橙色和红色，高速钢的流线接近暗红色；碳钢的流线为直线状，高速钢的流线呈断续状或波纹状。

图6-3 流线形状

3. 节点和芒线

流线中途爆裂处较流线粗而亮的点叫节点,见火束示意图中局部放大图。节点爆裂射出的发光线条叫芒线(又称分叉)。随含碳量增高,分叉增多,有两根分叉、三根分叉、四根分叉和多根分叉之分,如图6-4所示。

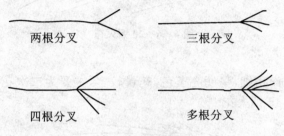

图6-4 芒线

4. 爆花和花粉

流线中途爆裂所产生的光亮火花叫爆花,又称节花。爆花由节点和芒线组成,形状见图6-2所示局部放大图。爆花随流线上芒线的爆裂情况,有一次花、二次花、三次花和多次花图之分。一次节花是流线上第一次发射出来的节花,它是含碳量在0.25%以下的碳钢的火花特征。二次节花是在一次节花的芒线上,又一次发生爆裂所呈现的节花,它是含碳量在0.25%~0.6%的中碳钢的火花特征。三次节花是在二次节花的芒线上,再一次发生爆裂的节花,它是高碳钢的火花特征。含碳量愈多,三次节花越多、越明亮。分散在爆花芒线间的点状火花称为花粉,见图6-5。碳钢有节花,随含碳量增加,节花增多;高速钢一般没有节花,但含钼高速钢稍有节花,而含钨高速钢见不到节花,并且流线断续状明显。

5. 尾花

流线尾端呈现出不同形状的爆花称为尾花。随钢中合金元素不同,尾花的形状分为直羽尾花、狐尾尾花和枪尖尾花等,如图6-5所示。直羽尾花的尾端和整根流线相同,呈羽毛状,是钢中含有硅的火花特征。狐尾尾花的尾端逐渐膨胀呈狐狸尾巴形状,是钢中含有钨的火花特征。枪尖尾花的尾端膨胀呈三角枪尖形状,是钢中含有钼的火花特征。

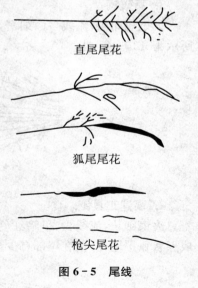

图6-5 尾线

6.6.2 常用钢的火花特征

1. 低碳钢

火束较长,流线稍多,呈草黄色,自根部起逐渐膨胀粗大,至尾部逐渐收缩,尾部下垂呈半弧夹形,花量不多,主要为一次花。如图 6-6 所示为 20 钢火花。

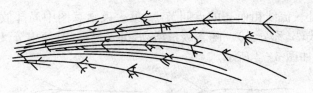

图 6-6　20 钢火花

2. 中碳钢

火束较短,流线多而稍细,呈明亮黄色,花量较多,主要为二次花,也有三次花,火花盛开。如图 6-7 所示为 45 钢火花。

图 6-7　45 钢火花

3. 高碳钢

火束短而粗,流线多而细密,呈橙红色,花量多而密,主要为三次花及花粉。如图 6-8 所示为 T10 钢火花。

图 6-8　T10 钢火花

4. 高速工具钢

火束细长,流线少,呈暗红色,中部和根部为断续流线,有时呈波浪状,尾部膨胀而下垂成点状狐尾尾花,仅在尾部有少量爆花,花量极少。如图 6-9 所示为 W18Cr4V 钢火花。

图 6-9　W18Cr4V 钢火花

复习思考题

选择题

1. 钢中的有害元素是_____。
   A. 碳和硫   B. 硫和磷   C. 硅和锰   D. 硫和磷
2. 钢号为45的优质碳素钢,其45表示钢的平均含碳量为_____。
   A. 0.45%   B. 0.045%   C. 4.5%   D. 45%
3. 制造齿轮一般选择的材料是_____。
   A. T12钢   B. 80钢   C. 45钢   D. Q195
4. 在下列4种钢中_____钢的硬度最高。
   A. T9   B. 40   C. 50   D. Q215
5. 下列属于合金钢的是_____。
   A. 60Si2MnA   B. HT200   C. T12A   D. H68
6. 机床床身一般用的铸铁材料是_____。
   A. RuT340   B. HT300   C. KTH330—10   D. QT700—2
7. 铸铁是指含碳量_____的铁碳合金。
   A. 大于2.11%   B. 等于2.11%   C. 小于2.11%   D. 小于6.69%
8. 普通、优质非合金钢主要是按_____进行区分的。
   A. 含碳量   B. 质量等级   C. 用途   D. 性能

问答题

1. 碳素钢中硅、锰、硫、磷等常存元素对钢的性能有何影响?其中哪些是有益元素?哪些是有害元素?
2. 合金元素对钢的组织和性能有何影响?
3. 碳素结构钢、优质碳素结构钢、碳素工具钢及铸造碳钢的牌号如何表示?
4. 简述合金结构钢和合金工具钢的牌号编制原则。
5. 什么是特殊性能钢?常用的特殊性能钢有哪几类?
6. 火花鉴别是根据火花的哪些特征进行鉴别的?
7. 试述常见碳素钢的火花特征。
8. 什么是铸铁?铸铁分哪几类?
9. 灰铸铁有何特点?为何机床床身常用灰铸铁制造?
10. 可锻铸铁的生产方式分哪两个阶段?
11. 球墨铸铁有何优点?为什么其强度和韧性要比灰铸铁和可锻铸铁高?
12. 球墨铸铁一般采用哪些热处理工艺?
13. 工业纯铝有何性能特点?

14. 试述铝合金的分类及其热处理特点。
15. 常见的变形铝合金有哪几类？各有何特点？
16. 纯铜有何性能特点？
17. 黄铜分哪几类？各有何特点？
18. 轴承合金有何性能要求？常见的轴承合金有哪些？
19. 常见的硬质合金有几类？试举例说明其牌号及用途。
20. 解释下列材料牌号的含义并举例说明各自的主要用途。

Q235　45　60Mn　08F　T10A　ZG270－500
20CrMnTi　9SiCr　GCr15　60SiMn　W18Cr4V　ZGMn13
1Cr18Ni9　3Cr13　Cr12MoV　HT200　QT450－10
KTH300－10　RuT300　LF11　ZL104　H68　QSn4－4－4
ZchPbSb16－16－2　YG15　YT15　YW2

第 7 章 非金属材料

金属及合金以外的材料称为非金属材料。由于非金属材料的来源广泛,成形工艺简单,并具有金属材料所不具有的某些特殊性能,所以应用日益广泛。目前已成为机械工程材料不可缺少的、独立的组成部分,适合制造具有特定性能要求的制品和构件。

7.1 塑 料

塑料是指以合成树脂为主要成分,加入某些添加剂,在一定温度和压力下塑制成形的材料或制品。

7.1.1 塑料的分类

1. 按树脂在加热和冷却时所表现出的性能分类

(1) 热固性塑料性

其特点是初加热时软化,可塑制成形,冷凝固化后成为坚硬的制品,若再加热,则不软化,不溶于溶剂中,不能再成形。这类塑料具有抗蠕变性强、受压不易变形、耐热性较高等优点,但强度低、成形工艺复杂、生产率低。

(2) 热塑性塑料

其特点是加热时软化,可塑造成形,冷却后则变硬,此过程可反复进行,其基本性能不变。这类塑料有较高的力学性能,且成形工艺简便,生产率高,可直接注射、挤出、吹塑成形。但耐热性、刚性较差,使用温度小于 120 ℃。

2. 按塑料应用范围分类

(1) 通用塑料

是指产量大、用途广、通用性强、价格低的一类塑料。主要制作生活用品、包装材料和一般小型零件。

(2) 工程塑料

是指具有优异的力学性能、绝缘性、化学性能、耐热性和尺寸稳定性的一类塑料。与通用塑料相比,工程塑料的产量较小,价格较高。主要制作机械零件和工程结构件。

7.1.2 塑料的组成

塑料是由合成树脂以及填料、增塑剂、稳定剂、润滑剂等组成。

(1) 合成树脂

树脂的种类、性能、数量决定了塑料的性能。因此,塑料基本上是以树脂的名称命名的,如聚乙烯塑料就是以树脂聚氯乙烯命名的。工业中用的树脂主要是合成树脂。

(2) 填料

是塑料的重要组成部分,一般占总量的40%～70%。它可以起增强作用或赋予塑料新的性能,还可以减少树脂用量、降低成本。例如,加入石棉,可以提高塑料的热硬性;加入云母可以提高塑料的电绝缘性;加入磁铁粉可以制成磁性塑料;加入玻璃纤维,可以提高塑料强度、硬度等。

(3) 增塑剂

通常是低熔点的固体或高沸点的液体,加入量约占塑料总量的5%～20%。可以增强树脂的可塑性、柔软性,降低脆性,改善加工性能。常用的增塑剂有磷酸酯类化合物、甲酸酯类化合物、氯化石蜡等。

(4) 稳定剂

稳定剂用以增加塑料对光、热、氧等老化作用的抵抗力,延长塑料寿命。常用的稳定剂有硬脂酸盐、铅的化合物、环氧化合物等。

(5) 润滑剂

为了防止塑料在加工成形时粘在模具或其他设备上,需要加入极少量润滑剂。润滑剂还可使制品表面泡沫美观。常用的润滑剂有硬脂酸及盐类。

(6) 着色剂

为了使塑料制品具有美观的色彩并适应某些使用要求,可在塑料中加入有机染料或无机颜料着色。对有机染料要求是着色力强、色泽鲜艳、耐温和耐光性好。

此外,塑料中还可视情况加入固化剂、发泡剂、催化剂、阻燃剂、防静电剂等。

7.1.3 塑料的特性

① 密度小:不加任何填料或增强材料的塑料,其密度为 $0.9 \sim 2.2 \text{ g/cm}^3$。常用塑料中的聚丙烯,其密度只有 $0.9 \sim 0.91 \text{ g/cm}^3$;泡沫塑料的密度仅在 $0.02 \sim 0.2 \text{ g/cm}^3$ 之间。

② 耐蚀性好:一般塑料对酸、碱、油、水及某些溶剂等有良好的耐蚀性能。如聚四氟乙烯能耐各种酸、碱甚至"王水"的腐蚀。

③ 电绝缘性优异:多数塑料有很好的电绝缘性,可与陶瓷、橡胶等绝缘材料相媲美。

④ 减摩耐磨性好:塑料的硬度比金属低,但多数塑料的摩擦系数小。另外,有些塑料本身有自润滑能力。

⑤ 成形工艺好:大多数塑料都可直接采用注射或挤出工艺成形,方法简单,生产率高。

⑥ 塑料的消声吸振性好。

塑料的缺点是:多数塑料只能在100 ℃左右使用,塑料在室温下受载后容易产生蠕变现象,载荷过大时甚至会发生蠕变断裂;易燃烧、易老化、导热性差、热膨胀系数大。

7.1.4 常用工程塑料

常用工程塑料有热固性塑料和热塑性塑料,分别见表7-1和表7-2。

表 7-1 常用热固性塑料

名 称	代 号	主要性能	用 途
酚醛塑料（电木）	PF	耐热性好,绝缘,化学稳定性、尺寸稳定性和抗蠕变性均优于许多热塑性塑料。电性能及耐热性与填料性能有关,绝缘性好,耐潮湿、耐冲击、耐酸耐水、耐霉菌,可在 140 ℃以下使用	制造一般机械零件、绝缘件、耐蚀件、水润滑轴承
氨基塑料（电玉）	EA	颜色鲜艳,半透明如玉,绝缘性好。但耐水性差,可在<80 ℃长期使用	制造一般机械零件、电绝缘件、装饰件
环氧塑料（万能胶）	EP	强度最突出,电绝缘性优良,高频绝缘性好,耐有机溶剂。因填料不同,性能有差异。有好的胶接力,收缩性好	用于塑料模,电气、电子元件及线圈的灌封与固定,修复机件

表 7-2 常用热塑性塑料

名 称	代 号	主要性能	用 途
聚乙烯	PE	低压聚乙烯质地坚硬,有良好的耐磨性、耐蚀性和电绝缘性;高压聚乙烯化学稳定性好,具有良好的绝缘性、柔软性、耐冲击性和透明性,无毒等	低压聚乙烯用于制造塑料管、塑料板、塑料绳、承载不高的齿轮和轴承等;高压聚乙烯用于制作塑料薄膜、塑料瓶、茶杯、食品袋以及电线、电缆包皮等
聚氯乙烯	PVC	硬质聚氯乙烯强度较高,绝缘性、耐蚀性好,耐热性差,在 $-15\sim 60$ ℃使用;软质聚氯乙烯强度低于硬质,但伸长率大,绝缘性较好,耐蚀性差,可在 $-15\sim 60$ ℃使用	硬质聚氯乙烯用于化工耐蚀的结构材料,如输油管、容器、离心泵、阀门管件等;软质聚氯乙烯用于制作电线、电缆的绝缘包皮,农用薄膜,工业包装。因有毒,不能包装食品
聚苯乙烯	PS	耐蚀性、绝缘性、透明性好,吸水性小,强度较高,耐热性差,易燃,易脆裂,使用温度小于 80 ℃	制作绝缘件、仪表外壳、灯罩、玩具、日用器皿、装饰品、食品盒等
聚丙烯	PP	密度小,强度、硬度、刚性、耐热性均优于低压聚乙烯,电绝缘性好,且不受湿度影响,耐蚀性好,无毒,无味。但低温脆性大,不耐磨,易老化,可在 $100\sim 120$ ℃使用	制作一般机械零件,如齿轮、接头;耐蚀件,如泵叶轮、化工管道、容器;绝缘件,如电视机、收音机、电扇等的壳体;生活用具、医疗器械、食品和药品包装等
聚酰胺	PA	强度、韧性、耐磨性、耐蚀性、吸振性、自润滑性良好,成形性好,摩擦系数小,无毒,无味。但蠕变值较大,导热性较差,吸水性高,成形收缩率大,可在<100 ℃使用	常用的有尼龙 6、尼龙 66、尼龙 610、尼龙 1010 等。用于制作耐磨、耐蚀的某些承载和传动零件,如轴承、机床导轨、齿轮、螺母;高压耐油密封圈;或喷涂在金属表面作防腐、耐磨涂层

续表

名称	代号	主要性能	用途
聚甲基丙烯酸甲酯（有机玻璃）	PMMA	绝缘性、着色性和透光性好，耐蚀性、强度、耐紫外线、抗大气老化性较好。但脆性大，表面硬度不好，易擦伤，可在-60～100 ℃使用	制作航空、仪器、仪表、汽车和无线电工业中的透明件和装饰件，如飞机座窗、灯罩、电视和雷达的屏幕、油标、油杯、设备标牌等
丙烯腈(A)丁二烯(B)苯乙烯(S)	ABS	韧性和尺寸稳定性高，强度、耐磨性、耐油性、耐水性、绝缘性好。但长期使用易起层	制作电话机、扩音机、电视机、电机、仪表外壳，齿轮，泵叶轮，轴承，把手，管道，贮槽内衬，仪表盘，轿车车身，汽车挡泥板，扶手等
聚甲醛	POM	耐磨性、尺寸稳定性、减摩性、绝缘性、抗老化性、疲劳强度好，摩擦系数小。但热稳定性较差，成形收缩率较大，可在-40～100 ℃长期使用	制作减摩、耐磨及传动件，如轴承、齿轮、滚轮、绝缘件、化工容器、仪表外壳、表盘等。可代替尼龙和有色金属
聚四氟乙烯	F4	耐蚀性、绝缘性、自润滑性、耐老化性好，不吸水，摩擦系数小，耐热性和耐寒性好，可在-195～250 ℃长期使用。加工成形性不好，抗蠕变性差，强度低，价格较高	制作耐蚀件、减摩件、密封件、绝缘件，如高频电缆、电容线圈架、化工反应器、管道、热交换器等
聚碳酸酯	PC	强度高，尺寸稳定性、抗蠕变性、透明性好。耐磨性和耐疲劳性不如尼龙和聚甲醛，在-60～120 ℃下可长期使用	制作齿轮、凸轮、涡轮，电气仪表零件，大型灯罩，防护玻璃，飞机挡风罩，高级绝缘材料等

7.2 橡 胶

橡胶是以生胶为主要原料，加入适量配合剂而制成的高弹性、高分子材料，它具有其他材料所没有的高弹性。

7.2.1 橡胶分类

1. 按材料来源分类

可分为天然橡胶和合成橡胶两大类。

2. 按其性能和用途分类

可分为通用橡胶和特种橡胶两大类。

（1）通用橡胶

凡是性能与天然橡胶相同或接近，物理性能和加工性能较好，能广泛用于轮胎和其他一般橡胶制品的橡胶称为通用橡胶。通用橡胶有天然橡胶（NR）、丁苯橡胶（SBR）、顺丁橡胶

(聚丁二烯橡胶,BR)、异戊橡胶(聚异戊二烯橡胶,IR)等。

(2) 特种橡胶

凡是具有特殊性能,专供耐热、耐寒、耐化学腐蚀、耐油、耐溶剂、耐辐射等特殊性能橡胶制品使用的称为特种橡胶。特种橡胶有丁腈橡胶(NBR)、硅橡胶、氟橡胶、聚氨酯橡胶、聚硫橡胶、聚丙烯酸酯橡胶(UR)、氯醚橡胶、氯化聚乙烯橡胶(CPE)、氯磺化聚乙烯(CSM)、丁吡橡胶等。

实际上,通用橡胶和特种橡胶之间并无严格的界限,如乙丙橡胶兼具上述两方面的特点。

7.2.2 橡胶的组成

① 生胶:未加配合剂的天然或合成橡胶统称为生胶,是橡胶制品的主要组分。生胶不仅决定橡胶制品的性能,不同生胶可制成不同性能的橡胶制品,而且还能把各种配合剂和增强材料粘成一体。

② 硫化剂:所谓硫化,就是在生胶中加入硫化调料和其他配料。经硫化处理后,可提高橡胶制品的弹性、强度、耐磨性、耐蚀性和抗老化能力。

③ 硫化促进剂:能加速发挥硫化剂的作用。常用硫化促进剂有 MgO、ZnO 和 CaO 等。

④ 增塑剂:可增强橡胶塑性,改善附着力,降低硬度,提高耐寒性。常用的有硬脂酸、精制蜡、凡士林等。

⑤ 填充剂:主要作用是提高橡胶强度和降低成本,常用的有炭黑、MgO、ZnO、$CaCO_3$、滑石粉。

⑥ 防老剂:为了防止或延缓橡胶老化,延长橡胶制品的使用寿命,在生产中可以加入石蜡、密蜡或其他比橡胶更易氧化的物质,在橡胶表面形成较稳定的氧化膜,抵抗氧的侵蚀。

此外,为了使橡胶具有某些特殊性能,还可以加入着色剂、发泡剂、电磁性调节剂等。

7.2.3 橡胶特性

① 高弹性。橡胶的弹性模量小,一般在 1～9.8 MPa。伸长变形大,伸长率可高达 1000%,仍表现有可恢复的特性,并能在很宽的温度(-50～150 ℃)范围内保持有弹性。

② 黏弹性。橡胶是黏弹性体。由于大分子间作用力的存在,使橡胶受外力作用、产生形变时受时间、温度等条件的影响,表现有明显的应力松弛和蠕变现象。

③ 缓冲减振作用。橡胶对声音及振动的传播有缓和作用,可利用这一特点来防除噪音和振动。

④ 电绝缘性。橡胶和塑料一样是电绝缘材料,天然橡胶和丁基橡胶的体积电阻率可达到 10^{15} Ω·cm 以上。

⑤ 温度依赖性。高分子材料一般都受温度影响。橡胶在低温时处于玻璃态变硬变脆,在高温时则发生软化、熔融、热氧化、热分解以至燃烧。

⑥ 具有老化现象。如同金属腐蚀、木材腐朽、岩石风化一样,橡胶也会因环境条件的变化而发生老化,使性能变坏,寿命缩短。

⑦ 必须硫化。橡胶必须加入硫黄或其他能使橡胶硫化(或称交联)的物质,使橡胶大分

子交联成空间网状结构,才能得到具有使用价值的橡胶制品,但热塑性橡胶可不必硫化。

除此之外,橡胶密度低,属于轻质材料;硬度低,柔软性好;透气性较差,可作气密性材料;是较好的防水性材料,等等。

7.2.4 常用橡胶材料

橡胶材料和橡胶制品的应用范围特别广泛,制品多达数万种。常用橡胶的名称、代号、性能和用途见表7-3。

表7-3 常用橡胶的名称、代号、性能和用途

名　称	代　号	主要性能	用途举例
天然橡胶	NR	弹性高,最大弹性伸长率可达1000%;耐低温性、耐磨性、耐屈挠性好;易于加工;耐氧及臭氧性差,不耐油,只适于100℃以下使用	轮胎、胶带、胶管等通用制品
丁苯橡胶	SBR	耐磨性突出,热硬性、耐油、耐老化性能均优于天然橡胶;但耐寒性、耐屈挠性及加工性能不如天然橡胶,尤其是自黏性差,生胶强度低	轮胎、胶板、胶布和各种硬质橡胶制品
丁腈橡胶	NBR	一般使用温度范围为-25~100℃。丁腈胶为目前制作油封及O形圈最常用橡胶之一,具有良好的抗油、抗水、抗溶剂及抗高压油的特性,具有良好的压缩性、抗磨性及伸长力,但不适合用于极性溶剂之中,例如酮类、臭氧、硝基烃、氯仿	用于制作燃油箱,润滑油箱以及在液压油、汽油、水、硅油等流体介质中使用的橡胶零件,特别是密封零件。是目前用途最广、成本最低的橡胶密封件
顺丁橡胶	BR	弹性和耐磨性突出,耐磨性优于丁苯橡胶,耐寒性较好,易于与金属黏合;加工性能较差,自黏性和抗撕裂性差	轮胎、耐寒胶带、橡胶弹簧、减震器、耐热胶管、电绝缘制品
氯丁橡胶	CR	耐油性良好,耐氧、耐臭氧性优良,阻燃性、耐热性良好;电绝缘性、加工性能较差	耐油、耐蚀胶管,运输带;各种垫圈、油封衬里、胶黏剂;各种压制品、汽车等门窗嵌件
聚氨酯橡胶	PU	耐磨性高于其他各种橡胶,抗拉强度高达3.5MPa;耐油性优良。耐酸碱性、耐水性、热硬性较差,动态生热大	胶辊、实心轮胎、同步齿形带及耐磨制品
丙烯酸酯橡胶	ACM	耐热、耐老化、耐油、耐臭氧、抗紫外线等,力学性能和加工性能好,一般使用温度范围为-25~170℃,抗弯曲变形,对油品有极佳的抵抗性;不适用于热水之中,不具耐低温的功能	用于汽车的耐高温油封、曲轴、阀杆、汽缸垫、液压输油管等

名 称	代 号	主要性能	用途举例
硅橡胶	SI	耐高温、低温性突出,可在－70～280 ℃范围内使用。耐臭氧、耐老化、电绝缘性优良,耐水性优良,且无味,无毒。常温下力学性能较低,耐油、耐溶剂性差	各种管道系统接头,高温使用的各种垫圈、衬垫、密封件,各种耐高温电线、电缆包皮等
氟橡胶	FPM	耐磨蚀性突出,耐酸碱及耐强氧化剂能力在各类橡胶中最好,热硬性接近硅橡胶;但价格高,耐寒性及加工性较差,仅限于某些特殊用途的制品	发动机上耐热、耐油制品

7.3 陶瓷和复合材料

7.3.1 陶瓷

陶瓷是指所有以黏土等无机非金属矿物为原料,经混料、成形、烧结而制成的各种制品。陶瓷是陶器与瓷器的总称。

1. 陶瓷的分类

(1) 按原料不同分为普通陶瓷和特种陶瓷

1) 普通陶瓷

一般采用黏土、长石和石英等经天然烧结而成。这类陶瓷按其性能、特点和用途又可分为日用陶瓷、建筑陶瓷、电绝缘陶瓷和化工陶瓷等。

2) 特种陶瓷

特种陶瓷是指采用高纯度人工合成原料制成并具有特殊物理化学性能的新型陶瓷。除了具有普通陶瓷的性能外,至少还具有一种适应工程上需要的特殊性能,如氧化物陶瓷、氮化物陶瓷、碳化物陶瓷、金属陶瓷等。

(2) 按用途不同分为工业陶瓷、日用陶瓷和艺术陶瓷

1) 工业陶瓷

工业陶瓷指应用于各种工业的陶瓷制品。具体包括:

① 建筑卫生陶瓷。如砖瓦、排水管、面砖、外墙砖、卫生洁具等。

② 化工陶瓷。用于各种化学工业的耐酸容器、管道。

③ 电瓷。用于电力工业高低压输电线路上的绝缘子,低压电器和照明用绝缘子,以及电信用绝缘子、无线电用绝缘子等。

④ 特种陶瓷。用于各种现代工业和尖端科学技术的特种陶瓷制品,如高铝氧质瓷、镁石质瓷、钛镁石质瓷等。

2) 日用陶瓷

如餐具、茶具、缸、坛、盆、罐、盘、碟、碗等。

3）艺术陶瓷

如花瓶、雕塑品、园林陶瓷、器皿、陈设品等。

2. 陶瓷的性能

① 陶瓷的硬度高于其他材料，一般硬度大于 1500 HV，而淬火钢的硬度只有 500~800 HV；陶瓷室温下几乎无塑性，韧性极低，脆性大；陶瓷内部存在许多气孔，故抗拉强度低，抗弯性能差，抗压性能高；陶瓷有一定弹性，一般高于金属。

② 陶瓷的熔点一般高于金属，热硬性高，抗高温蠕变能力强，高温下抗氧化性好，抗酸、碱、盐腐蚀能力强，具有不可燃烧性和不老化性。

③ 大多数陶瓷绝缘性好。

7.3.2 复合材料

复合材料是由两种或两种以上性质不同的材料组合成的多相材料。

1. 复合材料的分类

按基体不同，它可分为非金属基体和金属基体两类。目前使用较多的是以高分子材料为基体的复合材料。

按增强相种类和形状不同，分为颗粒、层叠、纤维增强等复合材料。

按性能不同，分为结构复合材料和功能复合材料两类。结构复合材料是指利用其力学性能，用以制作结构和零件的复合材料。功能复合材料是指具有某种物理功能和效应的复合材料，如磁性复合材料。

2. 复合材料的性能

① 比强度和比模量高。这是因为复合材料的增强剂和基体的密度都较小，而且增强剂多为强度很高的纤维，所以多数复合材料都具有高的比强度和比模量。

② 抗疲劳性能好。因为复合材料中基体与增强纤维间的界面可有效地阻止疲劳裂纹的扩展，以及基体中密布着大量纤维，疲劳断裂时，裂纹的扩展要经历很曲折和复杂的路径，所以疲劳强度高。

③ 减振性好。构件的自振频率不但与构件的结构有关，而且与材料的比模量的平方根成正比。复合材料的比模量大，其自振频率很高，在一般载荷、速度或频率下不容易发生共振而快速脆断。其次，基体和纤维之间的界面对振动有反射和吸收作用，而且基体材料的阻尼也较大，使复合材料的减振性比钢和铝合金等金属材料好。

④ 破损安全性好。复合材料每平方厘米面积上被基体隔离的独立纤维数达几千、几万根。当构件过载并有少量纤维断裂时，会迅速进行应力的重新分配，而由未破坏的纤维来承载，使构件在短时间内不会失去承载能力，故安全性较好。

⑤ 高温性能好。一般铝合金在 400 ℃时弹性模量急剧下降并接近于零，强度也显著下降。但用碳或硼纤维增强的铝复合材料，在上述温度时，其弹性模量和强度基本不变。用钨纤维增强钴、镍或它们的合金时，可把这些金属的使用温度提高到 1000 ℃以上。

此外，复合材料的减摩性、耐蚀性和工艺性也都较好。经过适当的"复合"也可改善其力学性能和物理性能。复合材料的缺点是各向异性，横向的抗拉强度和层间剪切强度比纵向低得多，伸长率和冲击韧度较低，成本高。但是，复合材料是一种新型的独特的工程材料，因此具有广阔的发展前景。

3. 常用复合材料

（1）玻璃钢

用玻璃纤维增强工程塑料得到的复合材料，俗称玻璃钢。玻璃钢按照其基体分为热固性和热塑性两种。

1）热固性玻璃钢

其主要优点是成形工艺简单、质轻、比强度高、耐腐蚀、介电性高、电波穿透性好，与热塑性玻璃钢相比，耐热性更高。主要缺点是弹性模量低、刚性差，耐热度不超过 250 ℃，易老化、蠕变。

2）热塑性玻璃钢

种类较多，常用的有尼龙基、聚烯烃类、聚苯乙烯类、ABS、聚碳酸酯等。它们都具有高的力学性能、介电性能、耐热性和抗老化性能，工艺性能也好。同塑料本身相比，基体相同时，其强度和抗疲劳性能可提高 2～3 倍以上，冲击韧性提高 2～4 倍，蠕变抗力提高 2～5 倍。

（2）碳纤维复合材料

碳纤维是由各种人选纤维或天然有机纤维，经过碳化或石墨化而制成。碳化后得到的碳纤维强度高，被称为高强度碳纤维。其优点是比强度、比弹性模量大、冲击韧性、化学稳定性好，摩擦系数小，耐水湿，耐热性高，耐 X 射线能力强；缺点是各向异性程度高，基体与增强体的结合力不够大，耐高温性能不够理想。常用于制造机器中的承载、耐磨零件及耐蚀件，如连杆、活塞、齿轮、轴承等，在航空、航天、航海等领域内用作某些要求比强度、比弹性模量高的结构件材料。

碳纤维树脂复合材料的基体为树脂，目前应用最多的是环氧树脂、酚醛树脂和聚四氟乙烯。这类材料的性能普遍优于玻璃钢，是一种新型的特种工程材料。除了具有石墨的各种优点外，此种材料强度和冲击韧性比石墨高 5～10 倍，刚度和耐磨性高，化学稳定性、尺寸稳定性好。石墨纤维金属复合材料是石墨纤维增强铝基复合材料，基体可以是纯铝、变形铝合金和铸造铝合金。当用于结构材料时，可作飞机蒙皮、直升机旋翼桨叶以及重返大气层运载工具的防护罩等。碳纤维陶瓷复合材料是我国研制的一种石英玻璃复合材料，同石英玻璃相比，它的抗弯强度提高了约 12 倍，冲击韧性提高了 40 倍，热稳定性也非常好，是极有前途的新型陶瓷材料。

（3）夹层增强复合材料

1）夹层板增强复合材料

工业上用的夹层板是将几种性质不同的板材经热压或胶合而成，并获得某种使用目的。夹层结构复合材料一般具有密度小，刚度高，抗压稳定性好，以及绝热、绝缘、隔音等特殊性能。

2）夹芯材料增强复合材料

夹芯材料是由薄而强的面板与轻而弱的芯材组成。面板可用树脂基复合材料板、铝合金板、不锈钢板、钛合金或高温合金板；芯材可采用泡沫塑料、蜂窝夹芯和波纹板。面板与芯材的连接方法，一般用胶黏剂胶接；金属材料也可用焊接。以泡沫塑料和蜂窝为芯材复合材料已大量用于天线罩、雷达罩、飞机机翼、冷却塔、保温隔热装置等的制作。

以上材料都是从不同的途径和方法克服单一材料的缺陷，并获得单一材料通常不具备的一些新特点和功能,以满足各个工业部门对材料性能要求日益提高及多样化的需要。

7.4 胶 黏 剂

工程上常借助一种材料在固体表面上产生的黏合力将材料牢固地连接在一起,这种方法叫胶结。所用的材料称为胶黏剂(又称黏合剂或黏结剂,俗称胶)。胶结的特点是:接头处应力分布均匀,接头的密封性、绝缘性及耐蚀性好,适用性强,而且操作简单、成本低。它是与焊接、铆接、螺栓连接等传统的连接形式并驾齐驱的一种连接方式。它具有快速、牢固、密封、经济、节能等优点,在某些场合下所发挥的作用是传统的连接方式所无法取代的,因而在工业中得到广泛应用。

7.4.1 胶黏剂的组成

胶黏剂也是一种高分子材料。胶黏剂分为天然胶黏剂、合成胶黏剂和无机胶黏剂三大类。天然胶黏剂是用动、植物胶液制成,黏合能力、耐水性均差。目前工业上使用的胶黏剂多是合成胶黏剂。

合成胶黏剂是由基料(环氧树脂、酚醛树脂、聚氨酯树脂、氯丁树脂、丁腈橡胶等)、固化剂、增塑剂、增韧剂、填料、稀释剂、稳定剂等及其他敷料配制而成。

合成胶黏剂按照基料的组成不同分为树脂型胶黏剂、橡胶型胶黏剂和混合型胶黏剂。

7.4.2 胶黏剂的类型

按应用方法可分为热固型、热熔型、室温固化型、压敏型等。

按应用对象分为结构型、非结构型或特种胶。属于结构胶黏剂的有:环氧树脂类、聚氨酯类、有机硅类、聚酰亚胺类等热固性胶黏剂;聚丙烯酸酯类、聚甲基丙烯酸酯类、甲醇类等热塑性胶黏剂;还有如酚醛—环氧型等改性的多组分胶黏剂。

按固化形式可分为溶剂挥发型、乳液型、反应型和热熔型四种。

合成化学工作者常喜欢将胶黏剂按黏料的化学成分来分类。

按主要成分分为有机类、无机类。

按外观分类,可分为液态、膏状和固态三类。

7.4.3 胶黏剂的选用

胶黏剂的种类繁多,组成各异,常按基料的化学成分来区分。在实际工作中经常会遇到各种各样的被胶接材料,如各种金属、陶瓷、玻璃、塑料、橡胶、皮革、木材及纺织材料等。由于同一种胶黏剂对不同材料的粘结力各不相同,因此对不同的胶接对象,所选用的胶黏剂也就不可能完全一样。选择胶黏剂时,应根据被胶接材料、受力条件及工作环境等具体情况来合理地选用。被胶接件的使用环境和用途要求是选用胶黏剂的重要依据。如果用于受力结构件的胶接,则需选用强度高、韧性好、抗蠕变性优良的结构型胶黏剂;如果用于在特定条件下使用(如耐高温、耐低温、导热、导磁等)的被胶接件的胶接,则应选用特种胶黏剂。

因此,要做到正确选用胶黏剂,保证胶接件的质量及使用要求,首先必须充分把握和了解胶黏剂的品种、组成,特别是性能参数。表7-4列出了部分常用胶黏剂的种类、牌号、性能和用途。

表7-4 常用胶黏剂的种类、牌号、性能及用途

类别	名称	牌号	主要性能	用途举例
树脂型胶黏剂	环氧胶黏剂	E-7	耐热性好、密封性好,使用温度150 ℃,固化条件:100 ℃,3 h	可胶接金属、玻璃等多种材料
		J-19A	胶接强度和韧性很高,但耐水性差。使用温度-60~120 ℃。固化条件:180 ℃,3 h	可胶接金属、玻璃、木材、陶瓷等材料
		914	固化迅速,使用方便,耐油,耐水,胶接力强;耐热性和韧性差。固化条件:室温,3 h	适用于各种材料的快速黏结、固定和修补
树脂型胶黏剂	酚醛胶黏剂	J-03	胶接强度高,弹性、韧性好,耐疲劳,使用温度:-60~150 ℃。固化条件:165 ℃,3 h	可胶接金属、玻璃钢、陶瓷等,特别适用于金属蜂窝状夹层结构的黏接
		JSF-2	黏结强度高,韧性好,耐疲劳,良好的抗老化性,使用温度:-60~60 ℃。固化条件:150 ℃,1 h	可胶接金属、夹层塑料、玻璃、木材、皮革等
橡胶型胶黏剂	聚氨酯胶黏剂	JQ-1	胶膜柔软、耐油,但对水分特别敏感,使用温度低。固化条件:140 ℃,1 h	适用于未硫化的天然橡胶、丁腈橡胶等与金属的胶接
		101	胶膜柔软,绝缘性好,耐磨,耐油性好,耐热性差,使用温度低	可胶接金属、塑料、橡胶、皮革、木材等多种材料
	氯丁橡胶胶黏剂		较好的内聚强度和良好的黏附性,耐燃性、耐油性、耐候性较好;但稳定性和耐低温性较差	适用于金属、非金属的胶接
	丁腈橡胶胶接剂		良好的耐油性、耐热性和耐化学介质性	可胶接金属、塑料、木材、织物以及皮革等多种材料
混合型胶黏剂	酚醛—聚乙烯醇缩醛胶黏剂		胶接强度高,良好的抗冲击和耐疲劳性,良好的耐大气老化和耐水性	适用于金属、玻璃、陶瓷、塑料及木材等多种材料的胶接
	酚醛—丁腈橡胶胶接剂		胶接强度高,耐振动冲击韧度大,其抗剪强度随温度变化不大,较好的耐水性、耐化学介质及耐大气老化能力	适用于金属和大部分非金属的胶接,如汽车刹车片的黏合等

复习思考题

选择题

1. PVC 是指_____材料。
   A. 碳酚醛塑料　　B. 氨基塑料　　C. 环氧塑料　　D. 聚氯乙烯
2. 天然橡胶的代号是_____。
   A. NR　　B. SBR　　C. NBR　　D. BR
3. 陶瓷的显著缺陷是_____。
   A. 硬　　B. 脆　　C. 绝缘　　D. 抗氧化
4. 选择胶黏剂的重要依据是_____。
   A. 价格是否便宜　　B. 被胶接件的使用环境和用途要求　　C. 有无现货

问答题

1. 什么是非金属材料？常用的非金属材料有哪些？
2. 什么是热固性塑料和热塑性塑料？试举例说明其性能和用途。
3. 塑料有哪些特性？
4. 什么是橡胶？其性能如何？常用橡胶有哪些？
5. 什么是陶瓷？其性能如何？举出三种常用陶瓷在工业中的应用实例。
6. 什么是复合材料？其性能如何？举出常用复合材料应用的实例。
7. 如何选用胶黏剂？

第8章 焊接成形

8.1 概述

焊接是一种永久性连接金属材料的工艺方法,焊接的实质是使两个分离金属通过原子或分子间的相互扩散与结合而形成一个不可拆卸的整体的过程,为了实现这一过程可用加热、加压(或同时加热加压)等方法。

8.1.1 焊接的种类

焊接的种类很多,按焊接过程的特点可分为三大类。

1. 熔化焊

将待焊处的两母材金属熔化,并形成熔池,一般还加填充金属,待凝固后形成牢固的焊接接头的方法。主要有气焊、电弧焊(包括手工电弧焊、自动埋弧焊、半自动埋弧焊)、电渣焊、等离子弧焊、气体保护焊(包括二氧化碳气体保护焊、氩弧焊)及激光焊等。

2. 压力焊

对焊件施加压力(加热或不加热)使两焊件结合面紧密接触并产生一定的塑性变形,形成焊接接头的方法。主要有电阻焊(包括对焊、点焊、缝焊)、摩擦焊、气压焊、超声波焊等。

3. 钎焊

采用比母材熔点低的金属材料作钎料,将焊件和钎料加热到高于钎料熔点,低于母材熔化温度,焊件金属不熔化,钎料熔化后渗透到焊件接头之间,与固态的被焊金属相互溶解和扩散,钎料凝固后将两焊件焊接在一起的方法。主要有烙铁钎焊、火焰钎焊、高频钎焊等。

8.1.2 焊接的特点

① 能减轻结构重量,节省金属,降低成本。
② 可以制造双金属结构。
③ 能化大为小,以小拼大。
④ 接头致密性好,结构强度高,产品质量好。
⑤ 焊接过程中产生的噪音较小,工人劳动强度较低,生产率较高,易于实现机械化与自动化。
⑥ 由于焊接是一个不均匀的加热过程,焊接后会产生焊接应力与焊接变形,且焊接结构不可拆,维修和更换不方便。

8.1.3 焊接的地位和作用

焊接是机械制造的重要组成部分,是现代工业中用来制造或维修各种金属结构和机械零件的主要方法之一,在现代工业生产中占有十分重要的地位,如舰船的船体、高炉炉壳、建筑构架、锅炉与压力容器、车厢及家用电器、汽车车身等工业产品的制造,都离不开焊接方法。焊接在制造大型结构件或复杂机器部件时,更显得优越,它可以用化大为小、化复杂为简单的办法来准备坯料,然后用逐次装配焊接的方法拼小成大、拼简单成复杂。这是其他工艺方法难以做到的。在制造大型机器设备时,还可以采用铸—焊或锻—焊复合工艺。这样,小型铸、锻设备的工厂也可以生产出大型零部件。用焊接方法还可以制成双金属构件,如制造复合层容器。此外,还可以对不同材料进行焊接。总之,焊接方法的这些优越性,使其在现代工业中的应用日趋广泛。

8.2 焊条电弧焊

8.2.1 焊条电弧焊的组成

焊条电弧焊是用手工操纵焊条进行焊接的电弧焊方法,它是利用电弧放电时产生的热量来熔化焊条和焊件,从而获得牢固焊接接头的方法,是焊接中最基本的方法,如图8-1所示。

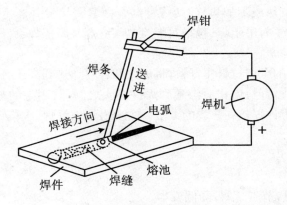

图8-1 焊条电弧焊

8.2.2 焊接电弧

焊接电弧是在电极与焊件间的气体介质中强烈持久的放电现象。电极可以是碳棒、钨极或焊条。焊接电弧具有两个特性,即能放出强烈的光和大量的热。

1. 电弧引燃

焊接时,将焊条与焊件瞬间接触短路,由于短路产生高热,使接触处金属迅速熔化并产生金属蒸气,同时,将附近的金属强烈加热,当焊条迅速提起 2~4 mm 时,焊条与焊件(两极)间充满了高温的、易电离的金属蒸气。由于质点热碰撞及焊接电压的作用,正离子奔向阴极,负离子及电子奔向阳极,并分别碰撞两极,产生高温,使气体介质进一步电离,从而在两极间产生强烈而持久的放电现象,即电弧。

引燃电弧也可以利用高频高压(2000~3000 V)直接将两电极间的空气间隙击穿电离,产生电弧。通常高频为 150~260 kHz。

2. 焊接电弧结构

直流电弧由阴极区、阳极区和弧柱三部分组成,如图 8-2 所示。

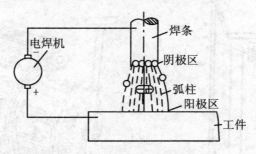

图 8-2 直流焊接电弧

(1) 阴极区:是放射出大量电子的部分,产生热量较多,约占电弧中热量的 38%,阴极区温度可达到 2400 K。

(2) 阳极区:是电子撞击和吸入电子部分,放出热量较高,约占电弧总热量的 42%,阳极区温度可达到 2600 K。

(3) 弧柱:是指两极之间的气体空间区,温度可达到 6000~8000 K,热量约占 20%。

3. 弧焊电源

由于电弧发出的热量在阴极区和阳极区有差异,因此,在用直流电弧焊电源焊接时,就有两种不同的接法,即正接和反接。

(1) 正接

焊件接正(+)极,焊条接负(-)极,称为正接法。正接时,热量大部分集中在焊件上,可加速焊件熔化,有较大熔深,这种接法应用最多。

(2) 反接

焊件接负(-)极,焊条接正(+)极,称为反接法。反接常用于薄板钢材、铸铁、有色金属焊件,或用于低氢型焊条焊接的场合。

当进行交流电焊接时,由于电流方向交替变化,两极温度大致相等,不存在正接、反接的问题。

8.2.3 焊条电弧焊设备及工具

1. 交流弧焊机

交流弧焊机实际上是一种特殊的降压变压器,是焊条电弧焊的常用设备。焊接空载电压为 60~80 V,工作电压为 20~30 V,短路时焊接电压会自动降低,趋近于零,使短路电流不致过大,电流调节范围可从十几安到几百安。常用的有 BX-500、BX_1-300,其外形如图

8-3 所示。交流弧焊机的结构简单、制造方便、成本低、使用可靠,同时维修方便,但电弧稳定性较直流弧焊机差。

2. 直流弧焊机

直流弧焊机是一种将交流电转换成直流电的弧焊设备,它与交流弧焊机相比,具有电弧燃烧稳定的优点,适宜焊接不锈钢、薄板等。但直流弧焊机有结构复杂、噪声大、成本高及维修较困难等缺点。常用的有 AX—320、AX_1—500 型直流弧焊机,其外形如图 8-4 所示。

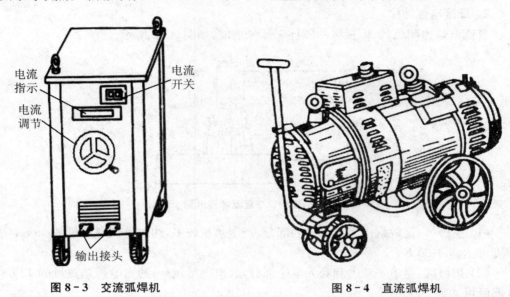

图 8-3 交流弧焊机　　　　　图 8-4 直流弧焊机

3. 焊钳

用于夹持焊条和传导电流。具有良好的导电性,不易发热,重量轻,夹持焊条紧,更换方便,常用的有 300 A 和 500 A 两种规格,如图 8-5 所示。

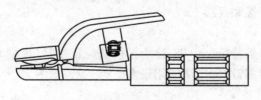

图 8-5 焊钳

4. 面罩

用于遮挡飞溅的金属和弧光,保护面部和眼睛,有头戴式和手持式两种,如图 8-6 所示。护目玻璃用来减弱弧光强度,吸收大部分红外线和紫外线,保护眼睛。护目玻璃的颜色和深浅按焊接电流大小进行选择。护目玻璃的规格见表 8-1。

表 8-1　护目玻璃规格

色　号	适用电流/A	尺寸/mm
7～8	≤100	2×50×107
9～10	100～300	2×50×107
11～12	≥300	2×50×107

图 8-6 面罩

5. 焊接电缆

连接焊条、焊接件、焊接机,传导焊接电流。其外表必须绝缘,导电性能好,规格按使用的电流大小选择,通常焊接电缆的长度不超过 20～30 m,中间接头不超过 2 个,接头处要保证绝缘、可靠。

6. 焊条保温筒

用于加热存放焊条,以达到防潮的目的。干燥筒是利用干燥剂吸潮,防止使用中的焊条受潮。

其他工具还有手锤、钢丝刷等。

8.2.4 焊条

1. 焊条的组成

手工电弧焊焊条由焊芯和药皮两部分组成。焊条中被药皮包覆的金属芯称焊芯,起着导电和填充焊缝金属作用。压涂在焊芯表面的涂料层称为药皮,用以保证焊接顺利进行并得到质量良好的焊缝金属。焊条前端药皮有 45°左右的倒角,便于引弧,尾部有一段裸焊芯,占焊条总长的 1/16,便于焊钳夹持,并有利于导电。如图 8-7 所示。

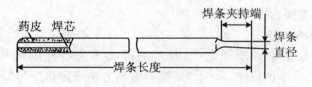

图 8-7 焊条

(1) 焊芯

焊芯(焊丝)的含碳量较低,杂质较少,是经过特殊冶炼而成的。焊芯直径(即焊条直径)有 1.6 mm、2.0 mm、2.5 mm、3.2 mm、4 mm、5 mm、6 mm 等几种,其长度(即焊条长度)一般在 250～450 mm 之间。常用的牌号有 H08、H08MnA、H10Mn2 等。部分碳钢焊条的直径和长度规格见表 8-2。

表 8-2 部分碳钢焊条的直径和长度规格

焊条直径/mm	2.0	2.5	3.2	4.0	5.0	6.0
焊条长度/mm	250 300	250 300	350 400	350 400	400 450	400 450

(2) 药皮

焊条药皮在焊接过程中,起着极为重要的作用,它是决定焊缝金属质量的主要因素之一。药皮有以下主要作用:

① 保证焊接电弧的稳定燃烧。
② 向焊缝金属渗入某些合金元素,提高焊缝金属的力学性能。
③ 改善焊接工艺性能,有利于进行各种空间位置的焊接。
④ 使焊缝金属顺利脱氧、脱硫、脱磷、去氢等。
⑤ 保护熔池与溶滴不受空气侵入。
⑥ 改善熔渣的性质。

2. 电焊条的分类、型号、牌号及选用

(1) 电焊条的分类

电焊条的品种很多,通常按焊条的用途、药皮成分、熔渣的酸碱度进行分类。

① 按用途可分为结构钢焊条、耐热性焊条、不锈钢焊条、堆焊焊条、低温焊条、铸铁焊条、镍及镍合金焊条、铜和铜合金焊条、铝及铝合金焊条及特殊用途焊条等。

② 按焊条药皮的主要成分可分为氧化钛型、氧化钛钙型、氧化铁型、纤维素型、低氢型、石墨型及盐基型等。其中,石墨型药皮主要用于铸铁焊条;盐基型药皮主要用于铝及合金等有色金属焊条;其余均属于碳钢焊条。

③ 按熔渣的酸碱度可分为酸性焊条和碱性焊条两大类。酸性焊条的药皮中含有较多的氧化硅、氧化钛等酸性氧化物,焊接时,电弧柔软,稳定性好,飞溅小,熔渣流动性和覆盖性较好,因此,焊缝美观,对铁锈、油脂、水分的敏感性不大,可以交直流两用。但焊接过程中合金元素烧损较多,焊缝金属中氧和氢的含量较多,焊缝金属的力学性能特别是韧性较差,抗裂性较差,适用于焊接一般结构件。酸性焊条中典型的是氧化钛钙型焊条。碱性焊条,熔渣中碱性氧化物的比例较高。焊接时,电弧不够稳定,熔渣的覆盖性较差,焊缝不美观,焊前要求清除掉油脂和铁锈。但它的脱氧和去氢能力较强,故又称为低氢型焊条,焊接后焊缝的质量较高,适用于焊接重要的结构件。

(2) 焊条的型号及牌号

① 焊条的型号是国家标准规定的,是反映焊条主要特性的编号方法。根据 GB 5117—85《碳钢焊条》标准的规定,碳钢焊条型号编制方法规定以字母"E"打头表示焊条,其后两位数字表示熔敷金属抗拉强度最小值,第 3 位数字表示焊接位置("0"及"1"表示使用于全位置焊接;"2"表示使用于平焊及平角焊;"4"表示使用于立向下焊),第 4 位数字表示焊接电流种类和药皮类型。例如 E4303,"E"表示焊条,"43"表示熔敷金属抗拉强度的最小值为 43 kgf/mm^2(420 MPa),"0"表示使用于全位置焊接,"3"表示药皮为钛钙型,交直流电源、正反接均可。

② 焊条牌号是对焊条产品的具体命名,是根据焊条主要用途及性能编制的。一种焊条型号可以有几种焊条牌号。牌号通常以一个汉语拼音字母与 3 位数字表示。拼音字母表示焊条用途大类。例如,J(结)表示结构钢焊条,Z(铸)表示铸铁焊条。3 位数字,第 1、2 位数字表示熔敷金属抗拉强度等级,第 3 位数字表示各类焊条牌号的药皮类型及焊接电源。例如 J422 结构钢焊条,"42"表示焊缝金属抗拉强度最小值为 420 MPa(43 kgf/mm^2),"2"表示药皮为钛钙型,电源交直流均可。部分结构钢焊条牌号的含义及型号对照见表 8-3。

表 8-3　部分结构钢焊条牌号的含义及型号对照表

牌　号	型　号	焊缝金属抗拉强度 最小值/MPa(kgf/mm²)	药皮类型	焊接电源种类
J421	E4313	420(43)	氧化钛型	交直流
J421Fe	E4313	420(43)	铁粉钛型	交直流
J422	E4303	420(43)	氧化钛钙型	交直流
J426	E4316	420(43)	低氢钾型	交直流
J427	E4315	420(43)	低氢钠型	直流
J507	E5015	490(50)	低氢钠型	直流
J507H	E5015	490(50)	低氢钠型	直流

(3) 电焊条的选用

焊条种类很多,选用是否恰当直接影响焊接质量、劳动生产率和生产成本。通常应根据焊件的化学成分、力学性能、焊件结构形状、受力情况、工作条件等方面情况选用。

① 根据母材的力学性能和化学成分:对于结构钢主要考虑母材的强度等级,如母材是普通低合金钢时,可以选择低合金钢焊条;对于低温钢主要考虑母材低温工作性能;对于耐热钢、不锈钢等主要考虑熔敷金属的化学成分与母材相当。

② 根据焊件的结构复杂程度和刚性:对于形状复杂、刚性较大的结构,应选用塑性好、抗裂能力强、低温性能好的碱性焊条;受力不复杂,母材质量较好,选用酸性焊条。

③ 根据焊件的工作条件:根据不同的工作条件,应选用相应性能的专用焊条,如在腐蚀环境条件下工作的结构件,应选择不锈钢焊条;在高温条件下工作的结构件,应选择耐热钢焊条等。

8.2.5　焊条电弧焊工艺

1. 接头形式

焊件的结构形状、厚度及使用条件不同,焊条接头形式也应不同。常用的接头形式有对接接头、T形接头、角接接头及搭接接头,如图8-8所示。

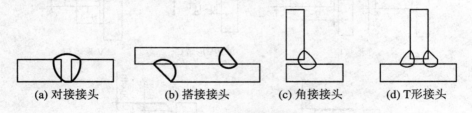

(a) 对接接头　　(b) 搭接接头　　(c) 角接接头　　(d) T形接头

图 8-8　焊接接头形式

还有一些其他的接头形式,如图8-9所示。

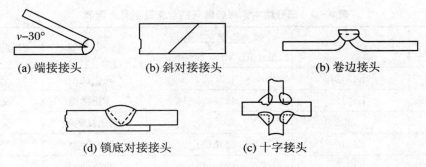

图 8-9 其他接头形式

2. 坡口形式

为了使焊缝根部能焊透,一般在焊件厚度大于 3～6 mm 时应开坡口。坡口形式有 I 形、V 形、X 形、K 形、U 形等,常见的坡口形式如图 8-10 所示。开坡口时要留钝边(沿焊件厚度方向未开坡口的端面部分),以防止烧穿,并留一定间隙能使根部焊透。选择坡口、间隙时,主要考虑保证焊透、坡口容易加工、节省焊条及焊后变形量小。

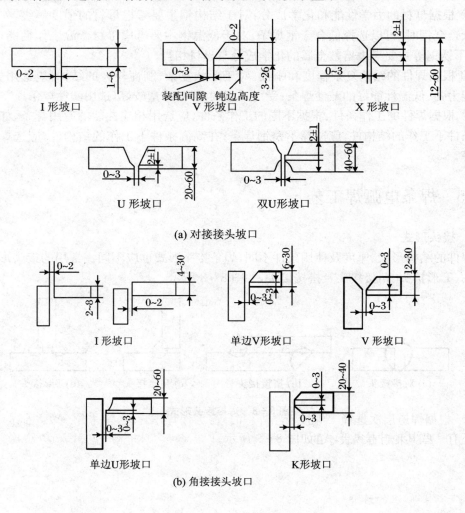

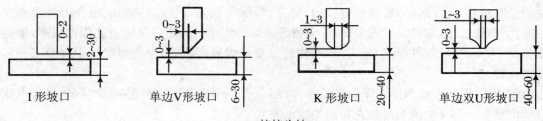

(c) T接接头坡口

图 8-10 坡口形式

3. 焊缝空间位置

根据焊缝在空间位置的不同,分为平焊、横焊、立焊和仰焊,如图 8-11 所示。

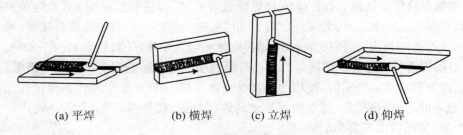

图 8-11 焊缝空间位置

由于平焊操作容易,劳动强度小,熔滴容易过渡,熔渣覆盖较好,焊缝质量较高,因此应尽量采用平焊。

4. 焊接工艺参数的选择

通常包括焊条牌号、焊条直径、焊接电流、电弧电压、焊接速度和焊接层数等的选择。选择合适的焊接工艺参数,对提高焊接质量和生产效率是十分重要的。

(1) 焊条直径的选择

焊条直径的大小与焊件的厚度、焊件的位置、焊接层数有关。

① 根据焊件厚度选择。厚度较大的焊件应选用直径较大的焊条;反之,薄件应选用小直径的焊条。

② 根据焊缝位置选择。平焊时,焊条直径应比其他位置大一些;立焊时焊条直径最大不应超过 5 mm;仰焊、横焊时焊条最大直径不应超过 4 mm,这样可减少熔化金属的下淌。一般进行平焊时,焊条直径的选择可根据焊件厚度确定,见表 8-4。

表 8-4 焊条直径的选择

焊件厚度/mm	≤1.5	2	3	4~6	7~12	≥13
焊条直径/mm	1.6	2	2.5~3.2	3.2~4.0	4.0~5.0	4.0~6.0

① 根据焊道层次选择。焊接较厚焊件时,为确保焊件焊透,应采用多道焊,对第一层焊道(打底焊),应采用直径较小的焊条进行焊接,以后各层(填充焊、盖面焊)可根据焊件厚度选用较大直径的焊条。在焊接低碳钢及普通低合金钢等中、厚钢板的多层焊时,每层厚度最好不大于 4~5 mm。

(2) 焊接电流的选择

焊接电流是影响接头质量和焊接生产率的主要因素之一,必须选用得当。电流过大,会使焊条芯过热,药皮脱落,造成焊缝咬边、烧穿、焊瘤等缺陷,同时金属组织也会因过热而发生变化;电流过小,则容易造成未焊透、夹渣等缺陷。焊接时决定焊接电流的依据很多,如焊条类型、焊条直径、焊件厚度、接头形式、焊缝位置和焊道层次等,但主要取决于焊条直径和焊缝位置。

① 根据焊条直径选择。焊条直径越大,熔化焊条所需要的电弧热能就越多,焊接电流应相应增大。焊接电流与焊条直径的关系见表 8-5。

表 8-5 焊接电流的选择

焊条直径/mm	1.6	2.0	2.5	3.2	4.0	5.0	6.0
焊接电流/A	25～40	40～65	50～80	100～130	160～210	260～270	260～300

② 根据焊缝位置选择。焊接电流与焊缝位置有关,焊接平焊缝时,由于运条和控制熔池中的熔化金属比较容易,因此可选用较大的电流进行焊接。但其他位置焊接时,为了避免熔化金属从熔池中流出,要使熔池小些,焊接电流相应要小些,一般约小 10%～20%。

③ 根据焊道层次选择。焊接电流大小与焊道层次有关。通常焊接打底焊道时,特别是焊接单面焊双面成形的焊道时,使用的焊接电流要小些,这样才便于操作和保证背面焊道的质量;填充焊时,为提高效率,通常使用较大的焊接电流;而焊盖面时,为防止咬边和获得较美观的焊缝,使用的电流要稍小些。

④ 根据其他方面选择。碱性焊条选用的焊接电流比酸性焊条小 10% 左右;不锈钢焊条选用的焊接电流比碳钢焊条选用的焊接电流小 20% 左右。

(3) 电弧长度

电弧长度是根据操作的具体情况灵活掌握的,其原则是保证焊缝具有合乎要求的尺寸、外形和焊透。电弧长度过长,会使电弧燃烧不稳定,熔深减小,飞溅增加。在焊接过程中,一般希望弧长始终保持一致,而且尽可能用短弧焊接。

(4) 焊接速度

在保证焊缝所要求的尺寸和质量的前提下,焊接速度根据操作技术灵活掌握。速度过慢,热影响区加宽,晶粒粗大,变形也大;速度过快,易造成未焊透、未溶合、焊缝成形不良等缺陷。

8.2.6 焊条电弧焊操作

1. 引弧

电弧的引燃方法有直击法和划擦法。直击法是将焊条的末端直击焊缝,接触短路,迅速抬起,产生电弧。划擦法是将焊条的末端在焊件上划过,接触短路,迅速抬起,产生电弧。引燃电弧后,稳定地控制电弧,保持焊条与焊件 2～4 mm 的距离。

2. 运条

引燃电弧后,焊条同时完成三个基本动作,如图 8-12 所示。一是焊条向下送进,送进速度应等于焊条熔化速度,以保持弧长不变;二是焊条沿焊缝纵向(焊接方向)移动,移动速度应等于焊接速度;三是焊条沿焊缝横向摆动,摆动形式如图 8-13 所示,以获得一定宽度的焊缝。

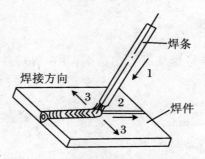

图 8-12 焊条的基本运作

1—焊条向下送进；2—焊条沿焊缝纵向移动；3—焊条沿焊缝横向摆动

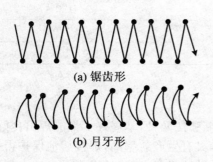

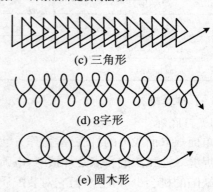

图 8-13 焊条横向摆动形式

3. 收尾

焊接收尾时，为防止尾坑的出现，焊条应停止向前移动。可采用划圈收尾法、后移收尾法等，自下而上地慢慢拉断电弧，以保证焊缝尾部成形良好。

4. 焊条电弧焊操作实例

中厚板对接平焊，单面焊双面成形，焊件材料是 Q235，尺寸为 14×200×300，如图 8-14 所示。

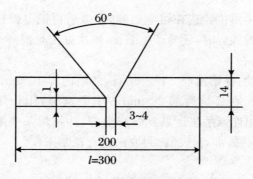

图 8-14 试件与坡口尺寸

（1）焊接技术要求

焊接技术要求包括坡口形式、焊条型号、焊接电流、钝边高度、装配间隙等。具体如下：

① 60° V 形坡口。

② 焊接材料为 E4315。

③ 装配钝边高度为 1 mm。
④ 装配间隙为 3～4 mm。
⑤ 采用与焊接件相同牌号焊条进行定位焊,并在焊接件反面两端点焊,焊点长度为 15 mm 左右。
⑥ 预置反变形量为 3°或 4°。
⑦ 装配错边量不大于 1.4 mm。
⑧ 焊接工艺参数的选择,见表 8-6。

表 8-6 焊接工艺参数

焊接层次	焊条直径/mm	焊接电流/A
打底焊(1)	3.2	90～120
填充焊(2、3、4)	4	140～170
盖面焊(5)		140～160

(2) 焊接操作

1) 打底焊

单面焊双面成形的打底焊,操作方法有连弧法与断弧法两种,掌握好了都能焊出良好质量的焊缝。连弧法的特点是焊接时,电弧燃烧不间断,具有生产效率高,焊接熔池保护得好,产生缺陷的机会少等优点,但它对装配质量要求高,参数选择要求严,故操作难度较大,易产生烧穿和未焊透等缺陷。断弧法(又分为两点击穿法和一点击穿法两种手法)的特点是依靠电弧时燃时灭的时间长短来控制熔池的温度,因此,焊接工艺参数的选择范围较宽,易掌握,但生产效率低,焊接质量不如连弧法易保证,且易出现气孔、冷缩孔等缺陷。

置试板大装配间隙于右侧,在试板左端定位焊缝处引弧,并用长弧稍做停留进行预热,然后压低电弧在两钝边间做横向摆动。当钝边熔化的铁水与焊条金属熔滴连在一起,并听到"噗噗"声时,便形成第一个熔池,灭弧。它的运条动作特点是:每次接弧时,焊条中心应对准熔池的 2/3 处,电弧同时熔化两侧钝边。当听到"噗噗"声后,果断灭弧,使每个新熔池覆盖前一个熔池 2/3 左右。

操作时必须注意,当接弧位置选在熔池后端,接弧后再把电弧拉至熔池前端灭弧,则易造成焊缝夹渣。此外,在封底焊时,还易产生缩孔,解决办法是提高灭弧频率,由正常 50～60 次/分,提高到 80 次/分左右。

更换焊条时,在收弧前,在熔池前方做一熔孔,然后回焊 10 mm 左右,再收弧,以使熔池缓慢冷却。迅速更换焊条,在弧坑后部 20 mm 左右处起弧,用长弧对焊缝预热,在弧坑后 10 mm 左右处压低电弧,用连弧手法运条到弧坑根部,并将焊条往熔孔中压下,听到"噗噗"击穿声后,停顿 2 s 左右灭弧,即可按断弧封底法进行正常操作。

2) 填充焊

施焊前先将前一道焊缝熔渣、飞溅清除干净,修正焊缝的过高处与凹槽。进行填充焊时,应选用较大一点的电流,采用如图 8-15 所示的焊条运条方法和焊条倾角,运条可采用月牙形或锯齿形,摆动幅度应逐层加大,并在两侧稍做停留。在焊接第四层填充层时,应控制整个坡口内的焊缝比坡口边缘低 0.5～1.5 mm 左右,最好略呈凹形,以便使盖面时能看清坡口,不使焊缝高度超高。

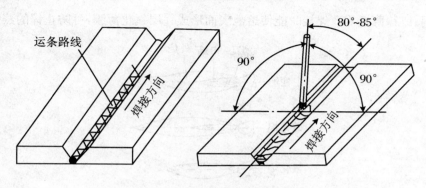

图 8-15 运条方法及焊条角度

3) 盖面焊

使用的焊接电流应稍小一点,要使熔池形状和大小保持均匀一致,焊条与焊接方向夹角应保持75°左右,焊条摆动到坡口边缘时应稍作停顿,以免产生咬边。换焊条收弧时,应对熔池稍填熔滴铁水,迅速更换焊条,并在弧坑前约10 mm左右处引弧,然后将电弧退至弧坑的2/3处,填满弧坑后就可以正常进行焊接。接头应避免位置偏后或偏前,位置偏后则焊缝过高;偏前则造成焊道脱节。盖面层的收弧可采用3~4次断弧引弧收尾,以填满弧坑,使焊缝平滑为准。

8.3 气焊与气割

气焊(或气割)是利用氧气和可燃气体混合燃烧所产生的热量,使焊件和焊丝熔化而进行的焊接方法。采用氧-乙炔火焰,火焰温度比电弧温度低,生产率低,因此不如电弧焊广泛。但气焊具有热量、熔池温度、形状、焊缝尺寸等容易控制以及设备简单、操作灵活方便、特别适合薄件和铸铁焊补等优点。

8.3.1 氧—乙炔焰

氧—乙炔焰是乙炔和氧混合后燃烧产生的火焰。氧—乙炔焰的外型温度分布取决于氧和乙炔的体积比。调节比值,可获得中性焰、碳化焰、氧化焰,如图8-16所示。

1. 中性焰

中性焰是应用最广泛的一种火焰,氧气与乙炔充分燃烧,内焰的最高温度可达3000~3200 ℃,适合于焊接低碳钢、中碳钢、低合金钢、不锈钢、紫铜、铝及其合金等。

2. 碳化焰

碳化焰中有过量的乙炔,火焰最高温度可达3000 ℃,适合于焊接高碳钢、高速钢、铸铁及硬质合金等。

3. 氧化焰

氧化焰中有过量的氧,由于氧气充足,火焰燃烧剧烈,火焰最高温度可达3300 ℃,适合于焊接黄铜、镀锌薄板等。焊接时能使熔池表面形成一层氧化薄膜,可防止锌的蒸发。

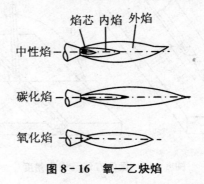

图 8-16 氧—乙炔焰

8.3.2 气焊与气割设备及工具

气焊与气割设备及工具包括氧气瓶、减压瓶、乙炔发生器或乙炔瓶、回火防止器或火焰止回器、胶管、焊炬及割炬等,如图 8-17 所示。

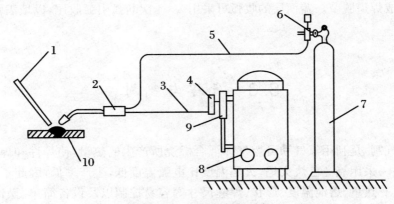

图 8-17 气焊与气割设备

1—焊丝;2—焊炬;3—乙炔胶管;4—回火防止器;5—氧气胶管;
6—减压器;7—氧气瓶;8—乙炔发生器;9—过滤器;10—焊件

(1) 氧气瓶

氧气瓶是贮存和运输氧气的高压容器,为特制的无缝钢瓶,瓶色为天蓝色,并有黑色"氧气"字样,容积一般为 40 L。在使用时应注意不允许沾染油脂、撞击或受热过高,以防爆炸。

(2) 乙炔瓶

乙炔瓶是贮存和运输乙炔的容器,外观漆成白色,并有红色"乙炔不可近火"的字样。容积一般为 30 L。乙炔瓶必须注意安全使用,严禁震动、撞击、泄露。必须直立,瓶体温度不得超过 40 ℃,瓶内气体不得用完,剩余气体压力不低于 0.098 MPa。

(3) 减压器

减压器用来显示氧气瓶和乙炔瓶内气体的压力,并将瓶内高压气体调节成工作需要的低压气体,同时保持输入气体的压力和流量稳定不变。

(4) 回火防止器

在气焊与气割过程中,由于气体供应不足,或管道与焊嘴阻塞等原因,均会导致火焰沿乙炔导管向内逆燃,这种现象称为回火。回火会引起乙炔气瓶或乙炔发生器的爆炸。为了防止这种严重事故的发生,必须在导管与发生器之间装上回火防止器。

(5) 焊炬(焊枪)

焊炬使氧气与乙炔均匀地混合,并能调节其混合比例,以形成适合焊接要求稳定燃烧的火焰,焊炬的外形如图8-18所示。打开焊炬的氧气与乙炔阀门,两种气体便进入混合室内均匀地混合,从焊嘴喷出,点火燃烧。焊嘴可根据不同焊件而调换。

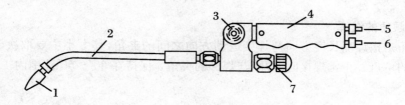

图8-18 焊炬
1—焊嘴;2—混合管;3—乙炔阀;4—把手;5—乙炔;6—氧气;7—氧气阀

(6) 割炬

割炬与焊炬相比,多一个切割氧气的开关及通道。割炬的作用是将可燃气体与氧气按一定的方式和比例混合后,形成稳定燃烧并具有一定热能和形状的预热火焰,并在预热火焰的中心喷射切割氧气流进行切割,如图8-19所示。

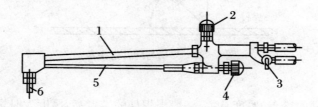

图8-19 割炬
1—气割氧气管;2—气割氧气阀门;3—乙炔阀门;4—预热氧阀门;5—混合气体管;6—割嘴

(7) 胶管

胶管是用来输送氧气和乙炔的,要求有适当长度(不能短于5 m)和承受一定的压力。氧气管为红色,允许工作压力为1.5 MPa,乙炔管为黑色,允许工作压力为0.5 MPa。

8.3.3 气焊工艺

1. 气焊接头、坡口

气焊时主要采用对接接头,而角接接头和卷边接头只是在焊薄板时使用,搭接接头和T型接头很少采用。在对接接头中,当焊件厚度小于5 mm时,可以不开坡口,只留0.5~1.5 mm的间隙,厚度大于5 mm时必须开坡口。坡口的形式、角度、间隙及钝边等与焊条电弧焊基本相同。

2. 焊条直径的选择

气焊的焊丝直径主要根据焊件的厚度和坡口形式来决定。低碳钢气焊时,一般用直径为1~6 mm的焊丝。板愈厚,直径也愈大。

气焊为了去除焊接过程中产生的氧化物,保护焊接熔池,改善熔池金属流动性和焊缝成形质量等目的,在焊接过程中,添加助熔剂(气焊粉)。除低碳钢不必使用气焊粉外,其他材料气焊时,应采用相应的气焊粉,例如,F101(粉101)用于不锈钢、耐热钢,F201(粉201)用于铸铁,F301(粉301)用于铜及铜合金,F401(粉401)用于铝合金。

3. 氧气压力与乙炔压力

气焊氧气压力一般根据焊炬型号选择,通常取 0.2～0.4 MPa;乙炔压力一般不超过0.15 MPa。

4. 焊嘴倾角的选择

焊嘴倾角是指焊嘴长度方向与焊接运动方向之间的夹角,其大小主要取决于焊件厚度和金属材料的熔点。正常焊接时,焊嘴与焊件的夹角 α 保持在30°～50°范围内。如图 8-20 所示。

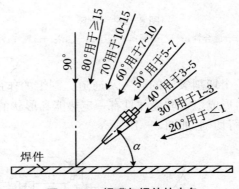

图 8-20　焊嘴与焊件的夹角

5. 焊接速度

焊接速度与焊件的熔点、厚度有关,一般当焊件的熔点高、厚度大时焊接速度应慢些。

8.3.4　气焊基本操作

1. 点火

点火前应先用氧气阀门吹除气道中灰尘、杂质,再微开氧气阀门,后打开乙炔阀门,最后点火。这时的火焰是碳化焰。

2. 调节火焰

点火后,逐渐打开氧气阀门,将碳化焰调整为中性焰,同时,按需要把火焰大小调整为合适状态。

3. 灭火

灭火时,应先关乙炔阀门,后关氧气阀门。

4. 回火

焊接中若出现回火现象,首先应迅速关闭乙炔阀门,再关氧气阀门,回火熄灭后,用氧气吹除气道中烟灰,再点火使用。

5. 施焊

施焊时,左手握焊丝,右手握焊炬,沿焊缝向左或向右进行焊接。

8.3.5 气割基本操作方法

气割是用预热火焰把金属表面加热到燃点,然后打开切割氧气,使金属氧化燃烧放出巨热,同时,将燃烧生成的氧化熔渣从切口吹掉,从而实现金属切割的工艺。气割要获得平整优质的割缝,要求金属材料的燃点必须低于其熔点。否则,切割变为熔割使割口过宽且不整齐;燃烧生成的金属氧化物的熔点应低于金属本身的熔点,这样熔渣具有一定的流动性,便于高压氧气流吹掉;金属在氧气中燃烧时所产生的热量应大于金属本身由于热传导而散失的热量,这样才能保证有足够高的预热温度,使切割过程不断地进行。

气割具有设备简单、操作方便、切割厚度范围广等优点,广泛应用于碳钢和低合金钢的切割。除用于钢板下料外,还用于铸钢、锻钢件毛坯的切割。

8.4 其他焊接方法

8.4.1 埋弧自动焊

埋弧自动焊是将焊条电弧焊的操作动作由机械自动来完成,是电弧在焊剂层下燃烧的一种熔焊方法。焊接电源两极分别接在导电嘴和工件上,熔剂由漏斗管流出,覆盖在工件上,焊丝经送丝轮和导电嘴送入焊接电弧区,焊丝末端在焊剂下与工件之间产生电弧,电弧热使焊丝、工件、熔剂熔化,形成熔池。如图 8-21 所示。

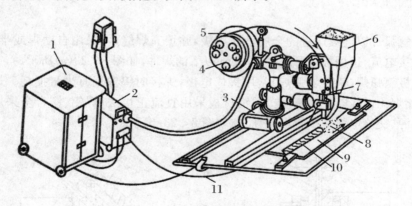

图 8-21 埋弧自动焊
1—焊接电源;2—控制箱;3—焊接小车;4—操纵盘;5—焊丝盘;
6—焊剂斗;7—焊丝;8—焊剂;9—焊件;10—焊缝;11—焊接电缆

埋弧自动焊具有生产率高、焊接质量高而稳定、节省金属和电能、劳动条件好、无弧光、无烟雾、机械操作等优点,但适应性较差。埋弧焊适用于造船、车辆、容器等非合金钢、低合金高强度钢焊接,也可用于焊接不锈钢及紫铜等。适合于大批量焊接较厚的大型结构件的直线焊缝和大直径环形焊缝。

8.4.2 二氧化碳气体保护焊

二氧化碳气体保护焊分为自动和半自动焊,用二氧化碳气体从喷嘴喷出保护熔池,利用电弧热熔化金属,焊丝由送丝轮经导电嘴送进。如图 8-22 所示。

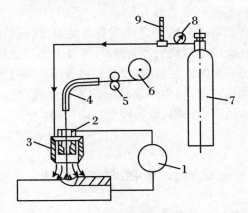

图 8-22 二氧化碳气体保护焊
1—焊接电源;2—导电嘴;3—焊炬喷嘴;4—送丝软管;5—送丝机构;
6—焊丝盘;7—CO_2 气瓶;8—减压器;9—流量计

二氧化碳气体保护焊具有生产率高、焊接质量好、成本低、操作性能好等优点,但飞溅大、烟雾大、易产生气孔、设备贵。二氧化碳气体保护焊适用于机车、造船、机械化工等。

8.4.3 氩弧焊

熔化极氩弧焊以连续送进的金属丝作电极,并填充焊缝,可采用自动焊或半自动焊,可选较大的焊接电流,适用板材厚度在 25 mm 以下的焊件,如图 8-23(a)所示。

不熔化极氩弧焊(钨极氩弧焊)常用钨棒电极,焊接时钨棒仅有少量损耗。焊接电流不能过大,只能焊 4 mm 以下的薄板。焊钢材板采用直流正接法;焊铝、镁合金采用直流反接法或交流电源(交流电将减少钨极损耗)。如图 8-23(b)所示。

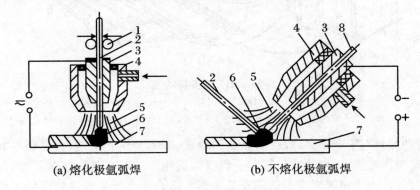

(a) 熔化极氩弧焊　　　　(b) 不熔化极氩弧焊

图 8-23 氩弧焊
1—送丝轮;2—焊丝;3—导电嘴;4—喷嘴;5—保护气体;6—电弧;7—母材;8—钨极

氩弧焊具有保护作用好、热影响区小、操作性能好等优点,但氩气成本高、设备贵。几乎可以用于所有钢材和非铁金属及其合金。通常多用于在焊接过程中易氧化的铝、镁、钛及其合金,不锈钢,耐热合金等。

8.4.4 电渣焊

电渣焊是利用电流通过熔渣所产生的电阻热作为热源来熔化金属进行焊接的。它生产效率高,成本低,省电,省熔剂,焊缝缺陷少,不易产生气孔、夹渣和裂纹等缺陷。适用于 40 mm 以上厚度的结构焊接。如图 8-24 所示。

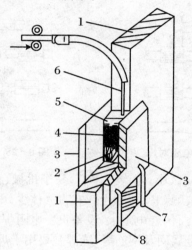

图 8-24 电渣焊
1—焊件;2—焊缝;3—冷却铜滑块;4—熔池;5—渣池;6—焊丝;7、8—冷却水进、出口

8.4.5 电阻焊

利用电流通过焊件及接触处,产生电阻热,将局部加热到塑性或半熔化状态,在压力下形成接头。电阻焊根据接头形式不同可分为点焊、缝焊、对焊。

点焊是把清理好的薄板放在两电极之间,夹紧通电,接触面产生电阻热,而使其熔化,在压力下使焊件连接在一起。电极通水冷却。点焊质量与焊接电流、通电时间、电极电压、工件清洁程度有关。相邻两点要有足够的距离。如图 8-25 所示。

缝焊与点焊相似,称为重叠点焊,用旋转盘状电极代替柱状电极,焊接时滚盘压紧工件并转动,继续通电,形成连续焊点。如图 8-26 所示。

对焊有电阻对焊和闪光对焊。电阻对焊是把工件加压,使焊件压紧,然后通电,产生电阻热,加热至塑性状态,断电加压,使工件焊到一起。电阻对焊操作简便,接头光滑,接头要清理,适于要求不高的一些工件,如图 8-27 所示。闪光对焊采用点接触,点熔化,在电磁力作用下,液体金属发生爆炸,产生闪光,送进工件全部熔化,断电加压使金属工件焊到一起。闪光对焊热影响区小,质量好,适于直径小于 20 mm 的棒料。如图 8-28 所示。

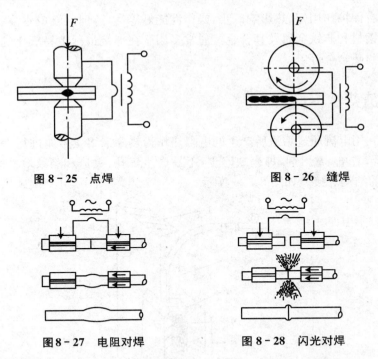

图 8-25 点焊　　　图 8-26 缝焊

图 8-27 电阻对焊　　　图 8-28 闪光对焊

电阻焊接头质量好,热影响区小;生产效率高,易于机械自动化;不需添加金属和焊剂;劳动条件好,焊接过程中无弧光,噪音小,烟尘和有害气体少;电阻焊件结构简单,重量轻,气密性好,易于获得形状复杂的零件;耗电量大,设备贵。电阻焊应用广泛,点焊主要用于厚度小于 4 mm 的薄板冲压结构、金属网及钢筋等;缝焊主要用于焊缝较规则、板厚小于 3 mm 的密封结构;对焊主要用于制造封闭形零件。

8.4.6　钎焊

1. 硬钎焊

使用硬钎料,钎料熔点在 450 ℃ 以上的钎焊称为硬钎焊,其焊接强度大约为 300～500 MPa。硬钎焊的钎料有铜基、铝基、银基、镍基钎料等,常用的是铜基。焊接时需要加钎剂,常用的钎剂由硼砂、硼酸、氯化物、氟化物等组成。硬钎焊的加热可采用氧—乙炔火焰加热、电阻加热、炉内加热等,硬钎焊适合于焊接受力较大的钢铁件、铜合金件等。

2. 软钎焊

使用软钎料,钎料熔点在 450 ℃ 以下的钎焊称为软钎焊,其焊接强度一般不超过 470 MPa。属于软钎焊的钎料有锡铅钎料、锡银钎料、铅基钎料、镉基钎料等,常用的是锡铅钎料。所用钎剂为松香、酒精溶液、氯化锌或氯化锌加氯化铵水溶液。钎焊时可用铬铁、喷灯或炉子加热焊件。软钎焊常用于焊接受力不大的电子线路及元器件。

8.5 常用金属材料焊接知识

8.5.1 金属材料的焊接性

金属材料的焊接性是指金属材料的使用性和工艺性,是金属材料在特定加工条件下焊接成规定要求的结构所具有的能力。其中,使用性指焊接接头在使用过程中的可靠性,包括力学性能、耐腐蚀性及耐热性等;工艺性是指在一定工艺条件下焊接时,焊接接头产生工艺缺陷的敏感程度,尤其是出现裂纹的可能性。

金属材料的焊接性常用碳当量评定,碳当量是指把钢中的合金元素(包括碳)含量按其作用换算成碳的相当含量的总和。碳当量用下式表示:

$$C_E = w_C + w_{Mn}/6 + (w_{Cr} + w_{Mo} + w_V)/5 + (w_{Ni} + w_{Cu})/15$$

根据经验,当钢的碳当量 $C_E < 0.4\%$ 时,淬硬倾向小,焊接性良好,焊接时不需预热;当钢的碳当量 $C_E = 0.4\% \sim 0.6\%$ 时,淬硬倾向较大,焊接性较差,焊接时一般需要预热;当钢的碳当量 $C_E > 0.6\%$ 时,淬硬倾向严重,焊接性差,焊接时需要较高的预热温度和采取严格的工艺措施。

8.5.2 常用金属材料的焊接

1. 低碳钢的焊接

含碳量小于 0.25% 的低碳钢焊接性优良。焊接时,不需采用特殊的工艺措施,就能获得优质的焊接接头。但在低温下焊接刚度较大的构件时,焊前应适当预热。对重要构件,焊后常进行去应力退火或正火。几乎所有的焊接方法都可用来焊接低碳钢,并能获得优良的焊接接头。应用最多的是焊条电弧焊,还可以采用埋弧自动焊、电渣焊、气体保护焊和电阻焊。

2. 中碳钢的焊接

中碳钢的含碳量较高,焊接接头易产生淬硬组织和冷裂纹,焊接性较差。焊接这类钢常用焊条电弧焊,焊前应预热工件,选用抗裂性能好的低氢型焊条,焊接时,采用细焊条、小电流、开坡口、多层焊,尽量防止含碳量高的母材过多地熔入焊缝。焊后缓冷,以防产生冷裂纹。

3. 高碳钢的焊接

高碳钢的含碳量大于 0.60%,焊接特点与中碳钢基本相似,但焊接性更差。这类钢一般不用来制作焊接结构,仅用焊接进行修补工作。常采用焊条电弧焊或气焊修补,焊前一般应预热,焊后缓冷。

4. 低合金钢的焊接

低合金钢的焊接由于化学成分不同,其焊接性也不同。对于低合金钢的屈服点等级在 400 MPa 以下,碳当量 $C_E < 0.4\%$ 时,其焊接性优良,焊接过程中不需要采用特殊的工艺措施。但在焊件刚度和厚度较大,或在低温下焊接时,需要适当增大焊接电流、减慢焊接速度及焊前预热;对于屈服点等级在 400 MPa 以上,碳当量 $C_E > 0.4\%$ 时,淬硬倾向较大,其焊接性较差，一般焊前需预热，焊后还要及时进行热处理，以消除焊接应力。

5. 不锈钢的焊接

奥氏体不锈钢中应用最广的是 1Cr18Ni9 钢。这类钢焊接性良好，焊接时，一般不需采取特殊工艺措施，常用焊条电弧焊和钨极氩弧焊进行焊接，也可用埋弧自动焊。焊条电弧焊时，选用与母材化学成分相同的焊条；氩弧焊和埋弧自动焊时，选用的焊丝应保证焊缝化学成分与母材相同。

焊接奥氏体不锈钢的主要问题是晶界腐蚀和热裂纹。为防止腐蚀，应合理选择母材和焊接材料，采用小电流、快速焊、强制冷却等措施。为防止热裂纹，应严格控制磷、硫等杂质的含量。焊接时应采用小电流、焊条不摆动等工艺措施。马氏体不锈钢焊接性较差，焊接接头易出现冷裂纹和淬硬倾向。一般焊前需预热，焊后还要及时进行热处理，以消除焊接应力。铁素体不锈钢焊接时，过热区晶粒容易长大，引起脆化和裂纹。通常在 150 ℃ 以下预热，减少高温停留时间，减少晶粒长倾向。

6. 铸铁的补焊

铸铁含碳量高、杂质多、塑性低、焊接性差，故只用焊接来修补铸铁件缺陷和修理局部损坏的零件。补焊铸铁易出现白口组织和产生裂纹。因此，补焊时必须采用严格的措施，一般是焊前预热焊后缓冷，以及通过调整焊缝化学成分等方法来防止白口组织及裂纹的产生。目前，补焊铸铁方法有热焊和冷焊两种。热焊焊前将工件整体或局部预热到 600~700 ℃，补焊过程中温度不低于 400 ℃，焊后缓冷，常用的焊接方法是气焊与焊条电弧焊。冷焊焊前对工件不预热或预热温度较低，常用焊条电弧焊进行铸铁冷焊。

7. 铝及铝合金的焊接

焊接铝及铝合金的主要问题是易氧化和产生气孔。铝极易被氧化，生成难熔、致密的氧化铝薄膜，且密度比铝大，焊接时，氧化铝薄膜阻碍金属熔合，并易形成夹杂使铝件脆化。液态铝能大量溶解氢，铝的热导性好，焊缝冷凝较快，故氢气来不及逸出而形成气孔。此外，铝及铝合金由固态加热至液态时无明显的颜色变化，故难以掌握加热温度，易烧穿工件。焊接铝及其合金常用的方法有氩弧焊、电阻焊、钎焊和气焊。氩弧焊时，由于氩气保护效果好，故焊缝质量好，成形美观，焊接变形小，接头耐蚀性好。为保证焊接质量，焊前应严格清洗工件和焊丝，并使其干燥。氩弧焊多用于焊接质量要求高的构件，所用的焊丝成分应与工件成分相同或相近。电阻焊焊接铝及铝合金时，焊前必须清除工件表面的氧化膜，焊接时应采用大电流。对焊接质量要求不高的铝及铝合金构件，可采用气焊，焊前须清除工件表面氧化膜，选用与母材化学成分相同的焊丝。

8. 铜及铜合金的焊接

铜和铜合金的焊接性较差，主要的问题是难熔合、易变形、产生热裂纹和气孔。铜和某些铜合金的导热系数大（比钢大 7~11 倍），焊接时热量传散快，使母材与填充金属难以熔合。因此，要采用大功率热源，且焊前和焊接过程中要预热；铜的线膨胀系数和收缩率比较大，而且铜及大多数铜合金导热能力强，使热影响区加宽，导致产生较大的焊接变形；铜在液态时易氧化，生成的 Cu_2O 与 Cu 形成低熔点脆性共晶体，其共晶温度为 1065 ℃，低于铜的熔点（1083 ℃），使焊缝易产生热裂纹；铜液能溶解大量氢气，凝固时溶解度急剧下降，又因铜的导热能力强，熔池冷凝快，若氢气来不及逸出，将在焊缝中形成气孔。

焊接紫铜时，因焊缝含有杂质及合金元素，组织不致密等，使接头电导性也有所降低。焊接黄铜时，锌易氧化和蒸发（锌的沸点为 907 ℃），使焊缝的力学性能和耐蚀性能降低，且对人体有害,焊接时应加强通风等措施。

焊接铜及铜合金常用的方法有氩弧焊、气焊、焊条电弧焊、埋弧焊和钎焊等。钨极氩弧焊和气焊主要用于焊接薄板(厚度为 1~4 mm)。焊接板厚为 5 mm 以上的较长焊缝时,宜采用埋弧焊和熔化极氩弧焊。焊接铜及铜合金时,一般采用与母材成分相同的焊丝。

9. 不锈钢与碳素钢的焊接

不锈钢与碳素钢的焊接特点与不锈钢复合板相似。在碳钢一侧若合金元素渗入,会使金属硬度增加,塑性降低,易导致裂纹的产生。在不锈钢一侧,则会导致焊缝合金成分稀释而降低焊缝金属的塑性和耐腐蚀性,对于要求不高的不锈钢与碳素钢焊接接头,可用一般不锈钢焊条进行焊接。为了使焊缝金属获得双相组织(奥氏体+铁素体),提高其抗裂性和力学性能,可采用高铬镍焊条进行焊接。也可以采用隔离层焊接。先在碳钢的坡口边缘堆焊一层高铬镍焊条的堆敷层,再用一般的不锈钢焊条焊接。

10. 铸铁与低碳钢的焊接

采用气焊焊接时,因铸铁的熔点低,为了使铸铁和低碳钢在焊接时能同时熔化,则必须对低碳钢进行焊前预热,焊接时气焊火焰要偏向低碳钢一侧。焊接时选用铸铁焊丝和焊粉,使焊缝能获得灰铸铁组织,火焰应是中性焰或轻微的碳化焰。焊后可继续加热焊缝或用保温方法使之缓慢冷却。

铸铁与低碳钢电弧焊时,可用碳钢焊条或铸铁焊条。用碳钢焊条时,可先在铸铁件坡口上用镍基焊条堆焊 4~5 mm 隔离层,冷却后再进行装配点焊。焊接时,每焊 30~40 mm 后,用锤击焊缝,以消除应力。当焊缝冷却到 70~80 ℃时再继续焊接。对要求不高的焊件可用 J422 焊条,但易产生热裂纹。若用 J506 焊接,可以减少焊缝的热裂倾向。用碳钢焊条焊接,可以得到碳钢组织的焊缝金属,只是在堆焊层有白口组织。当用铸铁焊条焊接时,可用钢芯石墨型焊条 Z208、钢芯铸铁焊条 Z100 等。用 Z208 焊条焊接,焊缝金属为灰铸铁,因此可先在低碳钢上堆焊一层,然后与铸铁点固焊接。用 Z100 焊条焊接时,焊缝金属是碳钢组织,应在铸铁件上先堆焊一层,然后再与碳钢件点固焊接。

铸铁与低碳钢钎焊时,用氧—乙炔火焰加热,用黄铜丝作钎料。钎焊的优点是焊件本身不熔化,熔合区不会产生白口组织,接头能达到铸铁的强度,并具有良好的切削加工性能。焊接时热应力小,不易产生裂纹。钎焊的缺点是黄铜丝价格高及铜渗入母材晶界处造成脆性。钎焊的钎剂可用硼砂或硼砂加硼酸的混合物。焊前坡口要清理干净,用氧化焰可以提高钎焊强度及减少锌的蒸发。为了减少焊接时造成的应力,焊接长焊缝时宜分段施焊。每段以 80 mm 为宜。第一段填满后待温度下降到 300 ℃以下时,再焊第二段。

8.6 焊接结构工艺性

8.6.1 焊接结构材料的选择

焊接结构材料在满足工作性能要求的前提下,应优先考虑选择焊接性较好的。低碳钢和碳当量小于 0.4%的低合金钢都具有良好的焊接性,设计中应尽量选用;含碳量大于 0.4%的碳钢、碳当量大于 0.4%的合金钢,焊接性不好,设计时一般不宜选用,若必须选用,应在设强度等级较高的低合金结构钢，焊接性能虽然差些，但只要采取合适的焊接材料与工艺，也能获得满意的焊接接头，设计强度要求高的重要结构可以选用。强度等级低的合金结构钢，焊接性与低碳钢基本相同，钢材价格也不贵，而强度却能显著提高，条件允许时应优先选用。

镇静钢脱氧完全，组织致密，质量较高，重要的焊接结构应选用之。沸腾钢含氧量较高，组织成分不均匀，焊接时易产生裂纹。厚板焊接时还可能出现层状撕裂。因此不宜用作承受动载荷或严寒下工作的重要焊接结构件以及盛装易燃、有毒介质的压力容器。

异种金属的焊接，必须特别注意它们的焊接性及其差异。一般要求接头强度不低于被焊钢材中的强度较低者，并应在设计中对焊接工艺提出要求，按焊接性较差的钢种采取措施，如预热或焊后热处理等。对不能用熔焊方法获得满意接头的异种金属应尽量不选用。

8.6.2 焊缝布置的原则

1. 焊缝布置应尽可能分散

避免过分集中和交叉，焊缝密集或交叉会加大热影响区，使组织恶化，性能下降。两焊缝间距一般要求大于三倍板厚，如图 8-29 所示。

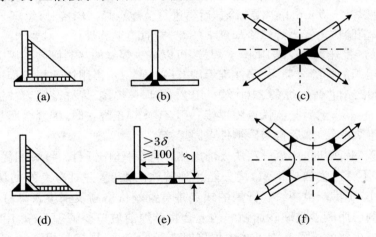

图 8-29 焊缝分散布置的设计
(a)、(b)、(c)不合理；(d)、(e)、(f)合理

2. 焊缝应避开最大应力和应力集中部位

焊接接头往往是焊接结构的薄弱环节，存在残余应力和焊接缺陷。因此，焊缝应避开应力较大部位，尤其是应力集中部位。如焊接钢梁焊缝不应在梁的中间，而应如图 8-30(d)所示均分；压力容器一般不用无折边封头，而应采用碟形封头等，如图 8-30(e)所示。

3. 焊缝布置应尽可能对称

焊缝对称布置可使焊接变形相互抵消，偏于截面重心一侧，焊后会产生较大的弯曲变形，如图 8-31 所示。

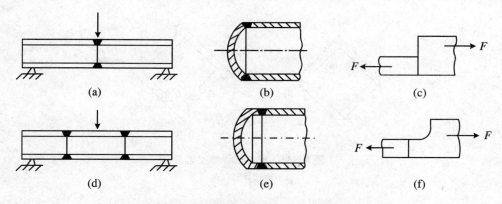

图 8-30 焊缝应避开最大应力和应力集中部位
(a)、(b)、(c)不合理；(d)、(e)、(f)合理

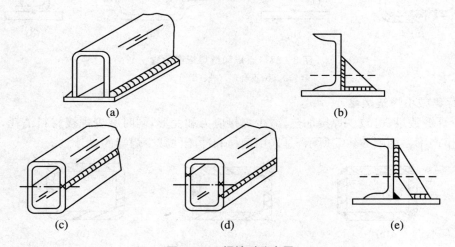

图 8-31 焊缝对称布置
(a)、(b)不合理；(c)、(d)、(e)合理

4. 焊缝布置应便于焊接操作

手工电弧焊时，要考虑焊条能到达待焊部位，如图 8-32 所示。埋弧焊时，应考虑焊剂能方便进入待焊位置，如图 8-33 所示。点焊和缝焊时，应考虑电极能方便进入待焊位置，如图 8-34 所示。

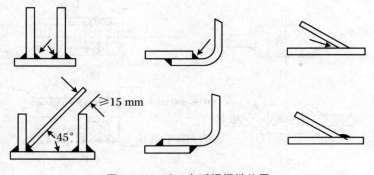

图 8-32 手工电弧焊焊缝位置

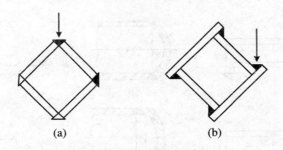

图 8-33 埋弧焊焊缝位置
(a)不合理；(b)合理

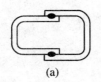 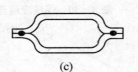

图 8-34 点焊和缝焊焊缝位置
(a)、(b)不合理；(c)、(d)合理

5. 尽量减小焊缝数量

减少焊缝数量，可减少焊接加热，减少焊接应力和变形，同时减少焊接材料消耗，降低成本，提高生产率。如图 8-35 所示，是采用型材和冲压件减少焊缝的设计。

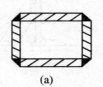

图 8-35 减少焊缝数量
(a)不合理；(b)、(c)合理

6. 焊缝应尽量避开机械加工表面

有些焊接结构需要进行机械加工，为保证加工表面精度不受影响，焊缝应避开这些加工表面，如图 8-36 所示。

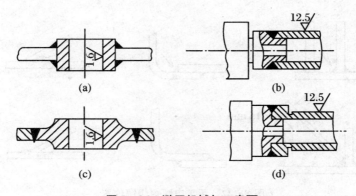

图 8-36 避开机械加工表面
(a)、(b)不合理；(c)、(d)合理

8.7 焊接应力和变形

8.7.1 焊接变形产生的原因

在焊接过程中,焊件受到局部的、不均匀的加热和冷却,由于焊件本身是一个整体,各部位是互相联系、互相制约的,不能自由地伸长和缩短,这就使焊体在焊接过程中产生应力而变形。

8.7.2 焊接变形的种类

焊接变形主要有收缩变形、角变形、弯曲变形、扭曲变形、波浪变形、错边变形,其基本形式和产生原因见表8-7。

表8-7 焊接变形的种类及产生原因

焊接变形	焊接变形基本形式	产生原因
收缩变形		焊接后纵向(沿焊缝方向)和横向(垂直于焊接方向)收缩引起
角变形		V形坡口对接焊后,由于焊缝截面形状上下不对称,焊缝收缩不均所致
弯曲变形		焊接T形梁时,由于焊缝布置不对称,焊缝纵向收缩引起
扭曲变形		焊接工字梁时,由于焊接顺序和焊接方向不合理所致
波浪形变形		焊接薄板时,由于焊缝收缩使薄板局部产生较大压应力而失去稳定所致
错边变形		装配质量不高或焊接本身所造成,构件厚度方向和长度方向不在一个平面上

8.7.3 控制焊接变形的工艺措施

1. 选择合理的焊装顺序

采用合理的焊装顺序,对于控制焊接残余变形尤为重要。可将结构总装后再进行焊接,以达到控制变形的目的。

2. 选择合理的焊接顺序

对于不对称焊缝,先焊焊缝少的一侧,后焊焊缝多的一侧,后焊的变形可以抵消前一侧的变形,使总体变形减小,如图 8-37(a)所示。随着结构刚性的不断提高,一般先焊的焊缝容易使结构产生变形,这样,即使焊缝对称的结构,焊后也还会出现变形的现象,所以当结构具有对称布置的焊缝时,应尽量采用对称焊接,如图 8-37(b)所示。对于重要结构的工字梁,要采用特殊的焊接顺序,如图 8-37(c)所示。

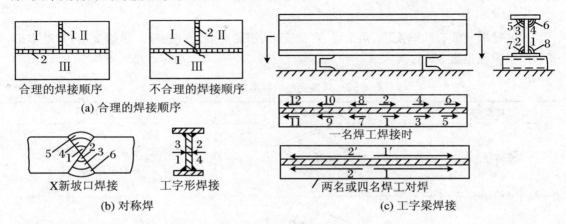

图 8-37 避开机械加工表面

3. 选择合理的焊接方法

长焊缝焊接时,直通焊变形最大,从中段向两端施焊变形有所减少,从中段向两端逐步退焊法变形最小,采用逐步跳焊也可以减少变形,如图 8-38 所示。

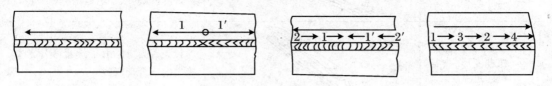

图 8-38 合理的焊接方法

4. 反变形法

为了抵消焊接变形,焊前先将焊件与焊接变形相反的方向进行人为的变形,这种方法叫反变形法。例如,为了防止对接接头的角变形,可以预先将焊接处垫高,如图 8-39 所示。

5. 刚性固定法

焊前对焊件采用外加刚性拘束,强制焊件在焊接时不能自由变形,这种防止变形的方法叫刚性固定法。例如在焊接法兰盘时,将两个法兰盘背对背地固定起来,可以有效地减少角变形,如图 8-40 所示。应当指出,焊接后,去掉外加刚性拘束,焊件上仍会残留一些变形,不过要比没有拘束时小得多。

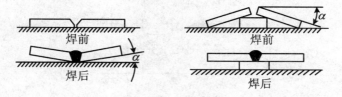

图 8-39 平板对接时的反变形法

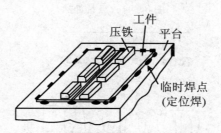

图 8-40 刚性固定防止法兰角变形

此外，焊接不对称的细长杆件往往可以选用适当的线能量，而不用任何变形或刚性固定克服弯曲变形。采用散热法，强制散走焊接区的热量，使受热面积大为减少，从而达到减少变形的目的。也可以利用焊件本身的自重来预防弯曲变形。

8.7.4 焊接变形的矫正方法

1. 机械矫正法

利用机械力的作用来矫正变形。对于低碳钢结构，可在焊后直接应用此法矫正；对于一般合金钢的焊接结构，焊后必须先消除应力，然后才能机械矫正，否则不仅矫正困难，而且容易产生断裂。

2. 火焰加热矫正法

利用火焰局部加热时产生的塑性变形，使较长的焊件在冷却后收缩，以达到矫正变形的目的。采用氧—乙炔焰或其他可燃气体火焰。这种方法设备简单，但矫正难度很大。正确地把握火焰加热的温度，采用适当的火焰加热方式，能够达到矫正变形的目的。

(1) 点状加热

点状加热的加热区为一圆点，根据结构特点和变形情况，可以加热一点或多点。多点加热常用梅花式，如图 8-41 所示。厚板加热点直径 d 要大些，一般不得小于 15 mm。变形量越大，点与点之间距离 a 就越小，通常 a 在 50~100 mm 之间。

(2) 线状加热

线状加热的火焰沿直线方向移动，或者在宽度方向做横向移动，称为线状加热。各种线状加热的形式，如图 8-42 所示。加热的横向收缩大于纵向收缩。横向收缩随加热线的宽度增加而增加。加热线的宽度应为钢板厚度的 0.5~2 倍左右。线状加热多用于变形量较大的结构，有时也用于厚板变形矫正。

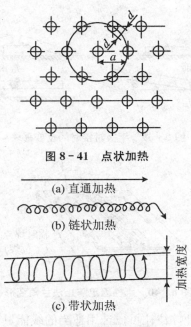

图 8-41 点状加热

图 8-42 线状加热

（3）三角形加热

三角形加热的加热区域为三角形，三角形的底边应在被矫正钢板的边缘，顶端朝内，如图 8-43 所示。三角形加热的面积较大，因而收缩量也比较大，常用于厚度较大、刚性较强焊件弯曲变形的矫正。

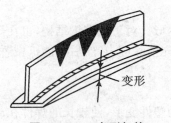

图 8-43 三角形加热

8.8 焊缝结构和焊接质量

8.8.1 焊缝结构

焊接后形成的焊缝结构是比较复杂的，分析焊缝结构是检测焊接质量的重要内容。高质量的焊缝应具有符合标准的焊缝形状和尺寸。

1. 焊缝宽度

焊缝表面与母材的交界处叫焊趾。单道焊缝横截面中，两焊趾之间的距离叫焊缝宽度。如图 8-44 所示。

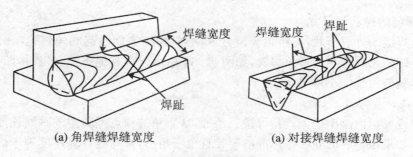

图 8-44 焊缝宽度

2. 余高

对接焊缝中,超出表面焊趾连线上面的那部分焊缝金属的高度叫余高。如图 8-45 所示。余高使焊缝的截面积增加,强度提高,并能增加 X 射线摄片的灵敏度,但易使焊趾处产生应力集中。所以余高既不能低于母材,也不能太高。国家标准规定手弧焊的余高值为 0~3 mm,埋弧自动焊余高值取 0~4 mm。

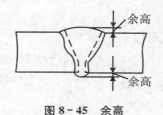

图 8-45 余高

3. 熔深

在焊接接头横截面上,母材熔化的深度叫熔深,如图 8-46 所示。当填充金属材料(焊条或焊丝)一定时,熔深的大小决定了焊缝的化学成分。

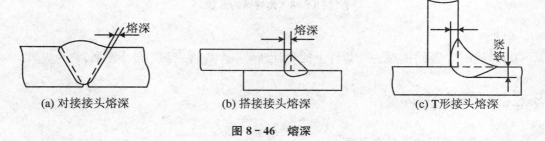

图 8-46 熔深

4. 焊缝厚度

在焊缝横截面中,从焊缝正面到焊缝背面的距离叫焊缝厚度,如图 8-47 所示。

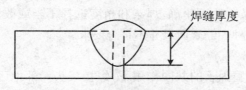

图 8-47 对接焊缝的焊缝厚度

5. 角焊缝的形状和尺寸

根据角焊缝的外表形状,可将角焊缝分成两类:焊缝表面凸起的角焊缝叫凸形角焊缝;焊缝表面小凹的角焊缝叫凹形角焊缝,如图 8-48 所示。在其他条件一定时,凹形角焊缝要比凸形角焊缝应力集中小得多。

(1) 焊缝计算厚度

在角焊缝断面内画出最大直角等腰三角形,从直角的顶点到斜边的垂线长度,称为焊缝计算厚度。如果角焊缝的断面是标准的等腰直角三角形,则焊缝计算厚度等于焊缝厚度,在凸形或凹形角焊缝中,焊缝计算厚度均小于焊缝厚度。

(2) 焊缝凸度

凸形角焊缝横截面中,焊趾连线与焊缝表面之间的最大距离,称为焊缝凸度。如图 8-48(a)所示。

(3) 焊缝凹度

凹形角焊缝横截面中,焊趾连线与焊缝表面之间的最大距离,称为焊缝凹度。如图 8-48(b)所示。

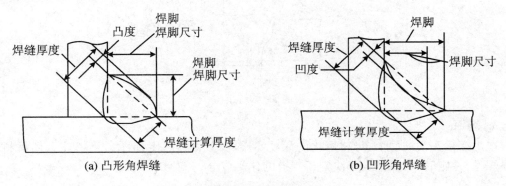

(a) 凸形角焊缝　　(b) 凹形角焊缝

图 8-48　角焊缝的形状

(4) 焊脚

角焊缝的横截面中,从一个焊件上的焊趾到另一个焊件表面的最小距离,称为焊脚。

8.8.2　焊接缺陷

1. 焊缝表面尺寸不符合要求

焊缝表面高低不平、焊缝宽窄不齐、尺寸过大或过小、角焊缝单边以及焊脚尺寸不符合要求,均属于焊缝表面尺寸不符合要求,如图 8-49 所示。焊件坡口角度不对,装配间隙不均匀,焊接速度不当或运条手法不正确,焊条和角度选择不当或改变,加上埋弧焊焊接工艺选择不正确等都会造成该种焊缝表面尺寸不符合要求。

2. 焊接裂纹

在焊接应力及其他致脆因素的共同作用下,焊接接头局部地区的金属原子结合力遭到破坏而形成的新界面所产生的缝隙叫焊接裂纹。它具有尖锐的缺口和大的长宽比特征。焊接过程中,焊缝和热影响区金属冷却到固相线附近的高温区产生的焊接裂缝叫热裂纹。如图 8-50 所示。由于熔池冷却结晶时,受到的拉应力作用,而凝固时,低熔点共晶体形成的液态薄层共同作用的结果。增大任何一方面的作用,都能促使形成热裂纹。可以通过控制焊缝中有害杂质的含量、降低冷却速度、控制焊缝形状等方法预防热裂纹。焊接接头冷却到较低温度时,产生的焊接裂纹叫冷裂纹。主要发生在中碳钢、低合金和中合金高强度钢中。原因是焊材本身具有较大的淬硬倾向,焊接熔池中溶解了多量的氢,以及焊接接头在焊接过程中产生了较大的拘束应力。可以通过烘干焊条、焊前预热、采用低氢型碱性焊条、增加焊接电流、减慢焊接速度等方法预防冷裂纹。

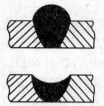
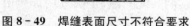

图 8-49　焊缝表面尺寸不符合要求

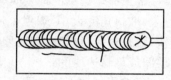

图 8-50　焊接裂纹

3. 层状撕裂

焊接时焊接构件中沿钢板轧层形成的阶梯状的裂纹叫层状撕裂,如图 8-51 所示。产生层状撕裂的原因是轧制钢板中存在着硫化物、氧化物和硅酸盐等非金属夹杂物,在垂直于厚度方向的焊接应力作用下(图中箭头),在夹杂物的边缘产生应力集中,当应力超过一定数值时,某些部位的夹杂物首先开裂并扩展,以后这种开裂在各层之间相继发生,连成一体,形成层状撕裂的阶梯形。防止层状撕裂的措施是严格控制钢材的含硫量,在与焊缝相连接的钢材表面预先堆焊几层低强度焊缝和采用强度级别较低的焊接材料。

4. 气孔

焊接时,熔池中的气泡在凝固时未能逸出,残存下来形成的空穴叫气孔,如图 8-52 所示。产生气孔的原因很多,铁锈和水分带来大量的氢,造成气孔;埋弧焊时由于焊缝大,焊缝厚度深,气体从熔池中逸出困难,生成气孔;采用未经很好烘干的焊条进行焊接时,使用交流电源,焊缝最易出现气孔;碱性焊条对铁锈和水分很敏感,十分容易产生气孔。可以通过清除焊件表面上的铁锈等污物、烘干焊条、采用合适的焊接工艺参数等等方法预防气孔产生。

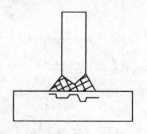

图 8-51　层状撕裂

图 8-52　气孔

5. 咬边

由于焊接参数选择不当,或操作工艺不正确,沿焊趾的母材部位产生的沟槽或凹陷叫咬边,如图 8-53 所示。焊接工艺参数选择不当、焊接电流太大、电弧太长、运条速度和焊接角度不适当等都可能产生咬边。选择正确的焊接电流及焊接速度,控制电弧长度,采用正确的运条方法和运条角度,均可预防咬边的产生。

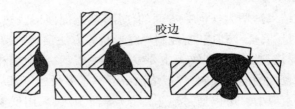

图 8-53 咬边

6. 未焊透

焊接时接头根部未完全熔透的现象叫未焊透,如图 8-54 所示。未焊透产生原因很多,焊缝坡口钝边过大,坡口角度太小,焊根未清理干净,间隙太小;焊条或焊丝角度不正确,电流过小,速度过快,弧长过大;焊接时有磁偏吹现象;电流过大,焊件金属尚未充分加热时,焊条已急剧熔化;层间或母材边缘的铁锈、氧化皮及油污等未清除干净,焊接位置不佳等,均可能造成未焊透。正确选用和加工坡口尺寸、保证必须的装配间隙、正确选用焊接电流和焊接速度等均可预防未焊透。

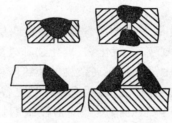

图 8-54 未焊透

7. 未熔合

熔焊时,焊道与母材之间或焊道与焊道之间,未完全熔化结合的部分叫未熔合,如图 8-55 所示。层间清渣不干净、焊接电流太小、焊条偏心、焊条摆动幅度太窄等均会导致产生未熔合。加强层间清渣、正确选择焊接电流、注意焊条摆动等均可预防未熔合。

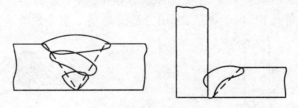

图 8-55 未熔合

8. 塌陷

单面熔化焊时,由于焊接工艺选择不当,造成焊缝金属过量透过背面,而使焊缝正面塌陷、背面凸起的现象叫塌陷,如图 8-56 所示。塌陷往往是由于装配间隙或焊接电流过大造成。

图 8-56 塌陷

9. 夹渣

焊后残留在焊缝中的熔渣叫夹渣，如图8-57所示。焊接电流太小，以致液态金属和熔渣分不清；焊接速度过快，使熔渣来不及浮起；多层焊时，清渣不干净；焊缝成形系数过小以及手弧焊时焊条角度不正确等，均可能产生夹渣。采用具有良好工艺性能的焊条、正确选用焊接电流和运条角度、焊件坡口角度不宜过小、多层焊时认真清渣等方法可预防夹渣。

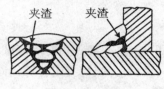

图8-57 夹渣

10. 焊瘤

焊接过程中，熔化金属流淌到焊缝之外未熔化的母材上，所形成的金属瘤叫焊瘤，如图8-58所示。操作不熟练和运条角度不当可能产生焊瘤。提高操作的技术水平、正确选择焊接工艺参数、灵活调整焊条角度、装配间隙不宜过大、严格控制熔池温度等方法可预防焊瘤。

图8-58 焊瘤

11. 凹坑

焊后在焊缝表面或焊缝背面形成的低于母材表面的局部低洼部分叫凹坑，如图8-59所示。背面的凹坑通常叫内凹。凹坑会减少焊缝的工作截面。电弧拉得过长、焊条倾角不当和装配间隙太大等会导致凹坑。

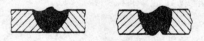

图8-59 凹坑

12. 烧穿

焊接过程中，对焊件加热过甚，熔化金属自坡口背面流出，形成穿孔的缺陷叫烧穿。正确选择焊接电流和焊接速度，严格控制焊件的装配间隙可防止烧穿。另外，还可以采用衬垫、焊剂垫或使用脉冲电流防止烧穿。

13. 夹钨

钨极惰性气体保护焊时，由钨极进入到焊缝中的钨粒叫夹钨。夹钨的性质相当于夹渣。产生的原因主要是焊接电流过大，使钨极端头熔化，焊接过程中钨极与熔池接触以及采用接触短路法引弧等。降低焊接电流、采用高频引弧可防止夹钨。

8.8.3 焊接检验方法

1. 焊接接头破坏性检验

破坏性检验是从焊件上切取试样,或以焊件的整体破坏做试验,以检查其各种力学性能、抗腐蚀性能等的检验方法。

（1）力学性能试验

力学性能试验用在对接接头的检验,一般是指对焊接试板进行拉伸、弯曲、冲击、硬度和疲劳等试验。焊接试样板的材料、坡口形式、焊接工艺等均同于产品的实际情况。

1）拉伸试验

拉伸试验是为了测定焊接接头的抗拉强度、屈服强度、延伸率和断面收缩率等力学性能指标。拉伸试验时,还可以发现试样断口中的某些焊接缺陷。拉伸试样一般有板状试样、圆形试样和整管试样三种。

2）弯曲试验

弯曲试验也叫冷弯试验,是测定焊接接头弯曲时塑性的一种试验方法,也是检验表面质量的一种方法。同时还可以反映出焊接接头各区域的塑性差别,考核焊合区的熔合质量和暴露焊接缺陷。弯曲试验分正弯、背弯和侧弯三种,可根据产品技术条件选定。背弯易于发现焊缝根部缺陷,侧弯能检验焊层与焊件之间的结合强度。

3）硬度试验

硬度试验是为了测定焊接接头各部分（焊缝金属、焊件及热影响区等）的硬度,间接判断材料的焊接性,了解区域偏析和近缝区的淬硬倾向。

4）冲击韧性试验

冲击韧性试验是用来测定焊缝金属或焊件热影响区在受冲击载荷时抵抗折断的能力（韧性）,以及脆性转变温度。

5）疲劳试验

目的是测定焊接接头或焊缝金属在对称交变载荷作用下的持久强度。试样断裂后,观察其断口有无气孔、裂纹、夹渣或其他缺陷。

6）压扁试验

目的是测定管子焊接对接接头的塑性。

（2）焊接接头的金相检验

其目的是检验焊缝、热影响区、母材的金相组织,确定内部缺陷。可分为宏观检验和微观检验两种。宏观检验是在焊接试板上截取试样,经过刨削、打磨、抛光、浸蚀和吹干,用肉眼或低倍放大镜观察,以检验焊缝的金属结构,以及未焊透、夹渣、气孔、裂纹、偏析焊接缺陷等。微观检验是将试样的金相磨片放在显微镜下观察以检验金属的显微组织和缺陷。必要时可把金相组织通过照相制成金相照片。

（3）焊缝金属的化学分析

目的是检验焊缝金属的化学成分。通常用直径为 6 mm 的钻头,从焊缝中或堆焊层上钻取 50～60 g 试样进行检验。碳钢焊缝分析的元素有碳、锰、硅、硫、磷;合金钢或不锈钢焊缝分析铬、钼、钒、铁、镍、铝、铜等元素,必要时,还要分析焊缝中的氢、氧或氮的含量。

(4) 腐蚀试验

目的是确定在给定条件下,金属抵抗腐蚀的能力,估计其使用寿命,分析引起腐蚀的原因,找出防止或延缓腐蚀的方法。接头的腐蚀试验一般用于不锈钢焊件。对焊缝和接头进行晶间腐蚀、应力腐蚀、疲劳腐蚀、大气腐蚀和高温腐蚀试验等。

(5) 焊接性试验

评定母材焊接性的试验叫焊接性试验。例如,焊接裂纹、接头力学性能和接头腐蚀试验等。由于焊接裂纹是焊接接头中最危险的缺陷,所以用得最多的是焊接裂纹试验。通过焊接性试验,选择适用作母材的焊接材料,确定合适的焊接工艺参数,包括焊接电流、焊接速度以及预热温度等。

2. 焊接接头非破坏性检验

非破坏性检验又称无损检验,是指在不破坏被检查焊件的性能和完整性的条件下检测缺陷的方法。

(1) 外观检查

外观检查是用肉眼或不超过 30 倍的放大镜对焊件进行检查,用以判断焊接接头外表的质量。它能测定焊缝的外形尺寸和鉴定焊缝有无气孔、咬边、焊瘤、裂纹等表面缺陷,是一种最简单却不可缺少的检查手段。

(2) 密封性检验

检查有无漏水、漏气和漏油等现象的试验。

1) 气密性试验

检查时,在容器内部通一定压力的压缩空气(低压),在焊缝外表面涂刷肥皂液,观察是否出现肥皂泡,不出现肥皂泡为合格。要注意,压缩空气压力要远远低于产品工作压力。

2) 煤油渗漏检验

对于低压薄壁容器,可采用煤油渗漏来检验焊缝的密封性。检查时,在焊缝一面涂上白垩粉水溶液,待干燥后,在另一面涂上煤油,在焊缝有穿透性缺陷时,干燥的白垩粉一面会形成明显的油斑或带条。

3) 耐压检验

将水、油或气等充入容器内,徐徐加压,以检查其泄露、耐压、破坏等的试验叫耐压检验。通过耐压检验可以检查受压元件中焊接接头穿透性缺陷和结构的强度,也有降低焊接应力的作用。

4) 渗透探伤

渗透探伤是利用带有荧光染料或红色染料的渗透剂的渗透作用,显示缺陷痕迹的无损检验法。荧光法是用于探测某些非铁磁性材料表面和近表面缺陷的一种探伤方法,其原理是利用渗透矿物油的氧化镁粉,在紫外线的照射下,能发出黄绿色荧光的特性,使缺陷显露出来。着色法与荧光法相似,不同的是着色检验是用着色剂来取代荧光粉而显示缺陷,适用于大型非铁磁性材料的表面缺陷检验,灵敏度较荧光检验高。

5) 磁粉探伤

磁粉探伤是将被检验的铁磁工件放在较强的磁场中,磁力线通过工件时,形成封闭的磁力线,由于铁磁性材料的导磁能力很强,如果工件表面或近表面有裂纹、夹渣等缺陷时,将阻碍磁力线通过,磁力线不但会在工件内部产生弯曲,而且会有一部分磁力线绕过缺陷而暴露在空气中,产生磁漏现象。这个漏磁场能吸引磁铁粉,把磁铁粉集成与缺陷形状和长度相近似的迹象,其中,磁力线若垂直于裂纹时,显示最清楚。磁粉探伤最适用于薄壁工件、导管。

6) 超声波检验

金属探伤的超声波频率在 20000 Hz 以上,超声波传播到两介质的分界面上时,能被反射回来,超声波探伤就利用这一性质来检查焊缝中的缺陷。超声波在介质中传播速度恒定不变,据此可进行缺陷的定位,同时在金属中可以传播很远(达 10 m),故可探测大厚度工件,对检查裂纹等平面型缺陷灵敏度很高。

7) 射线探伤

X 射线和 Y 射线能不同程度地透过金属材料,对照相胶片产生感光作用。利用这种性能,当射线通过被检查的焊缝时,因焊缝内的缺陷对射线的吸收能力不同,使射线落在胶片上的强度不一样,即感光程度不一样,这样就能准确、可靠、非破坏性地显示缺陷形状、位置和大小。射线透照时间短,速度快,被检查厚度小于 30 mm 时,显示缺陷的灵敏度高,但设备复杂、费用大、穿透能力比 Y 射线小。Y 射线能透照 300 mm 厚的钢板,透照时不需要电源,方便野外工作,环缝时可一次曝光,但透照时间长,不宜透视小于 50 mm 的焊件。

复习思考题

选择题

1. 下列焊接方法中属于熔焊的有_____。
   A. 摩擦焊   B. 电阻焊   C. 激光焊   D. 高频焊
2. 焊接重要结构件,要求焊缝抗裂性能高时用_____。
   A. 酸性焊条
   B. 碱性焊条
   C. 酸性焊条或碱性焊条
   D. 盐性焊条
3. 气焊低碳钢时应选用_____。
   A. 中性焰   B. 氧化焰   C. 碳化焰   D. 都可以
4. 气焊黄铜时应选用_____,气焊铸铁时应选用_____。
   A. 中性焰   B. 氧化焰   C. 碳化焰
5. 下列金属材料中焊接性好的是_____。
   A. 低碳钢   B. 铸铁   C. 高合金钢   D. 紫铜
6. 焊接电弧中阴极区的温度大约是_____。
   A. 2400 K 左右   B. 2600 K 左右
   C. 6000～8000 K   D. 2400～2600 K
7. 对于重要结构,承受冲击载荷或在低温度下工作的结构,焊接时应选用碱性焊条,原因是_____。
   A. 焊缝金属含氢量低   B. 焊缝金属韧性高
   C. 焊缝金属抗裂性好   D. 都是
8. 在焊接性估算中,_____钢材焊接性比较好。
   A. 碳含量高,合金元素含量低   B. 碳含量中,合金元素含量中

C. 碳含量低,合金元素含量高　　　D. 碳含量低,合金元素含量低
9. 焊接时在被焊工件的结合处产生_____,使两分离的工件连为一体。
A. 机械力　　　　　　　　　　　B. 原子间结合力
C. 黏结力　　　　　　　　　　　D. 都不是
10. 工件焊接后应进行_____。
A. 重结晶退火　　B. 去应力退火　　C. 再结晶退火　　D. 扩散退火

问答题

1. 熔化焊、压力焊、钎焊有何区别?
2. 什么是焊接电弧?产生电弧应具备哪些条件?
3. 焊条的焊芯与药皮各起什么作用?
4. 什么是酸性焊条?什么是碱性焊条?从酸性和碱性焊条的药皮组成、焊缝机械性能及焊接工艺上比较其差异及适用性。
5. 使用碱性焊条时,为什么对焊条烘干的要求比较高?
6. E4303 和 E5015 两种焊条牌号的含义是什么?若焊接结构的母材抗拉强度为 45 kgf/mm^2(440 MPa),其结构复杂、焊件厚度较大,焊接时应选用什么样的焊条?
7. 用氧—乙炔切割金属的条件是什么?
8. 钢的碳当量大小对钢的焊接性有何影响?
9. 产生焊接变形与应力的主要原因是什么?焊接应力与焊接变形对焊接结构各有哪些影响?
10. 焊接应力和变形两者有何关系?采取哪些措施可减小或消除焊接应力?
11. 焊接变形的基本形式有哪些?如何预防和矫正焊接变形?
12. 焊接训练中厚板对接平焊,单面焊双面成形,焊件材料是 Q235,焊接装配图如图 8-60 所示。

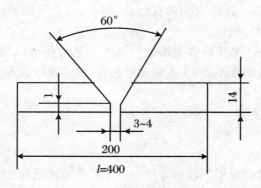

图 8-60　焊接训练

第9章 铸造成形

9.1 概　　述

9.1.1 铸造成形特点

　　铸造是指将熔融金属浇入铸型型腔，待其冷却凝固后获得一定形状和性能铸件的成形方法。铸造所得到的金属工件或毛坯称为铸件。铸造作为制造机械零件毛坯或成品的重要工艺方法，在现代工业生产中占有重要地位。机床、内燃机、重型机器所用铸件按重量约占70%～90%；农业机械为40%～70%；汽车为20%～30%。

　　铸造是液态成形，因此与其他金属成形方法（锻造、切削加工等）相比，铸造具有独特的特点：

　　① 铸造可以生产出形状复杂，特别是内腔复杂的铸件，如各种箱体、床身、机架、汽缸体等。

　　② 可以铸造出尺寸几毫米到几十米、重量几克到数百吨的铸件。

　　③ 常用的金属材料，如非合金钢、低合金钢、合金钢、非铁金属等都可以铸造成形。

　　④ 铸造所用设备投资少，原材料来源广泛，因而铸件成本较低。

　　⑤ 铸件的形状、尺寸与零件很接近，因而减少了切削加工的工作量，可节省大量金属材料。

　　⑥ 铸件力学性能较低。铸件内部常有缩孔、缩松、气孔等缺陷，而且组织粗大，使铸件的力学性能低于同样材料的锻件。

　　⑦ 铸造生产工序较多（尤其是砂型铸造），某些工艺过程难以控制，使铸件质量不够稳定；铸件表面较粗糙，尺寸精度不高；工人劳动条件差，劳动强度大等。

9.1.2 铸造成形分类

1. 砂型铸造

　　砂型铸造是用型砂紧实成形的铸造方法。由于砂型铸造适应性强，生产成本低，因此应用最广，是最基本的铸造方法。用砂型铸造生产的铸件占铸件总产量的90%以上。

　　砂型铸造可分为湿砂型（不经烘干可直接进行浇注的砂型）铸造和干砂型（经烘干的高黏土砂型）铸造两种。

2. 特种铸造

　　特种铸造是指除砂型铸造以外的所有铸造方法，这些方法分别在某些方面与砂型铸造有一定的区别，如模样与造型材料、浇注方法等，因而各具有不同的特点。常见的特种铸造有熔模铸造、金属型铸造、离心铸造、压力铸造等。

9.1.3 金属的铸造性能

铸造性能是指金属在铸造过程中的铸造难易程度,是金属在铸造生产中所表现出来的工艺性能。金属的铸造性能对铸件的质量、铸造的工艺及铸件的结构等有很大的影响,通常用流动性、收缩、吸气性和偏析等来衡量。

1. 金属的流动性

金属的流动性是指融化的金属在铸型型腔中的流动能力。它是影响金属熔液充型能力的重要指标之一。流动性好的合金,容易获得尺寸准确、轮廓清晰的铸件,流动性好还有利于合金液体中杂质和气体的排除。

为了了解影响流动性的各种因素,比较不同金属的充型能力,我们常设计各种测定金属流动性的试样。试样的种类很多,有螺旋形、契形、U形、圆形等,其中最常见的是螺旋形,如图 9-1 所示。

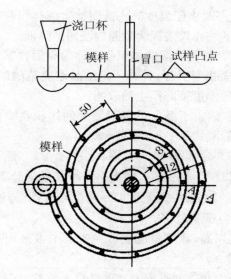

图 9-1 螺旋形试样示意图

螺旋形试样多采用砂型铸造,试样上每隔 50 mm 做一个凸点。试验时,将金属熔液倒入试样铸型中,冷却后,测定浇出的螺旋线长度,就是流动性读数。

(1) 影响金属流动性的因素

金属的流动性不仅和合金的物理性能(如溶点、黏度等)、化学成分相关,还和铸件的结构及工艺相关。总之凡是能延长液态时间和加速合金液体流动的因素,都能提高流动性,反之,则降低流动性。

① 化学成分对金属流动性的影响:不同种类的金属的流动性是不同的,根据合金的流动试验,灰铸铁的流动性最好,铜合金的流动性次之,铝合金第三,铸钢的流动性最差。

金属的初晶形状和结晶温度范围对流动性的影响很大,合金的结晶温度范围越宽,固相和液相共存的时间越长,枝晶也越发达,则合金的流动性越差。

② 浇注温度对流动性的影响:在一定范围内,提高浇注温度可以降低合金溶液的黏度,

使合金在液态时间延长,使流动性提高。但是,如果超过其界限,随着浇注温度的提高,合金液体收缩增加,吸气增多,氧化严重,流动性会下降。因此每种合金都有其一定的浇注温度范围:铸铁为1230~1450 ℃,铸钢为1500~1650 ℃,铸铝为680~780 ℃。一般情况下,厚大零件取下限,薄壁、形状复杂的零件取上限。

③ 铸型性质的影响:造型所用材料不同,对合金的流动性也有影响,造型所用材料导热能力越强,金属溶液散热则越快,流动性就越差。因此,砂型比金属型、干型比湿型、热型比冷型的流动性好。

(2) 金属流动性对铸件质量的影响

液态金属流动性好,充型能力就强,就容易获得尺寸准确、外形完整和轮廓清晰的铸件,并可避免产生冷隔和浇不足等缺陷,保证铸件的质量。

2. 金属的收缩

金属的收缩是指金属从液态冷却到室温的过程中,体积和尺寸缩小的现象。收缩的过程中铸件易产生缩孔、缩松、变形、裂纹等缺陷。

(1) 金属收缩的三个阶段

① 液态收缩:金属在液态时由于温度的降低而发生的体积收缩称为液态收缩。由于此时合金全部处于液态,体积的缩小仅表现为型腔内液面的降低。

② 凝固收缩:熔融金属在凝固阶段的体积收缩称为凝固收缩。纯金属及恒温结晶的合金,其凝固收缩单纯由液—固相变引起;具有一定结晶温度范围的合金,除液—固相变引起的收缩之外,还有因凝固阶段温度下降产生的收缩。

③ 固态收缩:金属在固态,由于温度下降而发生的体积收缩称为固态收缩。表现为零件的三个方向的线尺寸的缩小。

(2) 影响收缩的因素

① 化学成分:不同金属其收缩率不同,同类合金中化学成分不同其收缩率也是不同的。在常用铸造金属中,碳素钢的体收缩率约为10%~14%;白口铸铁的体收缩率约为12%~14%;灰铸铁的体收缩率约为5%~8%。

② 浇铸温度:浇铸温度越高,收缩量越大。在生产中多采用高温出炉和低温浇注的措施来减小铸造金属的收缩量。

③ 铸件结构:铸件在凝固和冷却过程中并不是自由收缩,而是各部分之间相互影响的。这是因为铸件的各个部位由于冷却速度不相同,相互制约而对收缩产生收缩阻力。铸件的实际线收缩率比自由收缩时的线收缩率要小些。

3. 金属的吸气性

合金的吸气性是指合金在熔炼和浇注时吸收气体的能力。合金的吸气可导致铸件内形成气孔,气体主要来源于炉料溶化和燃烧时产生的各种氧化物和水气、造型材料中的水分、浇注时带入型腔中的空气等。气体在合金中的溶解度随温度和压力的提高而增加。为减少合金中的吸气,应尽量缩短熔炼时间,选用烘干的炉料,控制溶液的温度;在覆盖剂下或在保护性气体介质中或在真空中熔炼;降低铸型和型芯中的含水量;提高铸型和型芯的透气性。

4. 偏析

偏析是指铸件中各部分化学成分、晶相组织不一致的现象。偏析影响铸件的力学性能、加工性能和抗腐蚀性,严重时可造成废品。偏析产生的原因是结晶时晶体成长过程中,结晶速度大于元素的扩散速度。可采用退火或在浇铸时充分搅拌和加大合金液体的冷却速度等方法来克服偏析。

9.2 砂型铸造

砂型铸造是指用型砂紧实成形的铸造方法。砂型铸造一般由制造砂型、制造型芯、烘干(用于干型)、合箱、浇注、落砂及清理、铸件检验等工艺过程组成。如图9-2所示为齿轮的砂型铸造的工艺过程。

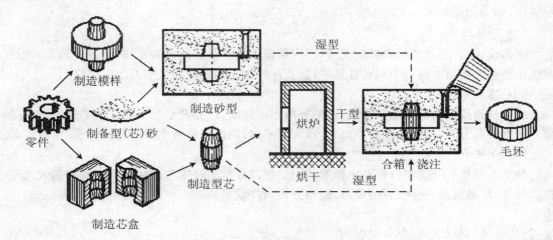

图9-2 砂型铸造工艺过程

9.2.1 模样

由木材、金属或其他材料制成,用来形成铸型型腔的工艺装备称为模样。制造砂型时,使用模样可以获得与零件外部轮廓相似的型腔。

1. 模样类型

(1) 木模

用木材制成的模样称为木模。木模是生产中用得最广泛的一种,它具有价廉、质轻和易于加工成形等优点。其缺点是强度和硬度较低,容易变形和损坏,使用寿命短。一般适用于单件小批量生产。

(2) 金属模

用金属材料制造的模样称为金属模,它具有强度高、刚性大、表面光滑、尺寸精确、使用寿命长等特点,适用于大批量生产。但它的制造难度大、周期长,成本也高。金属模样一般是在工艺方面确定后,并经试验成熟的情况下再进行设计和制造的。制造金属模的常用材料是铝合金、铜合金、铸铁、铸钢等。

2. 模样制作的工艺要求

(1) 加工余量

加工余量是指为保证铸件加工面尺寸和零件精度,在铸件工艺设计时预先增加,而在机械加工时切去的金属层厚度。加工余量的大小根据铸件尺寸公差等级和加工余量等级来确定。一般小型铸件的加工余量为 2~6 mm。

(2) 收缩余量

收缩余量是指为了补偿铸件收缩,模样比铸件图样尺寸增大的数值。收缩余量与铸件的线收缩率及模样尺寸有关。

(3) 起模斜度

为使模样容易从铸型中取出或型芯自芯盒中脱出,在模样和芯盒的起模方向留有一定的斜度,称为起模斜度。起模斜度用 a 表示,一般 $a=0.5°\sim3°$。

(4) 铸造圆角

制造模样时,凡相邻两表面的交角,都应做成圆角。铸造圆角的作用是:方便造型;浇注时防止铸型夹角被冲坏而引起铸件粘砂;防止铸件因夹角处应力集中而产生裂纹。

(5) 芯头

芯头是指模样上的突出部分,它在型腔内形成芯座,以放置型芯。对于型芯来说芯头是型芯的外伸部分,不形成铸件轮廓,只是落入芯座内,用以定位和支撑型芯。

(6) 分型面

分型面是指分开铸型以便取出模型的面。选择分型面时应考虑使分型面具有最大水平投影尺寸,尽量满足浇注位置的要求,造型方便,起模容易等。

9.2.2 型砂与芯砂

型砂与芯砂是用来制造砂型和型芯的主要材料。按一定比例配合的造型材料,经过混制,符合造型要求的混合料称为型砂。按一定比例配合的造型材料,经过混制,符合造芯要求的混合料称为芯砂。

型砂和芯砂通常是由砂(含 SiO_2)、黏结剂(如黏土和膨润土)及水等混合制成。

1. 型(芯)砂的性能

砂型在浇注和凝固过程中要承受熔融金属的冲刷、静压力和高温的作用,并要排出大量的气体,型芯则要承受凝固时的收缩压力,因此型(芯)砂应具有以下几方面的性能:

(1) 强度

型(芯)砂抵抗外力破坏的能力称为强度。强度过低,在造型、搬运、合型等生产过程中易引起塌箱、砂眼等缺陷;强度过高,会阻碍铸件收缩,引起铸件产生较大的铸造应力甚至裂纹,同时使铸型透气性变差。强度大小取决于砂粒粗细、水分、黏结剂含量及砂型紧实度等。砂粒越细、黏结剂越多、紧实度越高,则其强度越高。

(2) 可塑性

型(芯)砂在外力作用下可以成形,外力消除后仍能保持其形状的性能称为可塑性。可塑性好,易于成形,能获得型腔清晰的砂型,从而保证铸件具有精确的轮廓尺寸。

(3) 耐火性

型(芯)砂在高温金属液作用下,不软化、不熔融的性能称为耐火性。耐火性差,铸件表面易产生粘砂缺陷,增加了铸件清理和切削加工的难度,粘砂严重时,可导致铸件报废。耐火性主要取决于砂中 SiO_2 的含量。砂中 SiO_2 含量高而杂质少时,其耐火性好。

(4) 透气性

紧实后的型砂透过气体的能力称为透气性。在高温金属液的作用下,砂型和砂芯会产生大量气体,金属液的冷却、凝固也将析出气体。型(芯)砂的透气性若不好,铸件内易形成气孔等缺陷。通常砂粒越细,水分和黏结剂含量越多,紧实度越高,则型(芯)砂的透气性越差。

(5) 退让性

铸件冷却收缩时,型(芯)砂的体积可以被压缩的性能称为退让性。退让性差时,铸件收缩时受到阻碍,会使铸件产生较大的内应力,甚至产生变形或裂纹等缺陷。

在铸造过程中,型芯被熔融金属包围,工作条件恶劣,因此,芯砂比型砂应具有更高的强度、耐火性、透气性和退让性。

2. 型(芯)砂的组成

(1) 原砂(即新砂)

原砂多为天然砂,即由岩石风化并可按颗粒分离的砂,主要成分为石英(SiO_2),并含有少量泥分和杂质。高质量的铸造用砂,要求原砂中 SiO_2 的含量高(85%~97%),砂粒呈圆形且大小均匀。

(2) 旧砂

已用过的砂称为旧砂。为降低成本,对已用过的旧砂,经磁选及过筛,除去铁豆、砂团、木片等杂物后,仍可混入型砂中使用。

(3) 黏结剂

黏结剂是指能使砂粒相互黏结的物质。常用的黏结剂为膨润土和普通黏土。它们被水润湿后具有黏结性和韧性,烘干后硬结具有较高的干强度,高温耐火性能也较好,成本低廉,所以应用广泛。

(4) 附加物

附加物是指除黏结剂以外能改善型(芯)砂性能而加入的物质。常加入的有煤粉、煤油和木屑等。加入煤粉可防止铸件粘砂;加入煤油可防止型(芯)砂粘模;加入木屑可提高砂型的透气性和退让性。

(5) 水

水被用来将原砂和黏土混为一体,制成具有一定强度、透气性的砂型和型芯。水分应适当,水分过少,砂型强度低,易破碎,造型、起模困难;水分过多,型砂湿度大,强度、透气性均下降,造型时易粘模,浇注时会产生大量的气体。

(6) 涂料

涂料是指型腔和型芯表面的涂覆材料,呈液态、稠体或粉状,用以提高铸型表层的耐火度、表面强度、保温性、表面质量、化学稳定性等,是防止铸件粘砂、夹砂、砂眼,减少落砂和清理劳动量最有效的措施之一。

9.2.3 手工造型

1. 砂箱和造型工具

手工造型常用的砂箱如图9-3所示,造型常用工具如图9-4所示。

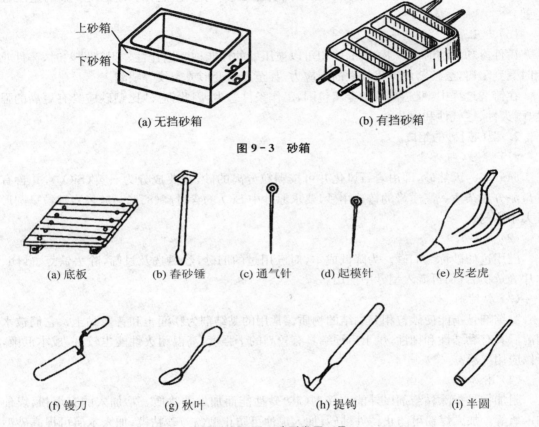

图9-3 砂箱

图9-4 手工造型常用工具

① 砂箱:制作砂型和浇注系统。
② 底板:放置模样用。
③ 舂砂锤:用尖头舂砂,用平头锤打紧砂箱顶部的砂。
④ 通气针:在砂型上扎通气孔。
⑤ 起模针:起模用。
⑥ 皮老虎:吹尽型腔中的散砂。
⑦ 镘刀:修平面以及挖沟槽用。
⑧ 秋叶:修凹曲面用。
⑨ 提钩:修底部、侧面,钩出砂型中的散砂。
⑩ 半圆:修圆柱形内壁和内圆角。

2. 砂型组成

砂型包括上砂型、下砂型、型腔、分型面、通气孔、型芯、型芯头、浇注系统等,如图9-5

所示为砂型组成。

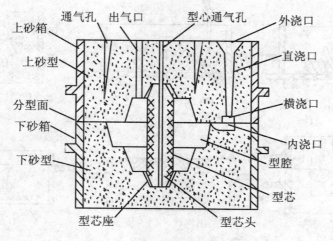

图 9-5 砂型组成

① 上砂型和下砂型：型砂被舂紧在上砂箱和下砂箱中，连同砂箱一起，分别称为上砂型和下砂型。

② 型腔：从砂型中取出模样后形成的空腔称为型腔，在浇注后形成铸件的外部轮廓。

③ 分型面：上砂型和下砂型的分界面称为分型面。

④ 型芯：型芯用于形成铸件的孔。型芯上的延伸部分称为芯头，用于安放和固定型芯。型芯头位于砂型的型芯座上。

⑤ 排气系统：型腔的上方开设出气口，用于排出型腔中的气体。型芯中设有通气孔，用于排出型芯在受热过程中产生的气体。上砂箱中还扎一些通气孔。

⑥ 浇注系统：金属液从浇口杯中浇入，经直浇道、横浇道、内浇道流入型腔中。

3. 手工造型方法

（1）整模造型

模样是一个整体，通常型腔全部位于一个砂箱内，分型面是平面。整模造型操作时不易错型，起模方便；所得型腔形状和尺寸精度较好。它适用于外形轮廓上有一个平面可作为分型面的简单铸件，如齿轮坯、轴承座等，如图 9-6 所示。

（2）分模造型

分模造型是把模样沿最大截面处分为两个半模，并将两个半模分别放在上、下砂箱内进行造型，依靠定位销定位。它适合于回转体及最大截面不在端部的铸件，如套筒、水管、阀体、曲轴、箱体等。套筒的分模造型如图 9-7 所示。

（3）三箱造型

三箱造型是指当铸件结构具有两个较大截面（见图 9-8），采用一个分型面无法起模时，可选两个大截面处作为分型面，用三个砂箱制造铸型。三箱造型的操作过程是先做下型，翻转后，在下型上面做中型，最后做上型。适用于单件小批量生产。

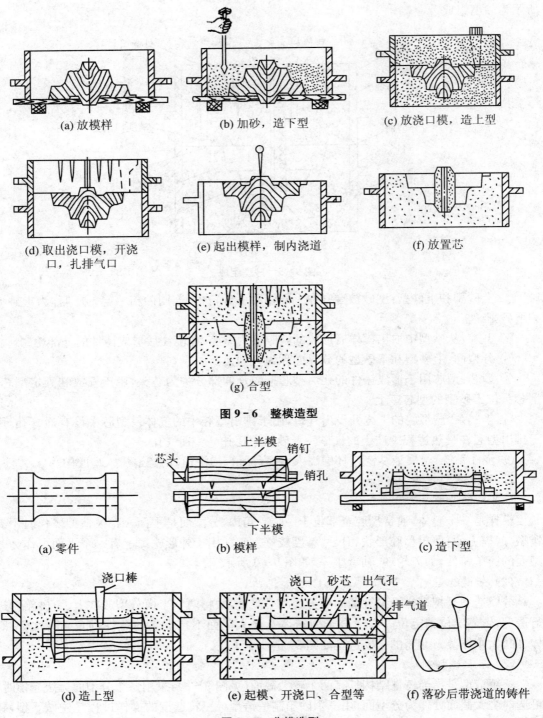

图 9-6 整模造型

图 9-7 分模造型

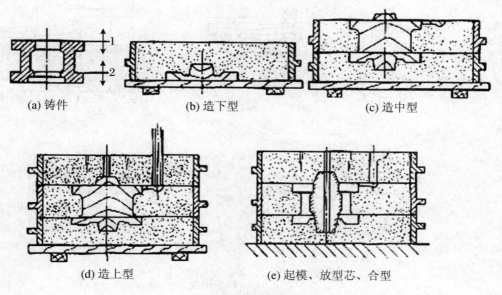

图 9-8 三箱造型

在大批量生产或机器造型时,可采用带外部型芯的整模(见图 9-9(a))或分模(见图 9-9(b)),用两箱造型代替三箱造型。

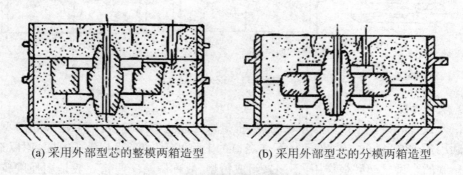

图 9-9 采用外部型芯的两箱造型

(4) 刮板造型

刮板造型是指不用模样而用刮板操作的造型方法。在造型时,用一个与铸件或型砂截面形状一致的木板(称为刮板)代替模样,根据砂型型腔或砂芯表面形状,引导刮板做旋转、直线或曲线运动,以形成形腔或型芯。刮板造型适用于大、中型具有等截面或回转体铸件的单件小批量生产。如图 9-10 所示为带轮的刮板造型过程。

(5) 挖砂造型

当铸件的最大截面不在端部,且模样又不便分模(模样太薄或分模面不是平面等)时,可将模样做成整模,为起出模样,造型时用手工挖去阻碍起模的型砂的方法称为挖砂造型。挖砂造型一定要挖到模样的最大截面处,并抹平、修光分型面。它适用于端面不平又不便于分模的带轮、手轮等铸件的单件生产。手轮的挖砂造型过程如图 9-11 所示。

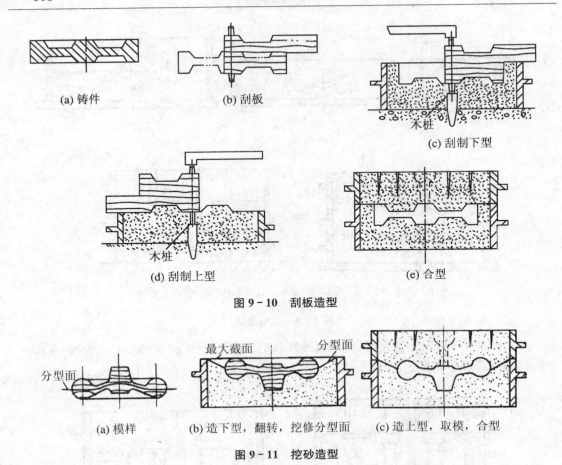

图 9-10 刮板造型

图 9-11 挖砂造型

(6) 假箱造型

当挖砂造型的铸件生产数量增加时(小批量),为避免每型挖砂,可采用假箱造型。假箱造型时利用预先制备好的半个铸型(不带浇口的上型)当假箱,其上承托模样,用以造上型、合型。预制的半型只起底板作用,不用来组成铸型,故称假箱。假箱一般是用强度较高的型砂制成,舂得比铸型紧。假箱造型提高了生产效率,当生产数量更多时,可用木材或金属做成成形底板代替型砂制作的假箱。假箱造型如图 9-12 所示。

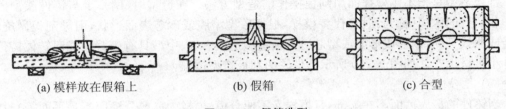

图 9-12 假箱造型

(7) 活块造型

将模样上妨碍起模的部分做成活动的,称为活块。活块用钉子或燕尾榫与模样主体连接。造型时先取出模样主体,然后再从侧面将活块取出,称为活块造型,如图 9-13 所示。活块造型只适用于单件小批量生产,产量较大时,可用外型芯取代活块,使造型容易。

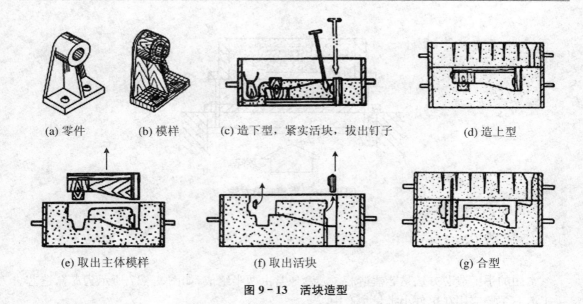

图 9-13 活块造型

9.2.4 机器造型

机器造型是指用机器全部地完成或至少完成紧实操作的造型工序。与手工造型相比，它可以提高铸件的精度和表面质量，工人劳动强度低，提高生产效率，降低生产成本。但机器造型需要专用的砂箱、模板（模样和模底板的组合体，一般带有浇口、冒口模和定位装置）和设备，投资较大，主要适用于中、小型铸件的大批量生产。

机器造型常见的紧砂方法有震实、压实、震压、抛砂、射压等几种。如图 9-14 所示为震压式紧砂方法，如图 9-15 所示为射压式紧砂方法。

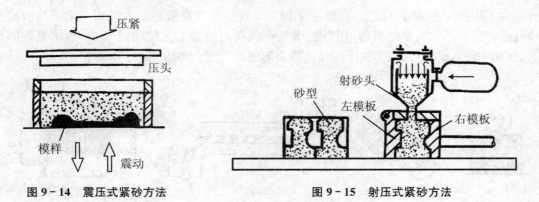

图 9-14 震压式紧砂方法　　　　图 9-15 射压式紧砂方法

机器造型常用起模方法有顶箱起模、漏模起模和翻转起模等。如图 9-16 所示为顶箱起模方法。

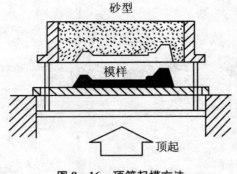

图 9-16 顶箱起模方法

9.2.5 造芯

常用的手工造芯方法是芯盒造芯。芯盒通常由两半组成,如图 9-17 所示为芯盒造芯。手工造芯主要应用在单件小批量生产中。

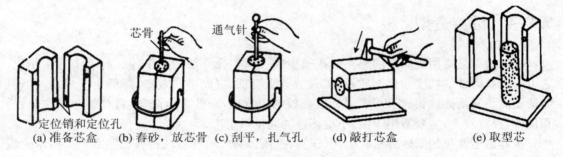

(a) 准备芯盒　(b) 舂砂,放芯骨　(c) 刮平,扎气孔　(d) 敲打芯盒　(e) 取型芯

图 9-17 芯盒造芯

为了提高型芯的通气能力,在型芯里做出气孔。要注意型芯的出气孔一定要与砂型的排气孔相通。形状简单的型芯,用针扎出气孔或在两半型芯上挖出通气槽;形状复杂的型芯,在其中埋入蜡线,当型芯烘干时蜡线熔失形成出气道。如图 9-18 所示。

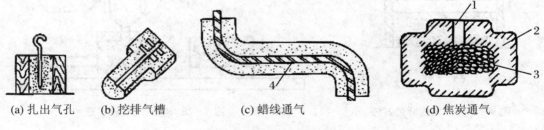

(a) 扎出气孔　(b) 挖排气槽　(c) 蜡线通气　(d) 焦炭通气

图 9-18 在型芯上做出气孔
1—出气孔;2—芯;3—焦炭;4—蜡线

9.2.6 浇注系统

浇注系统是为方便高温金属液填充型腔和冒口而开设于铸型中的一系列通道。典型的

浇注系统由外浇道（或称浇口杯）、直浇道、横浇道、内浇道组成。如图9-19所示。

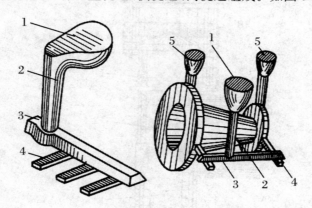

图9-19 浇注系统
1—浇口杯；2—直浇道；3—横浇道；4—内浇道；5—冒口

(1) 外浇道

多为漏斗形或池形，是与直浇道顶端连接并导入熔融金属的容器，有挡渣和防止气体卷入型腔的作用。

(2) 直浇道

浇注系统中的垂直通道，断面多为圆形，上大下小，通常带有一定锥度，开在上砂型内，用于连接外浇道和横浇道。金属液利用直浇道的高度对型内产生充型压力，便于金属液充满型腔。直浇道高度越大，金属液充填型腔的能力越强。

(3) 横浇道

浇注系统中的水平通道部分，一般开在上箱分型面上，其断面通常为梯形。它将金属液由直浇道导入内浇道，并起挡渣作用，还能减缓金属液流的速度，使金属液平稳流入内浇道。

(4) 内浇道

浇注系统中引导液态金属进入型腔的部分，截面形状有梯形、月牙形，也可用三角形。其作用是控制金属液流入型腔的速度和方向，调节铸件各部分的冷却速度。内浇道的形状、位置和数目，以及导入液流的方向，是决定铸件质量的关键之一。开设内浇道应尽可能使金属液快而平稳地充型，但要使金属液顺着型壁流动，避免直接冲击型芯和砂型的突出部分。另外，内浇道一般不应开在铸件的重要部位，其截面形状还要考虑清理方便。

(5) 冒口

有些铸件还开设冒口，冒口是在铸型内储存供补缩铸件和金属液的空腔，有时还起排气集渣的作用。冒口应开在型腔的最厚实和最高的部位，以使冒口内金属液最后凝固达到补缩的目的。其形状多为圆柱形、方形或腰圆形，其大小、数量和位置视具体情况而定。

9.2.7 铸铁的熔炼

铸铁熔炼的设备有冲天炉、电弧炉、反射炉和感应炉等。目前我国普遍采用冲天炉熔炼铸铁，这是因为冲天炉制造成本低，操作简便，维修也不太复杂；可连续化铁、熔炼，生产效率高。

1. 冲天炉的构造

冲天炉的构造如图9-20所示。

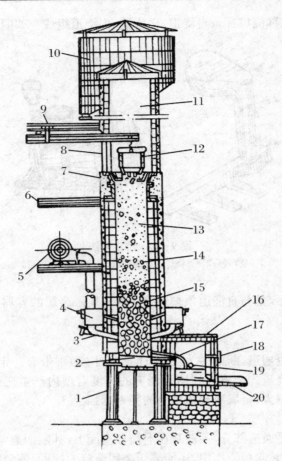

图 9-20 冲天炉的构造

1—炉腿；2—炉底；3—风口；4—风带；5—鼓风机；6—加料台；7—铁砖；8—加料口；
9—加料机；10—火花捕捉器；11—烟囱；12—加料桶；13—层焦；14—金属料；
15—底焦；16—前炉；17—过桥；18—窥视孔；19—出渣口；20—出铁口

(1) 烟囱

从加料口下沿到炉顶为烟囱。烟囱顶部常带有火花罩。烟囱的作用是增大炉内的抽风能力，并把烟气和火花引出车间。

(2) 炉身

从第一排风口至加料口下沿称为炉身，炉身的高度亦称为有效高度。炉身的上部为预热区，其作用是使下移的炉料被逐渐预热到熔化温度。炉身的下部是熔化区和过热区。在过热区的炉壁四周配有 2~3 排排风口（每排 5~6 个）。风口与其外面的风带相通，风机排出的高压风沿风管进入风带后经风口吹入炉膛，使焦炭燃烧。下落到熔化区的金属料在该区被熔化，而铁液在流经过热区时被加热到所需温度。

(3) 炉缸

从炉底至第一排风口为炉缸，融化的铁液被过热区过热后经炉缸流入前炉。炉缸由过桥与前炉连接。

(4) 前炉

前炉的作用是储存铁液并使其成分、温度均匀化，以备浇注用。

2. 冲天炉的炉料

冲天炉的炉料包括金属炉料、燃料和熔剂三部分。

(1) 金属料

它由新生铁、回炉铁、废钢和铁合金组成。新生铁是金属炉料的主要成分,又叫高炉生铁。利用回炉铁可以降低铸件成本。废钢的作用是降低铁液的含碳量。各种铁合金的作用是调整铁液的化学成分或配制合金铸铁。

(2) 燃料

主要是焦炭,其作用是获得熔炼温度,同时还是还原剂。要求焦炭含挥发物、灰粉及硫要少,发热量要高,块度适中。

(3) 熔剂

常用的有石灰石和氟石。其作用是造渣,在熔化的过程中熔剂与炉料中的有害物质形成熔点低、密度小、流动性好的熔渣,以便排除。熔剂的加入量为焦炭质量的 25%~30%。

3. 冲天炉的基本操作

① 炉料的准备:把将要熔炼的金属料以及焦炭和熔剂等制备好。

② 修炉并烘干:冲天炉在每次熔化工作结束后,由于部分炉衬被侵蚀破坏,所以必须进行修炉。修炉后还需烘干才能使用。

③ 加底焦:打开风口的观察孔使炉子自然通风并点火,分批加入底焦至规定的高度。

④ 加料:加料顺序是底焦→熔剂→金属料→层焦→熔剂→金属炉料→层焦→熔剂→金属炉料……依次加到加料口为止。

⑤ 送风熔化:炉料装完后,利用自然通风预热半小时至一小时,接着关闭风口的观察孔,即可鼓风。待出铁口中有大股铁水流出时,用泥塞堵住出渣口和出铁口。

⑥ 出渣和出铁液:先打开出渣口放出熔渣,然后打开出铁口放出铁水。

⑦ 停炉:待最后一批铁水出炉后,停止鼓风并打开风口的观察孔,然后打开炉底门放出炉内的余料。放余料时要注意炉底地面上不能有积水,以防蒸汽爆炸。

9.2.8 合型、浇注、落砂、清理和检验

1. 合型

合型是将铸型的各个组元如上型、下型、型芯、浇口盆等组合成一个完整铸型的操作过程,是造型的最后一道工序,它直接影响铸件的质量。合型前应对砂型和型芯的质量进行检查,若有损坏,需要进行修理。合型时要保证铸型型腔几何形状和尺寸的准确及型芯的稳固。合型后,上、下型应夹紧或在铸型上放置压铁,以防浇注时上型被熔融金属顶起,造成抬箱、射箱(熔融金属流出箱外)或跑火(着火的气体溢出箱外)等事故。

2. 浇注

将熔融金属从浇包铸入砂型的操作,称为浇注。浇注工序对铸件的质量影响很大,还涉及工人的安全。

(1) 浇注工具

浇注的主要工具是浇包,按浇包容量可分为:

① 端包:如图 9-21(a)所示,它的容量大约 20 kg 左右,用于浇注小铸件。特点是适合一人操作、使用方便、灵活,不容易伤着操作者。

② 抬包：如图9-21(b)所示，它的容量大约在50~100 kg之间，适用于浇注中小型铸件。至少要有两人操作，使用也比较方便，但劳动强度大。

③ 吊包：如图9-21(c)所示，它的容量在200 kg以上，用吊车装运进行浇注，适用于浇注大型铸件。吊包有一个操纵装置，浇注时，能倾斜一定的角度，使金属液流出。这种浇包可减轻工人劳动强度，改善生产条件，提高劳动生产率。

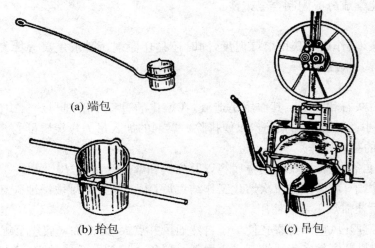

图9-21 浇包

(2) 浇注工艺

1) 浇注温度

金属液浇注温度的高低，应根据合金的种类、生产条件、铸造工艺、铸件技术要求而定。如果浇注温度选择不当，就会降低铸件的质量，影响其力学性能。一般而言，若浇注温度过低，金属液的流动性就差，杂质不易清除，容易产生浇不足、冷隔和夹渣等缺陷；若金属液温度过高，会使铸件晶粒变粗，容易产生缩孔、缩松和粘砂等缺陷，甚至会使铸件化学成分发生变化。表9-1为常用铸造合金的浇注温度。

表9-1 常用铸造合金浇注温度

合金名称	浇注温度/℃		
	壁厚22 mm以下	壁厚22~32 mm	壁厚32 mm以上
灰铸铁	1360	1330	1250
铸铝	1475	1460	1445
铝合金	700	660	620

2) 浇注速度

浇注速度快慢对铸件质量影响也比较大。若浇注速度较快，金属液能更顺利地进入型腔，减少了金属液的氧化时间，使铸件各部分温度均匀、温差缩小，从而减少铸件的裂纹和变形，同时也提高了劳动生产率，但缺点是高速冲下来的金属液容易溅出伤人或冲坏砂型；若浇注速度较慢，铸件各部分的温差较大，容易产生裂纹和变形，也容易产生浇不足、冷隔、夹渣、砂眼等缺陷，并降低了劳动生产率。所以应根据铸件的具体情况，合理选择浇注速度。通常，浇注开始时，浇注速度应慢些，以减少金属液对型腔的冲击，有利于型腔中的气体排出;然后浇注速度应加快,以防止冷隔和浇不足;浇注要结束时,浇注速度应减慢,以防止发生抬箱现象。

3) 浇注注意事项

浇注前,浇包及浇注用具(如撇渣棒、火钳等)必须烘干烘透,以免降低金属液温度及引起金属液飞溅;浇注时,浇包内的金属液不可过满,一般不超过浇包容量的80%;浇注场地应通畅,地面不应有积水。

3. 落砂

落砂是用手工或机械使铸件和型砂、砂箱分开的操作。铸件在砂型中要冷却到一定温度才能落砂。落砂太早,铸件会因表面急冷而产生硬皮,难以切削加工,还会增大铸造热应力,引起裂纹和变形;落砂太晚,铸件固态收缩受阻,会增大收缩应力,铸件晶粒也粗大,还影响生产率和砂箱的周转。因此应根据铸件的大小和冷却条件来确定落砂时间。形状简单、质量小于10 kg 的铸件,一般在浇注后1 h 左右即可以落砂。

采用手工落砂劳动强度大,在成批大量生产时可采用机械落砂。一般用振动落砂机落砂。按振动方式不同,落砂机可分为偏心振动、惯性振动和电磁振动三种。电磁振动落砂机如图9-22所示,取消了机械传动装置,机构简单,工作可靠,能量消耗少,生产率高,还可调节振动强度,落砂效果好。

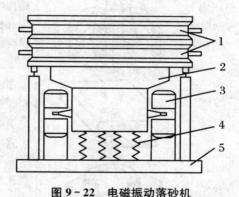

图9-22 电磁振动落砂机
1—铸型;2—振动口;3—电磁振动器;4—弹簧;5—机座

4. 清理

落砂后的铸件还应进一步清理,除去铸件的浇注系统、冒口、飞边、毛刺和表面粘砂等,以提高铸件的表面质量。

(1) 清除浇冒口

铸铁件的浇冒口,一般用手锤或大锤敲掉,大型铸铁件先要在根部锯掉,再用重锤敲掉;铸钢件要用气割或等离子弧切除浇冒口;非铁合金铸件的浇冒口要用锯割掉。

(2) 清除型芯

单件小批生产时,可用手工;成批生产时,多采用机械装置,如用振动出芯机或水力清砂装置等清除型芯和芯骨。

(3) 铸件表面的清理

铸件表面往往有粘砂、飞边、毛刺、浇口和冒口根部痕迹等,可通过手工的方式,用钢丝刷、錾子、锤子、锉刀、手提式砂轮机等工具对铸件表面进行清理。特别是复杂的铸件以及铸件的内腔常用手工方式进行表面清理,这种清理方式劳动强度大、效率低。清理滚筒是铸件表面清理的常用设备,适用于小型铸件。当筒体慢慢转动时,装在滚筒内的铸件本身在不断滚动,铸件间不断碰撞与摩擦,从而起到清理铸件内外表面的目的;对于比较大型的铸件如箱体,可用喷丸方式清理铸件表面。喷丸清理是用压缩空气,使小弹丸高速喷到铸件表面上,将黏附在铸件表面的粘砂、氧化皮去除掉。

5. 检验

铸件清理后,应对铸件质量进行检验,并检查出存在哪些缺陷。铸件的常见缺陷及产生原因见表9-2。

表9-2 铸件常见缺陷及产生原因

类别	名称	特征及图例	主要原因分析
孔眼类缺陷	气孔	铸件内部和表面的孔洞。孔洞内壁光滑,多呈圆形或梨形	舂砂太紧或型砂透气性太差;型砂含水过多或起模、修型刷水过多;型芯未烘干或通气孔堵塞;浇注系统不合理,使排气不畅通或产生涡流,卷入气体
孔眼类缺陷	缩孔	铸件厚大部位出现的形状不规则、内壁粗糙的孔洞	铸件结构设计不合理,壁厚不均匀;内浇道、冒口位置不对;浇注温度过高,合金成分不对
孔眼类缺陷	砂眼	铸件内部和表面出现的充塞型砂、形状不规则的孔洞	型芯砂强度不够,被金属液冲坏;型腔或浇注系统内散砂没吹净;合型时砂型局部损坏;铸件结构不合理
孔眼类缺陷	渣孔	铸件内部和表面出现的充塞熔渣、形状不规则的孔洞	浇注系统设计不合理;浇注温度太低,渣不易上浮排除
表面类缺陷	粘砂	铸件表面粗糙,粘有烧结砂粒	浇注温度过高;型、芯砂耐火度低;砂型、型心表面未涂涂料
表面类缺陷	夹砂	铸件表面有一层突起的金属片状物,在金属片与铸件之间夹有一层型砂	砂型含水过多,黏土过多;砂型紧实不均匀;浇注温度过高或速度太慢;浇注位置不当
表面类缺陷	冷隔	铸件表面有未完全熔合的缝隙,其交接边缘圆滑	浇注温度过低;浇注速度太慢;内浇道位置不当或尺寸过小;铸件结构不合理,壁厚过小

续表

类别	名称	特征及图例	主要原因分析
形状尺寸不合格	偏芯	铸件上的孔出现偏斜或轴线偏移	 型心变形;浇口位置不当,金属液将型心冲倒;型心座尺寸不对
	错型	铸件沿分型面有相对位置错移	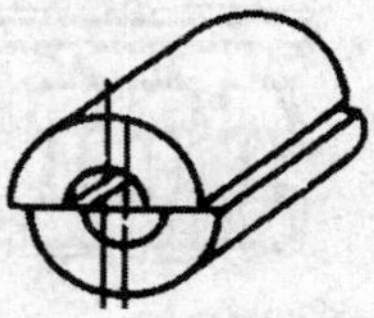 合型时上下型未对准;定位销或泥号不准;模样尺寸不正确
	浇不到	铸件未浇满	 浇注温度过低;浇注速度过慢或金属液不足;内浇道尺寸过小;铸件壁厚太薄
	裂纹	热裂是铸件开裂,裂纹表面氧化;冷裂是铸件开裂,裂纹表面不氧化或仅有轻微氧化	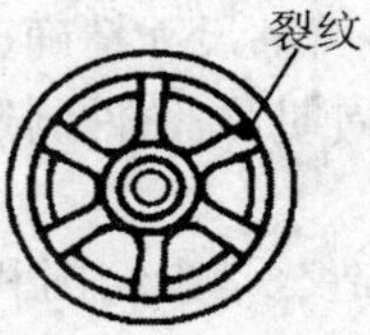 铸件结构不合理,尺寸相差太大;砂型退让性太差;浇口位置开设不当;合金含硫、磷较多
其他		铸件的化学成分、组织和性能不合格	炉料成分质量不符合要求,熔化时配料不准,铸件结构不合理,热处理方法不正确

9.3 特种铸造

砂型铸造是目前生产中应用最广泛的一种铸造方法,它可以生产形状非常复杂的零件,特别是大铸件,但铸件尺寸精度低,表面粗糙,力学性能低,工人劳动条件差。随着生产技术的发展,特种铸造的方法已得到了日益广泛的应用。常用的特种铸造方法有熔模铸造、压力铸造、金属型铸造、低压铸造和离心铸造等。

9.3.1 熔模铸造

熔模铸造是指用易熔材料(如蜡料)制成模样,在模样上包覆若干层耐火材料,经过干燥、硬化制成型壳,然后加热型壳,模样熔化流出后,经高温熔烧而成为耐火型壳,将液体金属浇入型壳中,金属冷凝后敲掉型壳获得铸件的方法。由于石蜡—硬脂酸是应用最广泛的易熔材料,故这种方法又叫"石蜡铸造"。熔模铸造的工艺过程如图9-23所示。

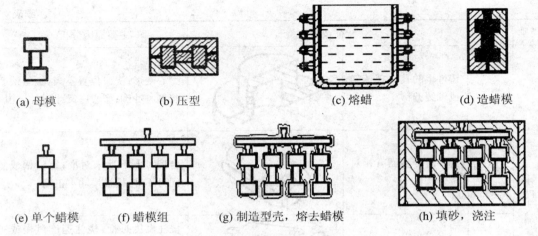

图 9-23 熔模铸造工艺过程图

铸型是一个整体,无分型面,以熔化模样作为起模方式,可以制作出各种形状复杂的小型铸件(如汽轮机叶片、刀具等),而且铸件尺寸精确、表面光洁,可以达到少切削或无切削加工。但熔模铸造工艺过程复杂,生产周期长,铸件制造成本高。同时,由于铸型强度不高,故不能制造尺寸较大的铸件。

熔模铸造也常常被称为"精密铸造",是少切削和无切削加工工艺的重要方法。它主要用于生产汽轮机、涡轮发动机的叶片与叶轮,纺织机械、拖拉机、船舶、机床、电器、风动工具和仪表上的小零件及刀具、工艺品等。

9.3.2 金属型铸造

金属型铸造是指金属液在重力作用下浇入金属铸型中,以获得铸件的方法。金属型常用铸铁、铸钢或其他合金制成。金属型可以反复使用,所以又有"永久型铸造"之称。

金属型的结构按分型面的不同分为整体式、垂直分型式、水平分型式和复合分型式。其中垂直分型式金属型(见图 9-24(a))便于开设浇口和取出铸件,易于实现机械化,故应用较多。

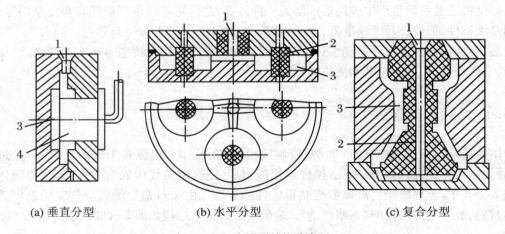

图 9-24 金属型的构造类型

1—浇口;2—砂型;3—型腔;4—金属芯

一个金属型可浇注几百次至几万次,节省了造型材料和造型工时,提高了生产率,改善了劳动条件,所得铸件尺寸精度高。另外,由于金属型导热快,且无退让性和透气性,铸件晶粒细,其力学性能也较高。但金属型制造周期较长,费用较多,故不适于单件、小批生产。同时由于铸型冷却快,铸件形状不宜复杂,壁不易太薄,否则易产生浇不到、冷隔等缺陷。

金属型铸造通常主要用于大批量生产、形状简单的有色金属及其合金的中、小型铸件,如飞机、汽车、拖拉机、内燃机等的铝活塞、汽缸体、缸盖、油泵壳体、铜合金轴套、轴瓦等。有时也用于生产某些铸铁和铸钢件。

9.3.3 压力铸造

压力铸造(简称压铸)是在高压下快速地将液态或半液态金属压入金属型中,并在压力下凝固以获得铸件的方法。目前应用较多的是卧式冷压式压铸机(见图 9-25)。压铸所用铸型由定型和动型两部分组成。定型固定在压铸机的定模板上,动型则固定在压铸机的动模板上并可做水平移动。推杆和芯棒由压铸机上的相应机构控制,可自动抽出芯棒和顶出铸件。其压铸过程是:动型向左移合型,用定量勺向压室注入金属液(见图 9-25(a));柱塞快速推进,将液态金属压入铸型(见图 9-25(b));向外抽出金属棒,打开压型(见图 9-25(c));柱塞退回,推杆将铸件顶出(见图 9-25(d))。

压力铸造是在高压、高速下成形,铸件晶粒细、组织致密、强度较高,铸件质量好。尺寸精度高,生产率高,可生产形状复杂、轮廓清晰、薄壁深腔的金属零件,可直接铸出细孔、螺纹、齿形、花纹、文字等,也可铸造出镶嵌件。但铸件易产生气孔与缩松,而且设备投资较大,压型制造费用昂贵。压铸件除用于汽车、摩托车、仪表、工业电器外,还广泛应用于家用电器、农机、无线电、通信、机床、运输、造船、照相机、钟表、计算机、纺织器械等行业。

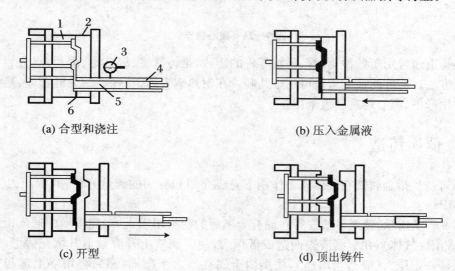

图 9-25 卧式压铸机的工作过程
1—动型;2—静型;3—金属液;4—活塞;5—压室;6—分型面

9.3.4 离心铸造

离心铸造是将液态金属浇入高速旋转的铸型内,在离心力作用下充型、凝固后获得铸件的方法。铸件的轴线与旋转铸型的轴线重合。铸型可用金属型、砂型、陶瓷型、熔模壳型等。

离心铸造一般多在离心机上进行。离心铸造机按其旋转轴空间位置的不同分为立式、卧式和倾斜式三种。立式离心铸造机的铸型是绕垂直轴旋转(见图9-26(a)),由于金属液的重力作用,铸件的内表面呈抛物线形,故铸件不宜过高,它主要用于铸造高度小于直径的环类、套类及成形铸件。卧式离心铸造机的铸型是绕水平轴旋转(见图9-26(b)),铸件的壁厚较均匀,主要用于长度大于直径的管类、套类铸件。

离心铸造时,熔渣都集中于铸件的内表面,并使金属呈定向结晶,因而铸件组织致密,铸件内没有或很少有气孔、缩孔和非金属类夹杂物,力学性能较好。离心铸造可以省去芯子,可以不设浇注系统,因此,减少了金属液的消耗量,提高了金属液的充型能力,改善了充型条件。但离心铸造铸件内表面质量较差,应增加铸件内孔的加工余量。

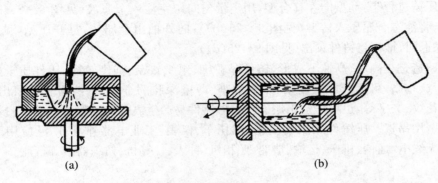

图9-26 离心铸造

离心铸造通常用于各种套、管、环状零件的铸造,是铸铁管、汽缸套、铜套、双金属轴承的主要生产方法。铸件的最大重量可达十几吨。在耐热钢辊筒、特殊钢的无缝管坯、造纸机烘缸等铸件生产中,离心铸造已被采用。

9.3.5 低压铸造

低压铸造是指金属液在气体压力作用下完成充型和凝固的铸造方法,其中压力为0.02~0.06 MPa。

如图9-27所示,铸型一般安置在储有金属液的密封坩埚上方,向坩埚中通入干燥的压缩空气(或惰性气体),在金属液表面造成低压力,使金属液由升液管上升填充铸型,铸型充满后再保持一定压力(或适当增压),使型内金属在压力下凝固,然后将坩埚上部与大气相通,随着压力消失,升液管和浇口中尚未凝固的金属液流回坩埚,打开铸型取出铸件。

低压铸造是介于一般重力铸造(砂型、金属型等)与压铸之间的方法。铸件的组织致密,力学性能较高。对于铝合金针孔缺陷的防止和铸件气密性的提高,效果尤其显著。铸件的表面质量高于金属型;充型压力和速度便于控制,可适应各种铸型(砂型、金属型、熔模型壳等);由于充型平稳,冲刷力小,且液流与气流的方向一致,故气孔、夹渣等缺陷较少。

低压铸造目前主要用于生产铸造质量要求高的铝合金、镁合金铸件,如汽缸体、缸盖、高速内燃机的铝活塞、带轮、变速箱壳体、医用消毒缸等形状较复杂的薄壁铸件。

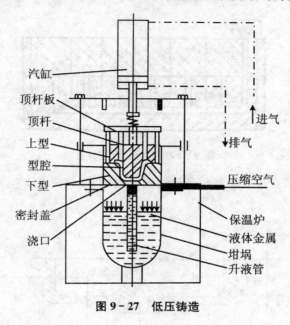

图9-27 低压铸造

9.4 铸造成形工艺设计

9.4.1 浇注位置的选择

浇注位置是指浇注时铸件在铸型内所处的位置,浇注位置确定即确定了铸件在浇注时所处的空间位置。铸件的浇注位置要符合铸件的凝固顺序,保证铸件的充型。

(1) 铸件的主要工作面和重要加工面应朝下或位于侧面:这是因为铸件上表面易产生气孔、夹渣、砂眼等缺陷,组织不如下表面致密。若铸件有多个加工面,应将较大的面朝下,其他表面加大加工余量来保证铸造质量,如图9-28所示。

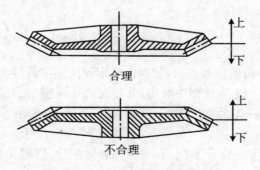

图9-28 圆锥齿轮的浇注位置

(2) 铸件的大平面应朝下或采用倾斜浇注：以避免因高温金属液对型腔上表面过热而使型砂开裂,造成夹砂、结疤等缺陷,如图 9-29 所示。

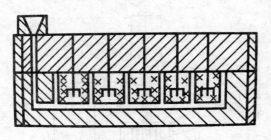

图 9-29　平板的浇注位置

(3) 铸件的薄壁部分应朝下或位于侧面或倾斜浇注：以避免产生冷隔或浇不足现象,如图 9-30 所示。

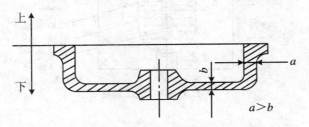

图 9-30　电机端盖的浇注位置

(4) 铸件厚大的部分应朝下或位于侧面：以便于设置浇冒口进行补缩,如图 9-31 所示。

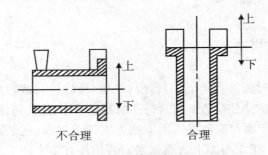

图 9-31　吊车卷筒的浇注位置

9.4.2　分型面的选择

分型面是指上、下砂型的接触表面,分型面确定就决定了铸件在造型时的位置。

① 应保证模样能顺利地从铸型中取出：分型面选择在模型的最大截面处,以便于取模。但要注意不要让模样在一个砂型内过高。如图 9-32 所示,采用方案 2 可以减小下箱模样的高度。

② 应尽量使分型面是一个平直的面：分型面数量应少,以避免不必要的型芯和活块,如图 9-33 所示。

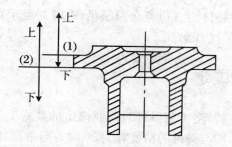

图 9-32 方案 2 可以减小模样在下箱的高度

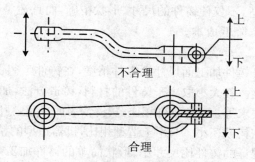

图 9-33 起重臂分型面的选择

③ 应尽量减少分型面的数量：如图 9-34 所示。

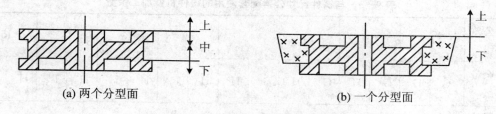

图 9-34 铸件的两种分型方案

④ 应尽量使铸件的全部或大部分处于同一砂箱：如图 9-35 所示，铸件尽量位于下砂箱内，以防止因错型而影响铸件的精度，同时也便于造型、下芯、合箱等操作，易于保证铸件的尺寸精度。

⑤ 应尽量使型芯和活块的数量减少：如图 9-36 所示。

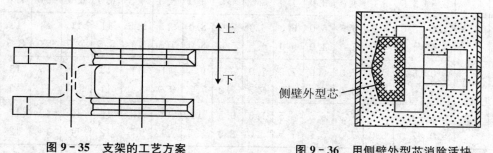

图 9-35 支架的工艺方案　　　图 9-36 用侧壁外型芯消除活块

⑥ 分型面的选择应尽量与浇注位置一致：以免合箱后再翻转砂箱。
⑦ 成批、大量生产时应避免采用活块造型和三箱造型。

上述各原则,对于具体铸件而言很难全面满足,有时甚至于互相矛盾。因此,必须抓住主要矛盾,全面考虑,选出最优方案。

9.4.3 工艺参数的确定

铸造工艺参数通常是指铸型工艺设计时需要确定的某些工艺数据,这些工艺参数一般都与模样和芯盒尺寸有关,即与铸件的精度有关,同时也与造型、制芯、下芯及合箱的工艺过程有联系。铸造工艺参数包括加工余量、最小铸孔的尺寸、收缩余量、起模斜度、型芯头尺寸等。工艺参数选择得合适,不仅使铸件的尺寸、形状精确,而且造型、制芯、下芯、合箱都大为简便,有利于提高生产率,降低成本。

1. 加工余量

加工余量是指为保证铸件加工面尺寸和零件精度,在铸件工艺设计时预先增加而在机械加工时切去的金属层厚度。其大小取决于铸件的材料,铸造方法,加工面在浇注时的位置,铸件结构、尺寸、加工质量要求等。与铸钢件相比,灰铸铁表面平整,精度较高,加工余量小;而有色金属铸件加工余量比灰铸铁还小。与手工造型相比,机器造型的精度高,加工余量小。尺寸大、结构复杂、精度不易保证的铸件比尺寸小、形状简单的铸件加工余量要大些。铸件的加工余量通常根据铸件的尺寸公差等级、加工余量等级、基本尺寸范围等确定。表9-3列出了灰铸铁的机械加工余量。

表9-3 与铸件尺寸公差配套使用的铸件机械加工余量

尺寸公差等级	8		9		10		11		12		13		14		15	
加工余量等级	G	H	G	H	G	H	G	H	H	J	H	J	H	J	H	J
基本尺寸 大于 / 至	加工余量数值															
— / 100	2.5 / 2.0	3.0 / 2.5	3.0 / 2.5	3.5 / 3.0	3.5 / 2.5	4.0 / 3.0	4.0 / 3.0	4.5 / 3.5	5.0 / 3.5	6.0 / 4.5	6.5 / 4.5	7.5 / 5.5	7.5 / 5.0	8.5 / 6.0	9.0 / 5.5	10 / 6.5
100 / 160	3.0 / 2.5	4.0 / 3.5	3.5 / 3.0	4.5 / 4.0	4.0 / 3.0	5.0 / 4.0	4.5 / 3.5	5.5 / 4.5	6.5 / 4.5	7.5 / 6.0	8.0 / 6.0	9.0 / 7.0	9.0 / 6.0	10 / 7.0	11 / 7.0	12 / 8.5
160 / 250	4.0 / 3.5	5.0 / 4.5	4.5 / 4.0	5.5 / 5.0	5.0 / 4.0	6.0 / 5.0	6.0 / 4.5	7.0 / 6.0	8.0 / 5.5	9.5 / 7.5	9.5 / 7.0	11 / 8.5	11 / 7.5	13 / 9.5	13 / 8.5	15 / 10
250 / 400	5.0 / 4.5	6.5 / 6.0	5.5 / 4.5	7.0 / 6.0	6.0 / 5.0	7.5 / 6.5	6.0 / 5.5	8.5 / 7.0	9.5 / 7.5	11 / 9.0	11 / 8.0	13 / 11	13 / 9.0	15 / 11	15 / 10	17 / 12
400 / 630	5.5 / 5.0	7.5 / 7.0	6.0 / 5.0	7.5 / 7.0	6.5 / 5.5	8.5 / 7.5	7.5 / 6.0	11 / 8.0	11 / 8.5	14 / 11	13 / 9.5	16 / 12	15 / 11	18 / 13	17 / 12	20 / 14

注:表中每栏有两个加工余量数值,上面数值是一侧为基准,另一侧进行单侧加工的加工余量值;下面数值是进行双侧加工的加工余量值。

2. 铸孔

机械零件上往往有许多孔,一般来说,应尽可能在铸造时铸出,这样既可节约金属,减少机械加工的工作量,又可使铸件壁厚比较均匀,减少形成缩孔、缩松等铸造缺陷的倾向。但是,当铸件上的孔尺寸太小,而铸件的壁厚又较厚和金属压力较高时反而会使铸件产生粘砂;有的孔为了铸出,必须采用复杂而且难度较大的工艺措施,而实现这些措施还不如采用机械加工的方法制出方便和经济;有时由于孔距要求很精确,铸孔很难保证质量。因此在确定零件上的孔是否铸出时,必须考虑铸出这些孔的可能性、必要性和经济性。

最小铸出孔与铸件的生产批量、合金种类、铸件大小、孔的长度及孔的直径等有关。表9-4列出了最小铸孔的数值,仅供参考。

表9-4 铸件的最小铸出孔径

生产批量	最小铸出孔直径/mm	
	灰铸铁件	铸钢件
大量生产	12~15	
成批生产	15~30	30~50
单件小批生产	30~50	50

注:(1) 若是加工孔,则孔的直径应为加上加工余量后的数值;
(2) 有特殊要求的铸件例外。

3. 收缩余量

收缩余量是指为了补偿铸件收缩,模样比铸件尺寸增大的数值。收缩余量一般根据线收缩率来确定,计算公式为

$$\varepsilon = \frac{L_{模} - L_{件}}{L_{件}} \times 100\%$$

式中,$L_{模}$——模样的尺寸;

$L_{件}$——铸件的尺寸;

$L_{模} - L_{件}$——收缩余量。

收缩余量大小与合金的种类有关,同时还受铸件结构、大小、壁厚、铸型种类及收缩时受阻情况等因素的影响。通常灰铸铁的铸造收缩率是0.7%~1.0%,铸钢的铸造收缩率为1.3%~2.0%,铝合金的铸造收缩率为0.8%~1.2%,锡青铜的铸造收缩率为1.2%~1.4%。表9-5为砂型铸造时金属铸造收缩率的经验数据。

表9-5 铸造金属的线收缩率

铸件种类		收缩率/%	
		阻碍收缩	自由收缩
灰铸铁	中小型铸件	0.8~1.0	0.9~1.1
	大中型铸件	0.7~0.9	0.8~1.0
	特大型铸件	0.6~0.8	0.7~0.9
球墨铸铁	珠光体球墨铸铁件	0.6~0.8	0.9~1.1
	铁素体球墨铸铁件	0.4~0.6	0.8~1.0
蠕墨铸铁	蠕墨铸铁件	0.6~0.8	0.8~1.2

续表

铸件种类		收缩率/%	
		阻碍收缩	自由收缩
可锻铸铁	壁厚大于 25 mm 的黑心可锻铸铁件	0.5～0.6	0.6～0.8
	壁厚小于 25 mm 的黑心可锻铸铁件	0.6～0.8	0.8～1.0
	白心可锻铸铁件	1.2～1.8	1.5～2.0
铸钢	碳钢与合金结构钢铸件	1.3～1.7	1.6～2.0
	奥氏体、铁素体钢铸件	1.5～1.9	1.8～2.2
	纯奥氏体钢铸件	1.7～2.0	2.0～2.3

4. 起模斜度(拔模斜度)

起模斜度是指为使模样容易从铸型中取出或型芯自芯盒脱出，平行于起模方向，在模样或芯盒壁上所增加的斜度。起模斜度的大小与模样壁的高度、模样的材料、造型方法等有关，通常为 15′～3°。壁愈高，斜度愈小；外壁斜度比内壁小；金属模的斜度比木模小；机器造型的比手工造型的小。如图 9-37 所示。

设计起模斜度时，对于加工面，当壁厚小于 8 mm 时可采用增加壁厚法；当壁厚为 8～12 mm 时可采用加减壁厚法。对于非加工面，常采用减少壁厚法。

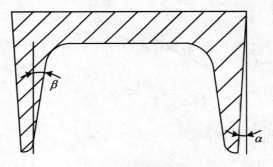

图 9-37 起模斜度

5. 型芯头

芯头是指伸出铸件以外不与金属接触的部分。作用是定位、支撑和排气。为了承受砂芯本身重力及浇注时液体对砂芯的浮力，芯头的尺寸应足够大才不致破损；浇注后砂芯所产生的气体，应能通过芯头排至铸型以外。在设计芯头时，除了要满足上面的要求外，还要考虑到下芯、合箱方便，应留有适当斜度，芯头与芯座之间要留有 1～4 mm 的间隙。图 9-38 为芯头的类型及芯头与芯座之间的间隙。

9.4.4 铸造成形工艺设计实例

如图 9-39 所示是滑动轴承座的铸造工艺图，包含分型面、砂芯的结构尺寸、浇冒口系统和各工艺参数等。单件小批量生产时，铸造工艺图使用红蓝色线条按规定的符号和文字画在零件图上。

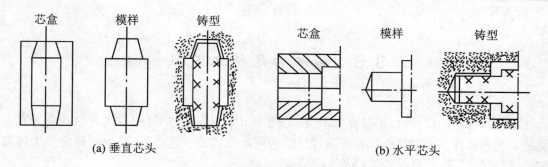

图 9-38　芯头的类型及芯头与芯座之间的间隙

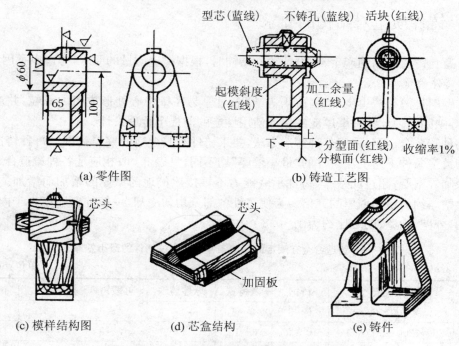

图 9-39　滑动轴承座的铸造工艺图和模样结构图

① 标出分型面：分型面的位置，在图上用红色线条加箭头表示，如"↑上↓下"，并注明上箱和下箱。

② 确定加工余量：加工余量在工艺图中用红色线条标出，剖面用红色全部涂上。

③ 标出起模斜度：在垂直于分型面的模样表面上应绘制起模斜度。起模斜度用红色线条表示。

④ 铸造圆角：为了便于造型和避免产生铸造缺陷，在零件图上两壁相交之处做成圆角，称铸造圆角，在铸造工艺图上用红线表示。

⑤ 型芯头及型芯座，用蓝色线条给出。此时应注意，型芯座应比型芯头稍大，二者之差即为下型芯时所需要的间隙。

⑥ 不铸出的孔，零件上较小的孔、槽在铸造中不易铸出时，在铸造工艺图上相应的孔位置处用红线打叉。

⑦ 标注收缩率：用红字标注在零件图的右下方。

9.5 铸件的结构工艺性

进行铸件结构设计时,不仅要考虑能否满足使用性能的要求,还必须考虑结构是否符合铸造工艺和铸件质量的要求。合理的铸件结构将简化铸造工艺过程,减少和避免产生铸造缺陷,提高生产率,降低材料消耗及生产成本。

9.5.1 铸件质量对结构的要求

为了避免铸造缺陷的产生,在设计铸件结构时,根据铸造质量的要求,考虑以下因素:

(1) 铸件的壁厚应合理

铸件壁厚过薄易产生浇不足、冷隔等缺陷;过厚易在壁中心处形成粗大晶粒,并产生缩孔、缩松等缺陷。因此铸件壁厚应在保证使用性能的前提下合理设计。

每一种铸造合金钢,采用某种铸造方法,要求铸件有其合适的壁厚范围。每种铸造合金在规定的铸造条件下所浇注铸件的"最小壁厚"均不同,见表9-6;相应地各种铸造合金也有一个最大临界壁厚,超过此壁厚,铸件承载能力不再按比例地随壁厚的增加而增加。通常,最大临界壁厚约为最小壁厚的三倍。为使铸件各部分均匀冷却,一般外壁厚度大于内壁,内壁大于肋,外壁、内壁、肋之比约为1∶0.8∶0.6。

表9-6 铸造合金在规定的铸造条件下所浇注铸件的最小壁厚

单位:mm

铸型种类	铸件尺寸(长×宽)	铸钢	灰铸铁	球墨铸铁	可锻铸铁	铝合金	铜合金
砂型	<200×200	6~8	5~6	6	4~5	3	3~5
	200×200~500×500	10~12	6~10	12	5~8	4	6~8
	>500×500	18~25	15~20	—	—	5~7	—
金属型	<70×70	5	4	—	2.5~3.5	2~3	3
	70×70~150×150	—	5	—	3.5~4.5	4	4~5
	>150×150	10	6	—	—	5	6~8

注:(1) 结构复杂的铸件及高强度灰铸铁件,选取较大值;(2) 最小壁厚是指未加工壁的最小壁厚。

为保证铸件的强度和刚度,又避免过大的截面,一般可根据载荷的性质,将铸件截面设计成T字形、工字形、槽形或箱形等结构,在脆弱处可设置加强肋,如图9-40所示。

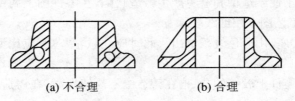

(a) 不合理 (b) 合理

图9-40 加强肋的应用示例

(2) 铸件壁厚力求均匀

铸件各部位壁厚若相差过大,由于各部位冷却速度不同,易形成热应力而使厚壁与薄壁连接处产生裂纹,同时在厚壁处形成热节而产生缩孔、缩松等缺陷。因此应取消不必要的厚大部分,减小、减少热节,如图 9-41 所示。

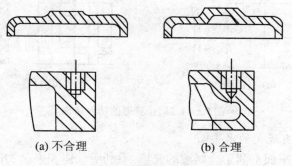

图 9-41 铸件壁厚的设计

(3) 铸件壁的连接和圆角

铸件的壁厚应力求均匀,如果因结构所需,不能达到厚薄均匀,则铸件各部分不同壁厚的连接应采用逐渐过渡。壁厚过渡形式如图 9-42 所示。图 9-43 列举了两种铸钢件的结构,其中图(a)结构由于两截面交接处成直角形拐弯而形成热节,故在此处易形成热裂;设计成图(b)形示,采用圆角过渡可以有效地消除热裂倾向。

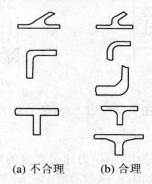

图 9-42 常见连接的几种形式

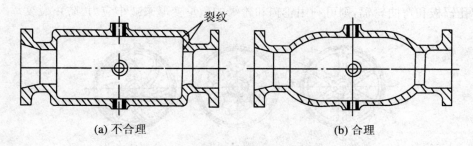

图 9-43 铸钢件结构对热裂的影响

(4) 防止铸件产生变形

为了防止某些细长易挠曲的铸件产生变形,应将其截面设计成对称结构,利用对称截面的相互抵消作用减小变形。为防止大而薄的平板铸件产生翘曲变形,可设置加强肋以提高其刚度,防止变形。如图9-44所示。

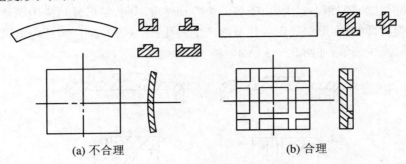

(a) 不合理　　　　　　　　(b) 合理

图9-44　防止变形的铸件结构

(5) 铸件应避免有过大的水平面

铸件上过大的水平面不利于金属液的充填,不利于气体和夹杂物的排除,容易使铸件产生冷隔、浇不足、气孔、夹渣等缺陷。并且,铸型内水平型腔的上表面受高温金属液长时间烘烤,易开裂而产生夹砂、结疤等缺陷。因此,应尽量将其设计成倾斜壁,如图9-45所示。

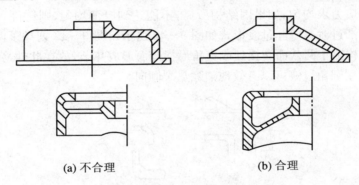

(a) 不合理　　　　　　　　(b) 合理

图9-45　过大水平面的设计

(6) 铸件结构应有利于自由收缩

铸件收缩受到阻碍时将产生应力,当应力超过合金的强度极限时将产生裂纹。因此设计铸件时应尽量使其自由收缩。如图9-46(a)所示轮形铸件的轮辐为偶数、直线形,对于线收缩很大的合金,会因为应力过大而产生裂纹。将其改为奇数轮辐,或如图9-46(b)、(c)所示的带孔辐板和弯曲轮辐,则可利用轮辐和轮缘的微量变形来减小应力,防止裂纹。

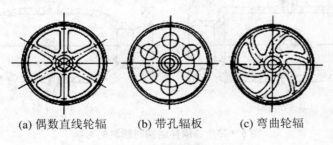

(a) 偶数直线轮辐　　(b) 带孔辐板　　(c) 弯曲轮辐

图9-46　轮辐的设计

9.5.2　铸造工艺对结构的要求

在满足使用性能的前提下,铸件结构应尽量简化制模、造型、制芯、合箱和清理等铸造生产工序。设计铸件结构时,应考虑以下因素:

(1) 尽量减少分型面的数量,并使分型面为平面

分型面的数量少,可相应减少砂箱数量,避免因错型而造成的尺寸误差,提高铸件精度,如图 9-47 所示。分型面为平面可省去挖砂等操作,简化造型工序。

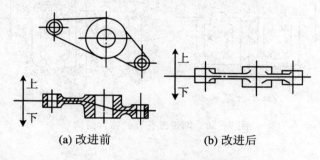

图 9-47　摇臂铸件的结构设计

(2) 尽量取消铸件外表侧凹

铸件的侧凹部分会妨碍起模,这时需要增加砂芯才能形成凹入部分的形状,如若改进铸件结构,即能避免侧凹部分。如图 9-48 所示。

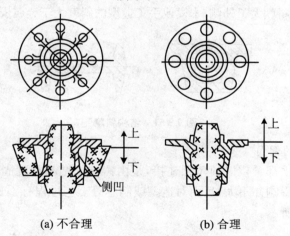

图 9-48　带有外表侧凹的铸件结构改进

(3) 有利于型芯固定、排气和清理

将轴承支架的原设计图 9-49(a) 改为图 9-49(b) 所示的结构,型芯为具有三个芯头的整体结构,避免了原设计中型芯难以固定、排气和清理的问题。型芯只能用型芯撑支承,型芯的稳定性不够,排气不好,且铸件不易清理,在不影响使用性能的前提下,将图 9-50(a) 所示结构改为图 9-50(b) 所示的结构,在铸件底部增设两个工艺孔,可简化铸造工艺。若零件不允许有此孔,可在机械加工时用螺钉或柱塞堵死,如为铸钢件可用钢板焊死。

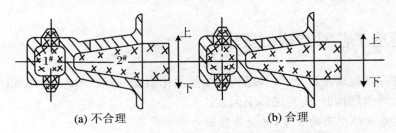

图 9-49　轴承支架的结构设计

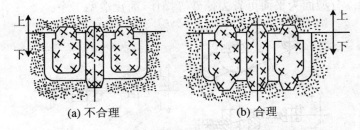

图 9-50　增设工艺孔的铸件结构

(4) 结构斜度

铸件上凡垂直于分型面的非加工表面均应设计出斜度,即结构斜度,如图 9-51 所示。结构斜度使起模方便,不易损坏型腔表面,延长模具使用寿命;起模时模样松动小,铸件尺寸精度高;有利于采用吊砂或自带型芯;还可以使铸件外形美观。

结构斜度的大小与壁的高度、造型方法、模样的材料等很多因素有关。随铸件高度增加,其斜度减小;铸件内侧斜度大于外侧;木模或手工造型的斜度大于金属模或机器造型的斜度。

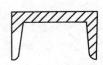 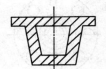 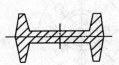

图 9-51　结构斜度

(5) 去除不必要的圆角

铸件的转角处几乎都希望以圆角相连接,是由铸件的结晶和凝固合理性决定的。但有些外圆角对铸件质量影响并不大,反而对造型或制芯等工艺过程有不良效果,这时就应将圆角取消。如图 9-52 所示。

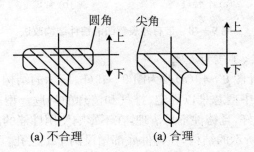

图 9-52　去除不必要的圆角

复习思考题

选择题

1. 关于合金的流动性,说法正确的是_____。
   A. 与浇注温度有关、与化学成分无关　　B. 与浇注温度有关、与化学成分有关
   C. 与浇注温度无关、与化学成分有关　　D. 与浇注温度无关、与化学成分无关
2. 铸件常产生浇不足、冷隔等缺陷,为防止这些缺陷的产生,可采取的措施有_____。
   A. 适当提高浇注温度　　B. 适当提高浇注速度
   C. 适当增大铸件壁厚　　D. 都可以
3. 属于型(芯)砂性能要求的是_____。
   A. 硬度高　　B. 可塑性好　　C. 抗疲劳　　D. 耐腐蚀
4. 冒口的作用是_____。
   A. 补缩和排气　　B. 散热
   C. 有利于造型　　D. 浇注系统的一部分
5. 冲天炉加料的顺序是_____。
   A. 焦炭→熔剂→金属料　　B. 熔剂→焦炭→金属料
   C. 金属料→焦炭→熔剂　　D. 金属料→熔剂→焦炭

问答题

1. 铸造生产有哪些特点?
2. 影响金属流动性的因素有哪些?
3. 型砂是由哪些材料组成的?应具备哪些性能?
4. 什么是合金的铸造性能?包含哪些内容?
5. 常见的砂型铸造有哪些?
6. 何谓浇注系统?由哪几部分组成?
7. 铸造时对铸件的工艺结构有何要求?
8. 试述手工砂箱造型的过程。
9. 浇注位置选择的原则是什么?
10. 分型面选择的原则是什么?
11. 如何确定工艺参数?
12. 铸造的缺陷有几种?产生的原因是什么?如何防止?
13. 离心铸造的特点是什么?适应何种场合?
14. 熔模铸造的特点是什么?适应何种场合?
15. 金属型铸造的特点是什么?适应何种场合?
16. 压力铸造的特点是什么?适应何种场合?

第 10 章 锻压成形

10.1 锻压成形基础知识

10.1.1 锻压成形的性质

锻压是对坯料施加外力,使其产生塑性变形,改变尺寸、形状及改善性能,用以制造机械零件或毛坯的成形方法。金属锻压成形加工包括锻造(自由锻、模锻、胎模锻等)、冲压、挤压、轧制、拉拔等。

(1) 锻造是指在加压设备及工(模)具的作用下,使坯料、铸锭产生局部或全部的塑性变形,以获得一定几何尺寸、形状和质量的锻件的加工方法。

(2) 冲压是指使坯料经分离或成形而得到制件的工艺统称。

(3) 挤压是指坯料在封闭模腔内受三向不均匀压应力作用下,从模具的孔口或缝隙挤出,使之横截面积减少,成为所需制品的加工方法。

(4) 轧制是指金属材料(或非金属材料)在旋转轧辊的压力作用下,产生连续塑性变形,获得所要求的截面形状并改变其性能的方法,按轧辊轴线与轧制线间和轧辊转向的关系不同可分为纵轧、斜轧和横轧三种。

(5) 拉拔是指坯料在牵引力作用下通过模孔拉出使之产生塑性变形而得到截面小、长度增加制件的工艺。

10.1.2 锻压成形加工的特点和应用

1. 锻压成形加工的特点

(1) 锻压加工后,可使金属获得较细密的晶粒,改善了金属内部组织,提高了金属的力学性能。

(2) 锻压加工后,坯料的形状和尺寸发生改变而其体积基本不变,与切削加工相比可节约金属材料,提高生产率。

(3) 能加工各种形状、重量的零件,生产范围广。

(4) 由于锻压是在固态下成形,金属流动受到限制,因此锻件形状所能达到的复杂程度不如铸件。此外,一般制件的尺寸精度、形状精度和表面质量还不够高,加工设备比较昂贵,制件的加工成本比铸件高,一般铸件的精度和表面质量还需要进一步提高。

2. 锻压成形加工的应用

金属锻压成形在机械制造、汽车、拖拉机、仪表、电子、造船、冶金工程及国防等工业中有着广泛的应用。机械中受力大而复杂的零件,一般都采用锻件作毛坯,如主轴、曲轴、连杆、齿轮、凸轮、叶轮、炮筒等。飞机的锻压件质量占全部零件质量的80%,汽车上70%的零件均是由锻压加工成形的。

10.1.3 金属的塑性变形

1. 金属塑性变形的性质

金属在外力作用下产生弹性变形和塑性变形,塑性变形是锻压成形的基础,塑性变形引起金属尺寸和形状的改变,对金属组织和性能有很大影响,具有一定塑性变形的金属才可以在热态或冷态下进行锻压成形。

如图10-1所示为单晶体的变形过程。晶体未受到切应力作用时原子处于平衡状态,如图10-1(a)所示。在切应力作用下,原子离开原来的平衡位置,改变了原子间的相互距离,产生了变形,原子位能增高。由于处于高位能的原子具有返回到原来低位能平衡位置的倾向,所以当应力去除后变形也随之消失,这种变形称为弹性变形,如图10-1(b)所示。当切应力增加到大于原子间的结合力后,使某晶面两侧的原子产生相对滑移,如图10-1(c)所示。单晶体的滑移是通过晶体内的位错运动来实现的。滑移后,若去除切应力,晶格歪扭可恢复,但已滑移的原子不能恢复到变形前的位置,被保留的这部分变形即为塑性变形,如图10-1(d)所示。

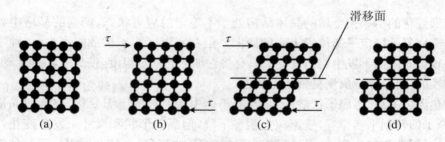

图10-1 单晶体的变形过程

常用金属一般都是多晶体,其塑性变形可以看成是由许多单个晶粒产生塑性变形的综合作用。多晶体变形首先从晶格位向有利于滑移的晶粒内开始,然后随切应力增加,再发展到其他位向的晶粒。由于多晶体晶粒的形状、大小和位向各不相同,以及在塑性变形过程中还存在晶粒与晶粒之间的滑动与转动,即晶间变形,所以多晶体的塑性变形比单晶体要复杂得多。多晶体塑性变形中,晶内变形是主要的,晶间变形很小。

2. 金属塑性变形后组织和性能的变化

(1) 冷塑性变形后的组织变化

金属在常温下经塑性变形,其显微组织出现晶粒伸长、破碎、晶粒扭曲等特征,并伴随着内应力的产生。

(2) 冷变形强化(加工硬化)

冷变形时,随着变形程度的增加,金属材料的所有强度指标和硬度都有所提高,但塑性有所下降,如图10-2所示,这种现象称为冷变形强化。冷变形强化是由于塑性变形时,滑移面上产生了很多晶格位向混乱的微小碎晶块,滑移面附近晶格也处于强烈的歪扭状态,产生了较大的应力,增加了继续滑移的阻力所造成的。

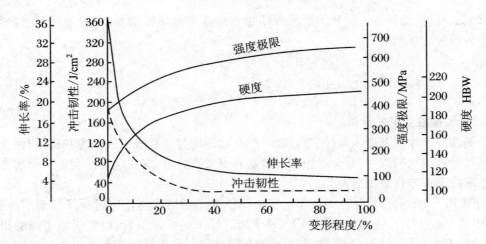

图 10-2 塑性变形对低碳钢性能的影响

冷变形强化在生产中很有实用意义,它可以强化金属材料,特别是一些不能用热处理进行强化的金属,如纯金属、奥氏体不锈钢、形变铝合金等,都可以用冷轧、冷挤、冷拔或冷冲压等加工方法来提高其强度和硬度。但是,冷变形强化会给金属进一步变形带来困难,所以常在变形工序之间安排中间退火,以消除冷变形强化,恢复金属塑性。

(3) 回复与再结晶

冷变形强化的结果使金属的晶体结构处于不稳定的应力状态,畸变的晶格中处于高位能的原子有恢复到稳定平衡位置上去的倾向。但在室温下原子扩散能力小,这种不稳定状态能保持较长时间而不发生明显变化。只有将它加热到一定温度,使原子加剧运动,才会发生组织和性能变化,使金属恢复到稳定状态。

当加热温度不高时,原子扩散能力较弱,不能引起明显的组织变化,只能使晶格畸变程度减轻,原子回复到平衡位置,残留应力明显下降,但晶粒形状和尺寸未发生变化,强度、硬度略有下降,塑性稍有升高,这一过程称为回复(或称为恢复)。使金属得到回复的温度称为回复温度,用 $T_回$ 表示。纯金属 $T_回=(0.25\sim0.30)T_熔$($T_熔$ 为纯金属的熔点温度)。

生产中常利用回复现象对工件进行去应力退火,以消除应力,稳定组织,并保留冷变形强化性能。如冷拉钢丝卷制成弹簧后为消除应力使其定形,需进行一次去应力退火。

当加热到较高温度时,原子扩散能力增强,因塑性变形而被拉长的晶粒重新形核、结晶,变为等轴晶粒,消除了晶格畸形边、冷变形强化和应力,使金属组织和性能恢复到变形前状态,这个过程称为再结晶。开始产生再结晶现象的最低温度称为再结晶温度,用 $T_再$ 表示,纯金属再结晶温度 $T_再\approx0.40T_熔$。

如图 10-3 所示,为冷变形后金属在加热过程中发生回复和再结晶的组织变化示意图。

再结晶是以一定速度进行的,因此需要一定时间。再结晶速度取决于变形时的温度和预先变形程度,变形金属加热温度越高,变形程度越大,再结晶过程所用时间越短。生产中为加快再结晶过程,再结晶退火温度要比再结晶温度高 100~200 ℃。再结晶过程完成后,若继续升高加热温度,或保温时间过长,则会发生晶粒长大现象,使晶粒变粗、力学性能变坏,故应正确掌握再结晶退火的加热温度和保温时间。

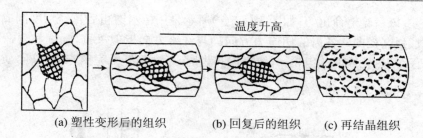

(a) 塑性变形后的组织　　(b) 回复后的组织　　(c) 再结晶组织

图 10-3　金属回复和再结晶过程中的组织变化

3. 冷变形和热变形

金属在不同温度下变形后的组织和性能是不同的,因此塑性变形分为冷变形和热变形两类。再结晶温度以下的变形称为冷变形。冷变形过程中只有冷变形强化而无回复与再结晶现象。冷变形时变形抗力大,变形量不宜过大,以免产生裂纹。因变形是在低温下进行,无氧化脱碳现象,故可获得较高的尺寸精度和表面质量。再结晶温度以上的变形称为热变形。热变形后的金属具有再结晶组织而不存在冷变形强化现象,因为冷变形强化被同时发生的再结晶过程消除了。热变形能以较小的力得到较大的变形,变形抗力通常只有冷变形的 1/5～1/10,所以金属压力加工多采用热变形。但热变形时因产生氧化脱碳现象,工件表面粗糙,尺寸精度较低。

10.1.4　锻造流线与锻造比

1. 锻造流线

热变形使铸锭中的脆性杂质粉碎,并沿着金属主要伸长方向呈碎粒状分布,而塑性杂质则随金属变形,并沿着主要伸长方向呈带状分布,金属中的这种杂质的定向分布通常称为锻造流线。

锻造流线使金属的性能呈各向异性。沿着流线方向(纵向)的抗拉强度较高,而垂直于流线方向(横向)的抗拉强度较低。锻造流线使锻件在纵向(平行流线方向)上塑性增加,而在横向(垂直流线方向)上塑性和韧性降低。表 10-1 为 45 钢力学性能与锻造流线方向的关系。

表 10-1　45 钢力学性能与锻造流线方向的关系

取样方向	σ_b/MPa	σ_s/MPa	δ/%	ψ/%	A_{KV}/J
纵向(平行流线方向)	715	470	17.5	62.8	49.6
横向(垂直流线方向)	675	440	10	31	24

设计和制造零件时,应使零件工作时的最大正应力方向与流线方向平行,最大切应力方向与流线方向垂直,从而得到较高的力学性能。流线的分布应与零件外轮廓相符而不被切断。如图 10-4(a)所示为采用棒料直接用切削加工方法制造的螺栓,受横向切应力时使用性能好,受纵向切应力时易损坏;而如图 10-4(b)所示用局部镦粗方法制造的螺栓,其受横、纵切应力时使用性能均好。如图 10-5(a)所示是用棒料直接切削成形的齿轮,齿根产生的正应力垂直纤维方向,质量最差,寿命最短;如图 10-5(b)所示是用扁钢经切削加工的齿轮,齿 1 的根部正应力与纤维方向平行,切应力与纤维方向垂直,力学性能好,齿 2 的情况正好

相反,性能差,该齿轮寿命也短;如图 10-5(c)所示是用棒料镦粗后再经切削制成的齿轮,纤维方向呈放射状(径向),各齿的切应力方向均与纤维方向近似垂直,强度和寿命较高;如图 10-5(d)所示是热轧成形的齿轮,纤维方向与齿廓一致,且纤维完整未被切断,质量最好,寿命最长。

 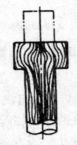

(a) 用切削加工法制造的螺栓毛坯　　(b) 用局部镦粗法制造的螺栓毛坯

图 10-4　螺栓的纤维组织与加工方法关系

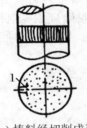 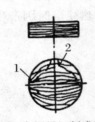 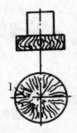 

(a) 棒料经切削成形　(b) 扁钢经切削成形　(c) 棒料镦粗再经切削成形　(d) 热轧成形

图 10-5　不同成形工艺齿轮的纤维组织分布

2. 锻造比

热变形对金属组织和性能的影响主要取决于热变形的程度,而热变形的大小可用锻造比 γ 来表示。锻造比是金属变形程度的一种表示方法,通常用变形前后的截面比、长度比或高度比来计算。

$$\gamma_{拔长} = A_0/A = l/l_0, \quad \gamma_{镦粗} = h_0/h$$

式中,A_0、A——分别为坯料拔长变形前、后的截面积;

l_0、l——分别为坯料拔长变形前、后的长度;

h_0、h——分别为坯料镦粗变形前、后的高度。

锻造比愈大,热变形程度愈大,则金属的组织、性能改善愈明显,锻造流线也愈明显。对沿流线方向有较高力学性能要求的锻件(如拉杆),应选择较大的锻造比;对垂直于流线方向有较高力学性能要求的锻件(如吊钩),锻造比取 2～2.5 即可。

10.1.5　影响金属锻压性能的因素

金属锻压变形的难易程度称为金属的锻压性能。金属塑性越好,变形抗力越小,则金属的锻压性能越好。反之,锻压性能差。金属锻压性能是金属材料重要的工艺性能,金属的内在因素和外部条件是影响锻压性能的主要因素。

(1) 化学成分

纯金属的锻压性能比其合金好。碳素钢随含碳量增加,锻压性能变差。合金钢中合金元素种类和含量越多,锻压性能越差。特别是加入能提高高温强度的元素,如钨、钼、钒、钛等时,锻压性能更差。

(2) 组织结构

固溶体(如奥氏体等)锻压性能好,化合物(如渗碳体等)锻压性能很差。单相组织的锻压性能比多相组织好。铸态的柱状组织及粗晶粒组织不如晶粒细小而均匀组织的锻压性能好。

(3) 变形温度

在不产生过热的条件下,提高金属变形温度,可使原子动能增加,结合力减弱,塑性增加,变形抗力减小。高温下再结晶过程很迅速,能及时克服冷变形强化现象。因此,适当提高变形温度可改善金属锻压性能。

(4) 变形速度

变形速度即单位时间内的相对变形量。随着变形速度的提高,金属的回复和再结晶不能及时克服冷变形强化现象,使塑性下降,变形抗力增加,锻压性能变差。但是,当变形速度超过临界值后,由于塑性变形的热效应,使金属温度升高,加快了再结晶过程,使塑性增加,变形抗力减小。

(5) 应力状态

用不同的锻压方法使金属变形时,其内部应力也可能不同。挤压是三向压应力状态;拉拔是轴向受拉,径向受压;自由锻镦粗时,锻件是三向压应力,而侧表面层,水平方向的压应力转化为拉应力。实践证明,变形区的金属在三个方向上的压应力数目越多,塑性越好,但压应力增加了金属内部摩擦,使变形抗力增大;拉应力数目越多,塑性越差。这是因为拉应力易使滑移面分离,使缺陷处产生应力集中,促成裂纹的产生和发展,而压应力的作用与拉应力相反。

10.1.6 坯料的加热

1. 加热的目的

加热的目的是为了提高坯料的塑性,降低变形抗力,改善锻压性能。在保证坯料均匀热透的条件下,应尽量缩短加热时间,以减少氧化和脱碳,降低燃料消耗。

2. 加热设备

(1) 明火炉

将坯料直接置于固体燃料上加热的炉子称为明火炉,又称手锻炉。它供手工锻造及小型空气锤上自由锻加热坯料使用,也可用于长杆形坯料的局部加热。明火炉的结构如图10-6所示。燃料放在炉算上,燃烧所需的空气由鼓风机经风管从炉算下方送入煤层。堆料平台可堆放坯料或备用燃料,后炉门用于出渣及加热长杆件时外伸之。

(2) 反射炉

燃料在燃烧室中燃烧,高温炉气(火焰)通过炉顶反射到加热室中加热坯料的炉子称为反射炉。反射炉以烟煤为燃料,其结构如图10-7所示。燃烧所需的空气经过换热器预热后送入燃烧室。高温炉气越过火墙进入加热室。加热室的温度可达1350 ℃。废气经烟道排出。坯料从炉门装入和取出。反射炉目前在我国一般锻工车间中使用较普遍。

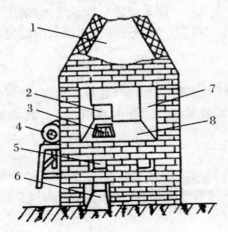

图 10-6 明火炉结构示意图
1—烟囱；2—后炉门；3—炉箅；4—鼓风机；5—火钩槽；6—灰坑；7—前炉门；8—堆料平台

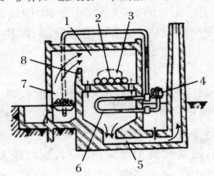

图 10-7 反射炉结构示意图
1—加热室；2—坯料；3—炉门；4—鼓风机；5—烟道；6—换热器；7—燃烧室；8—火墙

（3）室式炉

炉膛三面是墙，一面有门的炉子称为室式炉。室式炉以重油或煤气为燃料。室式重油炉的结构如图 10-8 所示。压缩空气和重油分别由两个管道送入喷嘴，压缩空气从喷嘴喷出时所造成的负压，将重油带出并喷成雾状，进行燃烧。

（4）电阻炉

电阻炉利用电阻加热器通电时所产生的电阻热作为热源，以辐射方式加热坯料。电阻炉分为中温电炉（加热器为电阻丝，最高使用温度为 1100 ℃）和高温电炉（加热器为硅碳棒，最高使用温度为 1600 ℃）两种。图 10-9 为箱式电阻丝加热炉。主要用于精密锻造及高合金钢、有色金属的加热。

3. 锻造温度范围

坯料锻压成形是在一定温度范围内进行的，锻造温度范围是指由始锻温度到终锻温度之间的温度间隔。

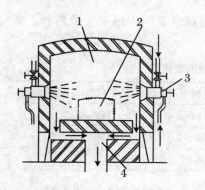
图 10-8 室式重油炉
1—炉膛；2—炉门；3—喷嘴；4—烟道

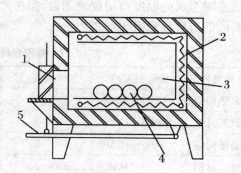
图 10-9 箱式电阻炉
1—炉门；2—电阻丝；3—炉膛；4—工件；5—踏杆

(1) 始锻温度

开始锻造时坯料的温度，称始锻温度。在不出现过热的前提下，应尽量提高始锻温度以使坯料具有最佳的锻压性能，并能减少加热次数，提高生产率。碳钢的始锻温度比固相线低 200 ℃左右，如图 10-10 所示。

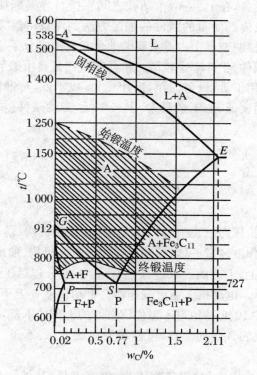

图 10-10 碳钢的锻造温度范围

(2) 终锻温度

坯料经锻造成形，在停锻时锻件的瞬时温度，称终锻温度。终锻温度应高于再结晶温度，以保证金属有足够的塑性以及锻后能获得再结晶组织。终锻温度过高，易形成粗大晶粒，降低力学性能；终锻温度过低，锻压性能变差。碳钢的终锻温度为 800 ℃左右，如图 10-10 所示。

锻造时金属的温度可用仪表测量,但生产中一般用观察金属火色来大致判断。常用金属材料的锻造温度见表 10-2。

表 10-2 常用金属材料的锻造温度范围

金属材料	始锻温度/℃	终锻温度/℃	金属材料	始锻温度/℃	终锻温度/℃
碳素结构钢	1200~1250	800~850	高速工具钢	1100~1150	900
碳素工具钢	1050~1150	750~800	弹簧钢	1100~1150	800~850
合金结构钢	1100~1200	800~850	轴承钢	1080	800
合金工具钢	1050~1150	800~850	硬铝	470	380

10.2 自 由 锻

自由锻是利用锻造设备,在上、下两个砧铁之间直接对坯料施加外力,使坯料产生变形而获得所需的几何形状及内部质量的锻件的加工方法。用自由锻方法制造的毛坯,力学性能都较高,所以在重型机械制造厂中占有重要的地位。自由锻分手工锻造和机器锻造两种。手工锻造只能生产小型锻件,生产率也较低。机器锻造则是自由锻的主要生产方法。

自由锻工艺灵活,所用工具、设备简单,通用性大,成本低,可锻造小至几克大到数百吨的锻件。但自由锻尺寸精度低,加工余量大,生产率低,劳动条件差,劳动强度大,要求工人技术水平较高。

10.2.1 自由锻设备

1. 空气锤

空气锤的结构由锤身、压缩缸、工作缸、传动机构、操纵机构、落下部分及砧座几个部分组成。锤身、压缩缸及工作缸铸成一体,传动机构包括减速机构、曲柄连杆机构等,操纵机构包括操纵手柄(或踏杆)、上、下旋阀及其连接杠杆,落下部分包括工作缸活塞、锤杆、锤头及上砧铁,如图 10-11 所示。电动机 3 通过减速器 2 带动活塞 5 上下往复运动。作为动力介质的空气通过旋转气阀 7、10 交替地进入工作汽缸 8 的上部或下部,使活塞 9 连同上砧铁 11 一起作上下运动。控制旋转气阀的位置,可使锤头完成上悬、下压、单次打击和连续打击等动作。

该空气锤结构简单、操作方便、设备投资少、维修容易,其规格为 650~7500 N,适用于锻造 50 kg 以下的小型锻件。

2. 蒸汽—空气锤

蒸汽—空气锤是利用压力为 0.70~0.90 MPa 的蒸汽或压缩空气为动力的锻锤。蒸汽—空气锤主要由机架、工作缸、落下部分和配汽机构等几部分组成,如图 10-12 所示。

蒸汽或压缩空气从进气管 12 经滑阀 11 的中间细颈与阀套壁所形成的气道,进入活塞 10 的下面,使锤杆 8、锤头 5、上砧 4 向上运动,如图 10-12(a)所示。汽缸上部的蒸汽经排气管 13 排出。提起滑阀 11，蒸汽进入汽缸 7 上部，使锻锤向下运动，如图 10-12(b)所示。汽缸下部蒸汽经滑阀内孔从排气管 13 排出。操纵手柄使滑阀上、下运动，可完成各种动作。

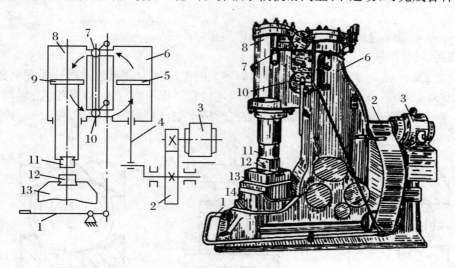

图 10-11 空气锤

1—踏杆；2—减速器(齿轮)；3—电动机；4—连杆；5—压缩活塞；6—压缩汽缸；7、10—旋转气阀；8—工作汽缸；9—工作活塞；11—上砧铁；12—下砧铁；13—砧垫；14—砧座

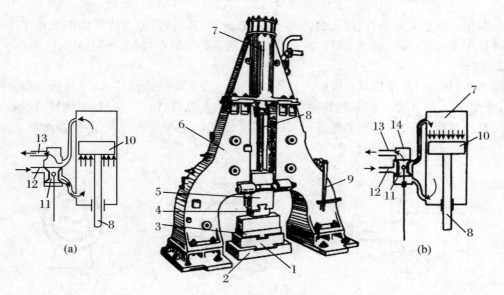

图 10-12 蒸汽—空气锤

1—砧垫；2—底座；3—下砧；4—上砧；5—锤头；6—机架；7—工作汽缸；8—锤杆；9—操纵手柄；10—活塞；11—滑阀；12—进气管；13—排气管；14—滑阀汽缸

该锻锤结构紧凑，刚度好。锤头两旁有导轨，可保证锤头运动的准确性，打击时较为平稳，但操作空间较小。蒸汽—空气锤规格为 10～50 kN，可锻造中等重量(50～700 kg)的锻件。

10.2.2 自由锻基本工序

自由锻基本工序包括镦粗、拔长、冲孔、切割和弯曲等。

1. 镦粗

使坯料的整体或一部分高度减小、截面积增大的工序称为镦粗。镦粗分为完全镦粗、局部镦粗和垫环镦粗等,如图10-13所示。镦粗坯料高径比不宜过大,以免镦弯;坯料两端面要平整且垂直于轴线;坯料加热要均匀,且锻打时经常绕自身轴线旋转,以使变形均匀。

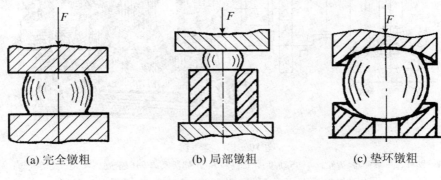

(a) 完全镦粗　　(b) 局部镦粗　　(c) 垫环镦粗

图10-13　镦粗

镦粗用于制造高度小、截面大的盘类工件,如齿轮、圆盘等;作为冲孔前的准备工序,以减小冲孔深度;增加某些轴类工件的拔长锻造比,提高力学性能,减少各向异性。

2. 拔长

减小坯料截面积、增加其长度的工序称为拔长。拔长有平砧铁拔长、芯棒拔长、芯棒扩孔等,如图10-14所示。拔长操作时,坯料在平砧铁上拔长时应反复做90°翻转,圆轴应逐步成形最后摔圆;应选用适当的送进量,以提高拔长效率;芯棒上扩孔时,芯棒要光滑。

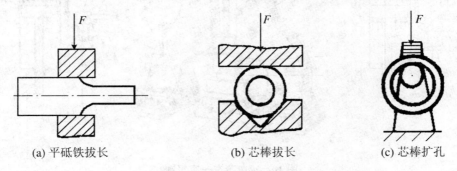

(a) 平砧铁拔长　　(b) 芯棒拔长　　(c) 芯棒扩孔

图10-14　拔长

拔长主要用于制造长轴类的实心或空心工件,如轴、拉杆、曲轴、炮筒、套筒以及大直径的圆环等。

3. 冲孔

在实心坯料上冲出通孔或不通孔的工序称为冲孔。冲孔有空心冲子冲孔、实心冲子冲孔、板料冲孔等,其中实心冲子冲孔又有单面冲孔(见图10-15)和双面冲孔(见图10-16)之分。冲孔前应先镦平端面;采用双面冲孔时,先正面冲孔,再将坯料翻转后冲通。

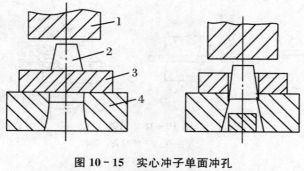

图 10 - 15 实心冲子单面冲孔
1—上砧；2—冲子；3—坯料；4—漏盘

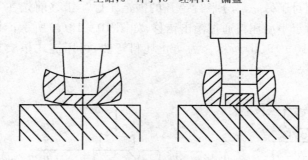

图 10 - 16 实心冲子双面冲孔

冲孔主要用于制造空心工件，如齿轮坯、圆环、套筒等。有时也用于去除铸锭中心质量较差的部分，以便锻制高质量的大工件。

4. 切割

切割是将坯料分割开或部分割裂的锻造工序。最常用的为单面切割法，如图 10 - 17(a) 所示，利用剁刀 1 锤击切入坯料 3，直至仅存一层很薄连皮时加以翻转，锤击方铁 2 除去连皮。方铁应略宽于连皮，避免产生毛刺。薄坯料亦用直接锤击刀口略有错开的两个方铁 2 的剪性切割法，如图 10 - 17(b) 所示。

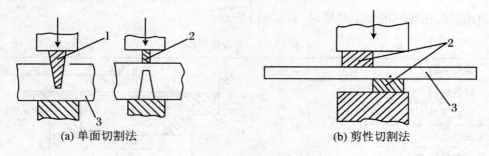

(a) 单面切割法　　　　　　　　　(b) 剪性切割法

图 10 - 17　切割
1—剁刀；2—方铁；3—坯料

5. 弯曲

将坯料弯成所需形状的锻造工序。与其他工序联合使用，可以得到如吊钩、舵杆、角尺、曲栏杆等弯曲形状的锻件。弯曲方法如图 10 - 18 所示，可以在砧角上用大锤弯曲，也可用吊车弯曲，近来广泛采用截面相适应的胎模弯曲。

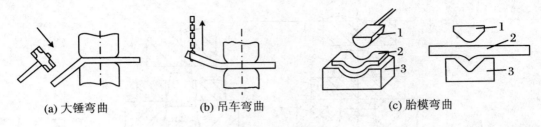

图 10-18 弯曲
1—成形压铁；2—坯料；3—胎模

6. 错移

将坯料一部分相对于另一部分平行错开的锻造工序。错移前先在需错移的部分压痕，并用三角刀切肩。对于小型坯料通过锤击错移，如图 10-19(a)所示；对于大型坯料通过水压机加压错移，如图 10-19(b)所示。为防止坯料弯曲，可用链式垫块支承，随着错移的进行，逐渐去掉支承垫块。

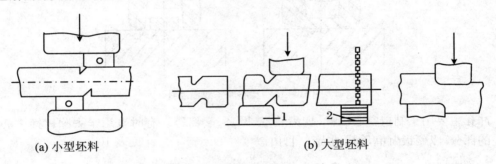

图 10-19 错移
1—下砧；2—链式垫块

10.2.3 自由锻实例

自由锻一齿轮坯的加工过程，如表 10-3 所示。

表 10-3 齿轮坯锻造

锻件名称	齿轮
锻件材料	45 钢
坯料质量	19.5 kg
锻件质量	18.5 kg
坯料尺寸	∅120×221
每坯锻件数	1

火次	温度/℃	工序名称	变形过程	设备	工具
1	始锻温度 1200 终锻温度 800	镦粗	∅120, 221	7500 N 自由锻锤	

续表

火次	温度/℃	工序名称	变形过程	设备	工具
2	1200～800	局部镦粗（漏盘镦粗）	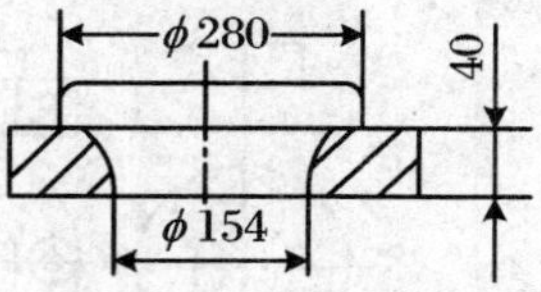 φ280, φ154, 40	7500 N自由锻锤	普通漏盘
3	1200～800	冲孔	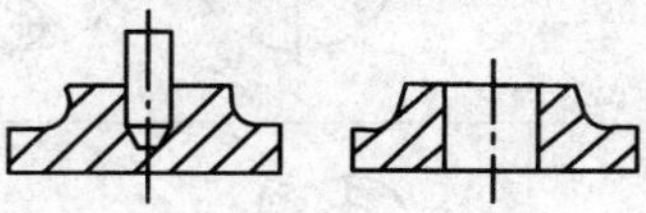	7500 N自由锻锤	冲头
4	1200～800	冲头扩孔		7500 N自由锻锤	冲头
5		整形	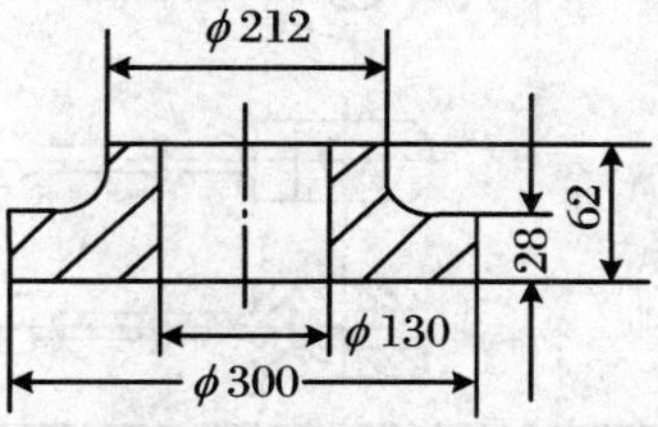 φ212, φ130, φ300, 62, 28	7500 N自由锻锤	

10.2.4 自由锻零件的结构工艺性

根据自由锻特点和工艺要求,设计自由锻零件的主要原则是:在满足使用性能要求的条件下,应使锻件形状简单,易于锻造。自由锻零件的结构工艺性见表10-4。

表10-4 自由锻零件的结构工艺性

结构工艺不合理	结构工艺较合理	说　明
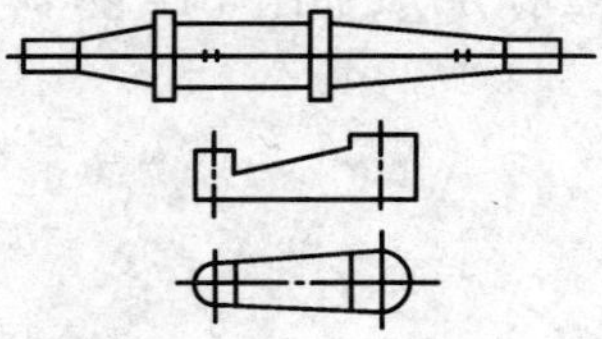	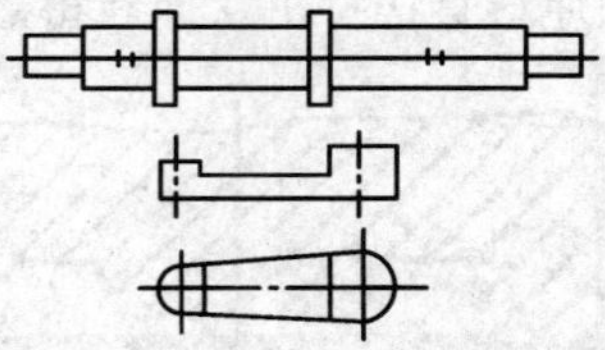	圆锥体结构或锻件上的斜面不易锻造,应尽量用圆柱面代替圆锥面,用平面代替斜面,以减少专用工具、简化锻造工艺过程,且操作方便
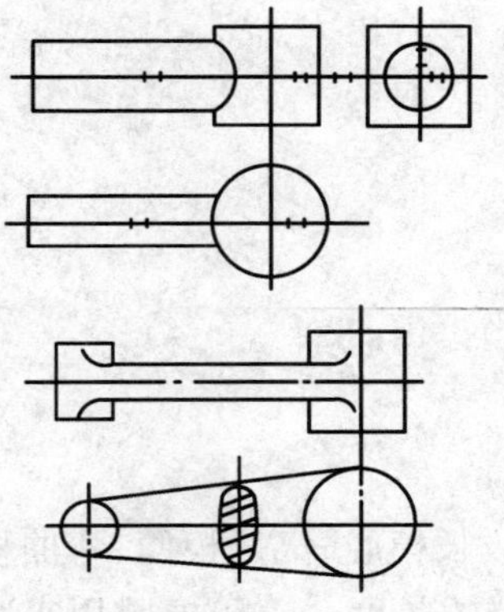	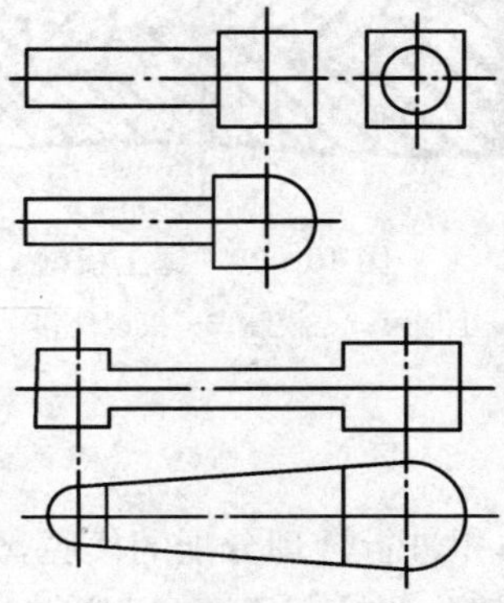	圆柱体与圆柱体交接处,不易锻造,应改为平面与圆柱体相交或平面与平面相交,应避免椭圆形或工字形截面、弧线及曲线形表面,采用简单的、对称的、平直的形状

续表

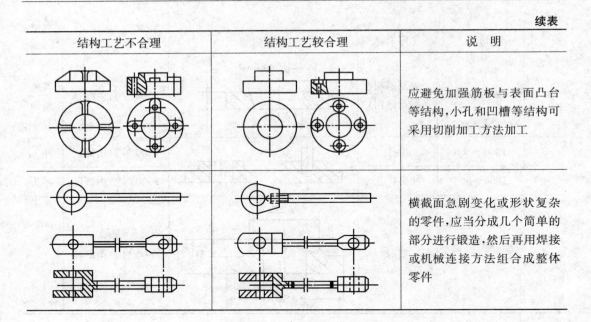

结构工艺不合理	结构工艺较合理	说　明
		应避免加强筋板与表面凸台等结构,小孔和凹槽等结构可采用切削加工方法加工
		横截面急剧变化或形状复杂的零件,应当分成几个简单的部分进行锻造,然后再用焊接或机械连接方法组合成整体零件

10.3　模　锻

10.3.1　锤上模锻

锤上模锻主要是利用蒸汽—空气锤,将上模固定在模锻锤头上,下模固定在砧座上,上下模严格对正,上模对下模中的坯料直接打击从而获得锻件的模锻方法,如图10-20所示。

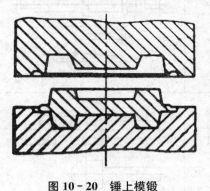

图 10-20　锤上模锻
1—上锻模;2—模膛;3—模锻件;4—下锻模

1. 锻模模膛

(1) 制坯模膛

按锻件变形要求,对坯料体积进行合理分配的模膛,分为拔长模膛、滚压模膛、弯曲模膛等。拔长模膛用来减小坯料某部分的横截面积,以增加该部分的长度。滚压模膛用来减小坯料某部分的横截面积,以增大另一部分的横截面积。主要是使金属按模锻件形状来分布。

弯曲模膛用于弯曲的杆类模锻件,需用弯曲模膛来弯曲坯料。

（2）预锻模膛

预锻模膛的作用是使坯料变形到接近于锻件的形状和尺寸,终锻时,金属容易充满终锻模膛。同时减少了终锻模膛的磨损,以延长锻模的使用寿命。

（3）终锻模膛

终锻模膛的作用是使坯料最后变形到锻件所要求的形状和尺寸,因此它的形状应和锻件的形状相同。

如图 10-21 所示为弯曲连杆锻模和模锻过程。

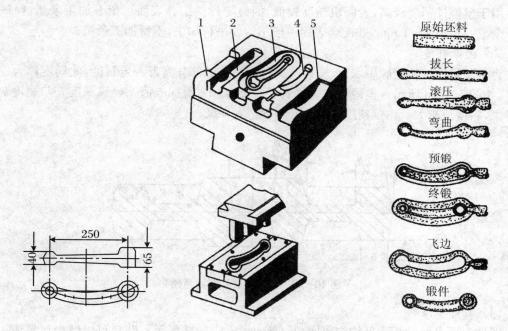

图 10-21　连杆的锻模和模锻过程
1—拔长模膛;2—滚压模膛;3—终锻模膛;4—预锻模膛;5—弯曲模膛

2. 模锻件的结构设计

合理设计模锻件结构,能够便于模锻件生产和降低成本,应根据模锻特点和工艺要求进行结构设计。

（1）分模面

分模面即上、下模或凸、凹模的分界面,可以是平面,也可以是曲面。其选择原则是:

① 应便于锻件从模膛中取出,一般分模面选在锻件最大尺寸的截面上。如图 10-22(a)所示取不出锻件,如图 10-22(b)所示模膛深度大,内孔余块多,如图 10-22(c)所示不易发现错模,如图 10-22(d)所示是合理的分模面。

② 应保证金属易于充满模膛,有利于锻模制造,分模面应选在使模膛具有宽度最大和深度最浅的位置上。

③ 分模面应便于发现上、下模错移现象,应使上、下模膛沿分模面具有相同的轮廓。

④ 分模面最好是平面,并使模膛上下深浅基本一致,以便于锻模制造。

⑤ 分模面应使锻件上所加的余块最少。

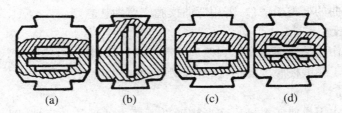

图 10-22　分模面的选择

(2) 加工余量

由于模锻件精度较高,表面粗糙度较低,因此零件的配合表面可留有加工余量,模锻件加工余量一般为 1~4 mm,非配合表面一般不需要进行加工,不留加工余量。

(3) 模锻斜度

为便于将锻件从模膛中取出,锻件与模膛侧壁接触部分需带一定斜度,此斜度称为模锻斜度,如图 10-23 所示。模锻斜度一般取 5°、7°、10°、12°等标准值。模膛深度 h 与宽度 b 比值越大,斜度值越大。内壁斜度 β 比外壁斜度 α 大一级。

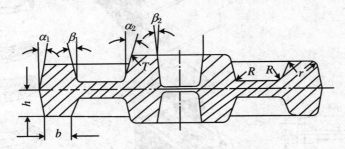

图 10-23　模锻斜度及圆角半径

(4) 圆角半径

锻件上两个面的相交处均应以圆角过渡,如图 10-23 所示。圆角可以减少坯料流入模槽的摩擦阻力,使坯料易于充满模膛,避免锻件被撕裂或流线被拉断,减少模具凹角处的应力集中,提高模具使用寿命等。圆角半径大小取决于模膛深度。外圆角半径 r 取 1~12 mm,内圆角半径 R 为 r 的 3~4 倍。

(5) 模锻件结构应简单

为了使金属容易充满模膛、减少加工工序,零件外形应力求简单、平直和对称,尽量避免零件截面间相差过大或具有薄壁、高筋、凸起等结构。如图 10-24(a)所示,零件凸缘太薄、太高,中间下凹过深。如图 10-24(b)所示,零件过于扁薄,金属易于冷却,不易充满模膛。如图 10-24(c)所示,零件有一个高而薄的凸缘,不仅金属难以充填,模锻的制造和锻件的取出也不容易,如改为如图 10-24(d)所示形状,就易于锻造。

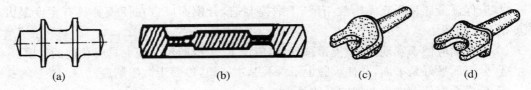

图 10-24　模锻件结构工艺性

10.3.2 胎模锻

在自由锻设备上使用可移动模具生产模锻件的锻造方法,称为胎模锻。胎模锻一般用自由锻方法制坯,在胎模中最后成形。胎模固定在锤头或砧座上,需要时放在下砧铁上。

胎模锻与自由锻相比,具有生产率高,操作简便,锻件尺寸精度高,表面粗糙度值小,余块少,节省金属,锻件成本低等优点。与锤上模锻相比胎模锻具有制造简单,不需贵重的模锻设备,成本低,使用方便等优点。但胎模锻件尺寸精度和生产率不如锤上模锻高,劳动强度较大,胎模寿命短。

胎模锻适于中、小批量生产,在缺少模锻设备的中、小型工厂应用广泛。常用的胎模按其结构有三种。

1. 扣模

扣模由上、下扣组成,如图 10-25(a)所示,或只有下扣,上扣由上砧代替。锻造时锻件不转动,初步成形后锻件翻转 90°在锤砧上平整侧面。扣模常用来生产长杆非回转体锻件的全部或局部扣形,也可用来为合模制坯。

2. 套模

开式套模只有下模,上模用上砧代替,如图 10-25(b)所示。主要用于回转体锻件(如端盖、齿轮等)的最终成形或制坯。当用于最终成形时,锻件的端面必须是平面。

闭式套模由套筒、上模垫及下模垫组成,下模垫也可由下砧代替,如图 10-25(c)所示。主要用于端面有凸台或凹坑的回转体类锻件的制坯和最终成形,有时也用于非回转体类锻件。

3. 合模

合模由上、下模及导柱或导销组成,如图 10-25(d)所示。合模适用于各类锻件的终锻成形,尤其是非回转体类复杂形状的锻件,如连杆、叉形件等。

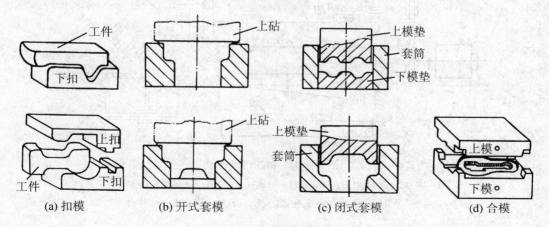

图 10-25 胎模的几种结构

如图 10-26 所示为端盖胎模锻过程。所用胎模为套筒模,它由模筒、模垫和冲头组成。原始坯料加热后,先用自由锻镦粗,然后将模垫和模筒放在下砧铁上,再将镦粗的坯料平放在模筒中,压上冲头后终锻成形,最后将连皮冲掉。

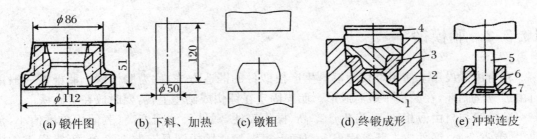

图 10-26 端盖毛坯的胎模锻过程

1—模垫；2—模筒；3、6—锻件；4—冲头；5—冲子；6—连皮

10.4 板料冲压

10.4.1 冲压设备

板料冲压所用设备常用的有剪床、冲床。剪床是用来把板料剪切成一定宽度的条料，以供冲压工序使用，冲床是进行冲压加工的基本设备。

1. 剪床

剪床的用途是把板料切成一定宽度的条料，为冲压准备毛坯或用于切断工序。剪床传动系统如图 10-27 所示，电动机经带轮、齿轮、离合器使曲轴转动，带动装有刀片的滑块上下运动。剪床的规格用能剪板料的厚度和长度表示。

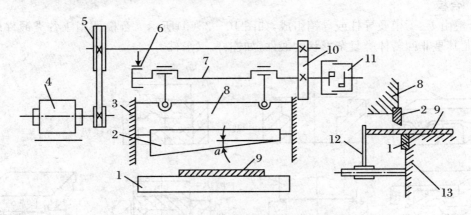

图 10-27 剪床传动系统

1—下刀刃；2—上刀刃；3—导轨；4—电动机；5—带轮；6—制动器；7—曲轴；
8—滑块；9—板料；10—齿轮；11—离合器；12—挡铁；13—工作台

2. 冲床

如图 10-28 所示为单柱冲床，电动机 4 带动带传动减速装置，并经离合器 8 传给曲轴 7，曲轴和连杆 5 则把传来的旋转运动变成直线往复运动，带动固定上模的滑块 11，沿床身导轨 2 做上下运动，完成冲压动作。冲床开始后尚未踩踏板 12 时，带轮 9 空转，曲轴不动。当踩下踏板时，离合器把曲轴和带轮连接起来，使曲轴跟着旋转，带动滑块连续上下动作。抬起脚后踏板升起，滑块便在制动器 6 的作用下，自动停止在最高位置上。

冲床规格用公称压力表示。公称压力是指冲床工作时，滑块上所允许的最大作用力。单柱冲床规格一般为 60～2000 kN。双柱冲床最大公称压力可达 40 MN。

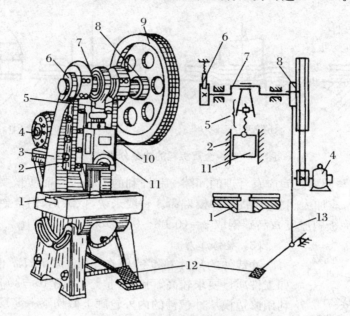

图 10-28　冲床传动系统
1—工作台；2—导轨；3—床身；4—电动机；5—连杆；6—制动器；7—曲轴；
8—离合器；9—带轮；10—传动带；11—滑块；12—踏板；13—拉杆

10.4.2　板料冲压的基本工序

1. 分离工序

（1）剪切

使板料按不封闭轮廓分离的工序，称为剪切。

（2）落料与冲孔

利用冲模将板料以封闭的轮廓与坯料分离的一种冲压方法，称为冲裁。利用冲裁取得一定外形制件或坯料的冲压方法，称为落料。将冲压坯内的材料以封闭轮廓分离开，得到带孔制件的冲压方法，称为冲孔。冲孔时冲落的部分为废料，周边是成品；落料时冲落的部分为成品，周边是废料。

金属板料的冲裁过程如图 10-29 所示。当凸模（冲头）接触板料向下运动时，板料受到挤压，先产生变形，如图 10-29(a)所示；凸模继续压入，当板料应力达到屈服点时发生塑性变形，部分板料陷入凹模中。变形达到一定程度时，位于凸、凹模刃口处材料的冷变形强化和应力集中现象加剧，出现微裂纹，如图 10-29(b)所示；凸模继续压入，上、下微裂纹逐渐扩大，直至上、下裂纹会合，板料被剪断分离，如图 10-29(c)所示。

如图 10-29(d)所示，塌角是由于凸模压入板料时，刃口附近的材料被牵连拉入变形形成的；光亮带是凸模挤压切入材料时，出现微裂纹前形成的光滑表面；剪裂带是微裂纹扩展形成的撕裂面，其表面粗糙并略带斜度，不与板料平面垂直。塌角、剪裂带和毛刺都使冲裁件质量下降,光亮带质量最好。这四部分在冲裁件上所占的比例与板料性能、厚度、模具结构、凸、凹模间隙以及刃口锋利程度有关。

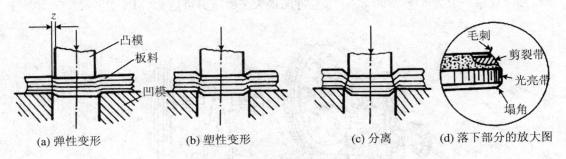

(a) 弹性变形　　(b) 塑性变形　　(c) 分离　　(d) 落下部分的放大图

图 10-29　金属板料的冲裁分离过程

冲裁时,凸模与凹模之间应有合理的间隙 z 和锋利的刃口。断面质量要求较高时,应选较小的间隙;反之,应加大间隙,以提高冲模寿命。一般来说,低碳钢、铝合金、铜合金,取 $z=(0.06\sim0.1)\delta$(δ 为板料厚度);高碳钢取 $z=(0.08\sim0.12)\delta$。

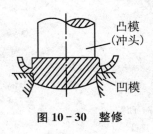

图 10-30　整修

（3）整修工序

冲裁件的尺寸精度一般在 IT10 以下,Ra 值大于 $6.3\ \mu m$。如工件质量要求较高,可进行整修,如图 10-30 所示。整修是指利用修边模从冲裁件的内外轮廓上修切下一薄层金属,以获得规整的棱边、光洁的剪切面(断面)和较高尺寸精度的工序。整修时单边切除量为 $0.05\sim0.2\ mm$,整修后尺寸精度可达 IT7~IT6,Ra 值为 $1.6\sim0.8\ \mu m$。

2. 成形工序

（1）弯曲

将板料、型材或管材在弯矩作用下弯成具有一定曲率和角度制件的成形方法,称为弯曲,如图 10-31 所示。弯曲时塑性变形集中在与凸模接触的狭窄区域内。变形区内侧受压缩,外侧受拉伸。当外侧拉应力超过坯料抗拉强度时,会造成裂纹。为防止裂纹,应选用塑性好的材料;限制最小弯曲半径 r_{min},使 $r_{min}\geq(0.1\sim1)\delta$;使弯曲时拉应力方向与坯料流线方向一致;防止坯料表面的划伤,以免产生应力集中。

去掉弯曲外力后,因弹性变形消失,制件的形状和尺寸发生与加载时变形方向相反的变化,从而消去了一部分弯曲变形的效果,此现象称为回弹,如图 10-32 所示。为抵消回弹影响,弯曲模的角度应比被弯曲角度小一个回弹角。回弹角一般为 $0°\sim10°$。

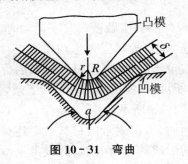

图 10-31　弯曲

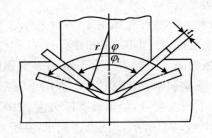

图 10-32　弯曲件回弹

(2) 拉深(拉延)

变形区在拉、压应力作用下，使坯料成形为深的空心件而厚度基本不变的加工方法，称为拉深，如图 10-33 所示。

拉深时，凸模与凹模边缘均做成圆角，以免将坯料拉裂。圆角半径 $r_凸 \leqslant r_凹$，$r_凹 = (5 \sim 15)\delta$，模具间隙 $z = (1.1 \sim 1.5)\delta$。拉深前要在坯料上涂润滑剂。拉深变形后制件的直径与其坯料直径之比 (d/D) 称为拉深系数 m，m 越小，变形越大，拉深应力也越大。因此，制定拉深工艺时必须使实际拉深系数大于极限拉深系数 m_{min}（保证危险断面不被拉裂的拉深系数最小值）。m_{min} 与材料性质、板料相对厚度 (δ/D) 以及拉深次数有关，一般取 0.55～0.8。

(3) 翻边

在毛坯的平面或曲面部分的边缘，沿一定曲线翻起竖立直边的加工方法，称为翻边。根据零件边缘的性质，翻边分为内孔翻边（又称翻孔）和外缘翻边（简称翻边）。内孔翻边，如图 10-34 所示，在生产中应用很广，翻孔变形程度用翻孔前孔径 d_0 与翻孔后孔径 d 的比值 K 表示，$K = d_0/d$ 称翻孔系数，K 越小，变形程度越大。对于镀锡铁皮 $K \geqslant 0.65 \sim 0.7$；对于酸洗钢 $K \geqslant 0.68 \sim 0.72$。

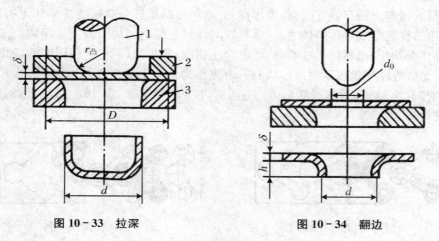

图 10-33 拉深　　　　　图 10-34 翻边

(4) 缩口

对管件或空心件的端部加压，使其径向尺寸缩小的加工方法，称为缩口，如图 10-35 所示。

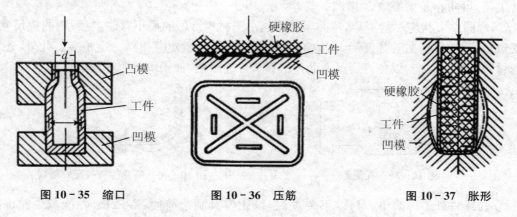

图 10-35 缩口　　　图 10-36 压筋　　　图 10-37 胀形

(5) 压印

模具端面压入板坯,使其表面局部或全部受到压挤,改变板坯厚度而充满模腔,形成沟槽、花纹或字符的加工方法,称为压印。压印包括压筋、压坑(包括压字、压花)。如图10-36所示为软模压筋。软模是用橡胶等柔性物作凸模或凹模,可压印出复杂的形状,但寿命低。压印后的变形部位,因形状变化和冷变形强化,其强度、刚度提高了。

(6) 胀形

板料或空心坯料在双向拉应力作用下,产生塑性变形取得所需制件的加工方法,称为膨胀。如图10-37所示是用硬橡胶为凸模的胀形,凹模是可拆卸的。

10.4.3 板料冲压件的结构工艺性

在满足使用性能的条件下,为节约材料,延长模具寿命,提高生产率,减低成本和保证质量,冲压件结构应具有良好的工艺性能。具体要求如下:

① 冲裁件形状应力求简单、对称,尽量用圆形、矩形等规则形状,并应便于合理排样(冲裁件在板料或带料上的布置方法,称为排样)。落料件的排样分有搭边排样和无搭边排样两种。有搭边排样就是在各落料件之间、落料件与坯料边缘之间均留有一定距离,此距离为搭边,这种排样毛刺小、落料件尺寸准确、不易产生扭曲、质量高,但材料利用率低,如图10-38(a)所示。无搭边排样是用落料件形状的一个边作为另一个落料件的边缘,如图10-38(b)所示,这种排样废料少,但落料质量差。在孔距不变的情况下,图10-38(b)结构比图10-38(a)节省材料。

(a) 材料利用率为38%

(b) 材料利用率为79%

图10-38 零件的排样

② 孔间距或孔与零件边缘距离不宜过小,孔径不能过小。冲压件转角处应以圆弧过渡代替尖角,可防止发生裂纹,如图10-39所示。

③ 弯曲件形状应尽量对称,弯曲半径不能小于材料许可的最小弯曲半径;弯曲边尺寸 b 不宜过短;为避免弯曲时孔变形,孔的位置与弯曲半径圆心处应相隔一定距离。此外,还应考虑材料的流线方向,以免弯裂。弯曲件的有关尺寸限制,如图10-40所示。

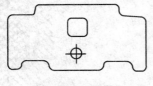

图10-39 孔间距

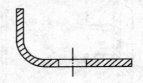

图10-40 弯曲件有关尺寸限制

④ 拉深件外形应简单、对称,不要过深,以使模具制造简便、寿命长,并能减少拉深次数。零件的圆角半径应按图10-41确定,否则会增加拉深次数和整形工作或产生裂纹。

⑤ 为简化冲压工艺,节省材料,对于形状复杂的冲压件可先分别冲压成若干个简单件,然后再焊接成整体件,即采用冲—焊结构,如图10-42所示。

⑥ 应尽量采用薄板,以节约材料和减少冲压力。

⑦ 冲压件的精度要求,一般不能超过各冲压工序的经济精度。

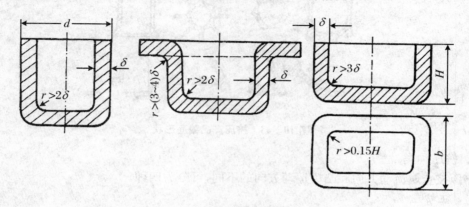

图 10-41 拉深件圆角半径

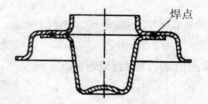

图 10-42 冲—焊结构零件

10.5 挤压、轧制、拉拔、旋压

10.5.1 挤压

挤压是使坯料在挤压模中受强大的压力作用而变形的加工方法。

1. 挤压特点

① 挤压时金属坯料在三向压应力作用下变形,因此可提高金属坯料的塑性。挤压材料不仅有铝、铜等塑性较好的有色金属,而且碳钢、合金结构钢、不锈钢及工业纯铁等也可以用挤压工艺成形。在一定的变形量下某些高碳钢甚至高速钢等也可进行挤压。

② 可以挤压出各种形状复杂、深孔、薄壁、异型断面的零件,如图10-43所示。

③ 零件精度高,表面粗糙度低。一般尺寸精度为IT6~IT7,表面粗糙度 Ra 为 3.2~0.4,从而可达到少屑、无屑加工的目的。

④ 零件的力学性能好。挤压变形后零件内部的纤维组织是连续的,基本沿零件外形分布而不被切断,从而提高了零件的力学性能。

⑤ 节约原材料。材料利用率可达 70%,生产率也很高,可比其他锻造方法高几倍。

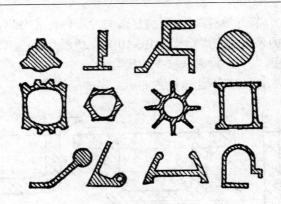

图 10-43 挤压产品截面形状

2. 挤压种类

挤压按金属流动方向和凸模运动方向的不同,可分为四种。

(1) 正挤压

金属流动方向与凸模运动方向相同,如图 10-44(a)所示。

(2) 反挤压

金属流动方向与凸模运动方向相反,如图 10-44(b)所示。

(3) 复合挤压

挤压过程中,一部分金属的流动方向与凸模运动方向相同,而另一部分金属流动方向与凸模运动方向相反,如图 10-44(c)所示。

(4) 静液挤压

如图 10-44(d)所示。静液挤压时凸模与坯料不直接接触,而是给液体施加压力(压力可达 3.04×10^8 Pa 以上),再经液体传给坯料,使金属通过凹模而成形。静液挤压由于在坯料侧面无通常挤压时存在的摩擦,所以变形较均匀,可提高一次挤压的变形量。挤压力也较其他挤压方法小 10%～50%。

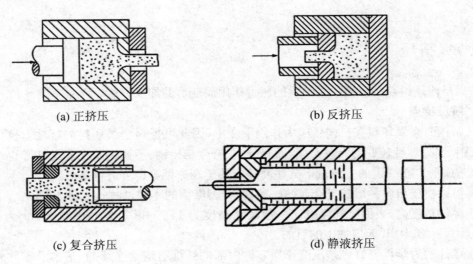

(a) 正挤压   (b) 反挤压

(c) 复合挤压   (d) 静液挤压

图 10-44 挤压

10.5.2 轧制

利用金属坯料与轧辊接触表面的摩擦力,金属在两个回转轧辊的孔隙中受压变形使其截面积减小、长度增加的加工方法叫轧制。轧制可获得各种钢板、型材和无缝钢管等产品,如图 10-45 所示。

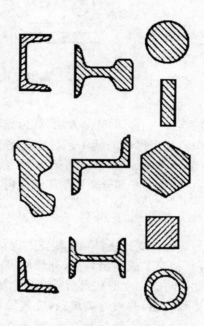

图 10-45 轧制产品截面形状

根据轧辊轴线与坯料轴线方向的不同,轧制分为纵轧、横轧、斜轧等。

1. 纵轧

纵轧是轧辊轴线与坯料轴线互相垂直的轧制方法,包括各种型材轧制、辊锻轧制、辗环轧制等。

(1) 辊锻轧制

辊锻轧制是把轧制工艺应用到锻造生产中的一种新工艺。辊锻是使坯料通过装有圆弧形模块的一对相对旋转的轧辊时受压而变形的生产方法,如图 10-46 所示。既可作为模锻前的制坯工序,也可直接辊锻锻件。成形辊锻适用于轧制扳手、链环、叶片、连杆等。

(2) 辗环轧制

辗环轧制是用来扩大环形坯料的外径和内径,从而获得各种环状零件的轧制方法,如图 10-47 所示。图中驱动辊 1 由电动机带动旋转,利用摩擦力使坯料 5 在驱动辊和芯辊 2 之间受压变形。驱动辊还可由油缸推动做上下移动,改变 1、2 两辊间的距离,使坯料厚度逐渐变小、直径增大。导向辊 3 用以保持坯料正确运送。信号辊 4 用来控制环件直径。当环坯直径达到需要值与辊 4 接触时,信号辊旋转传出信号,使辊 1 停止工作。辗环轧制可以轧制火车轮箍、轴承座圈、齿轮及法兰等。

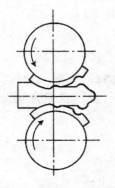

图 10-46 辊锻轧制

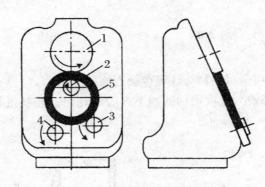

图 10-47 辗环轧制

2. 横轧

横轧是轧辊轴线与坯料轴线互相平行的轧制方法,如齿轮轧制等。

齿轮轧制是一种无屑或少屑加工齿轮的新工艺。直齿轮和斜齿轮均可用热轧制造,如图 10-48 所示。在轧制前将毛坯外缘加热,然后将带齿形的轧轮 1 做径向进给,迫使轧轮与毛坯 2 对辗。在对辗过程中,毛坯上一部分金属受压形成齿谷,相邻部分的金属被轧轮齿部"反挤"而上升,形成齿顶。

3. 斜轧

斜轧亦称螺旋斜轧。它是轧辊轴线与坯料轴线相交一定角度的轧制方法。螺旋斜轧采用两个带有螺旋型槽的轧辊,互相交叉成一定角度,并做同方向旋转,使坯料在轧辊间既绕自身轴线转动,又向前进,与此同时受压变形获得所需产品。如图 10-49 所示为轧制钢球,使棒料在轧辊间螺旋型槽里受到轧制,并被分离单球,轧辊每转一周即可轧制出一个钢球,轧制过程是连续的。

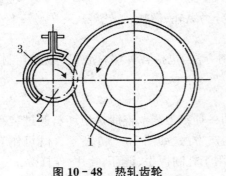

图 10-48 热轧齿轮
1—轧轮;2—毛坯;3—感应加热器

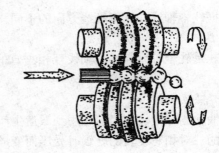

图 10-49 螺旋斜轧

10.5.3 拉拔

拉拔是将金属坯料拉过拉拔模的模孔,使其变形的塑性加工方法,如图 10-50 所示。拉拔过程中坯料在拉拔模内产生塑性变形,通过拉拔模后,坯料的截面形状和尺寸与拉拔模模孔出口相同。因此,改变拉拔模模孔的形状和尺寸,即可得到相应的拉拔成形的产品。

目前的拉拔形式主要有线材拉拔、棒料拉拔、型材拉拔和管材拉拔。线材拉拔主要用于各种金属导线的拉制成形,此时的拉拔也称为"拉丝",拉拔生产的最细的金属丝直径可达 0.01 mm以下。线材拉拔一般要经过多次成形,且每次拉拔的变形程度不能过大,必要时要进行中间退火,否则将使线材拉断。棒料拉拔可产生多种截面形状,如圆形、方形、矩形、六角形等。型材拉拔多用于特殊截面或复杂截面形状的异形型材的生产,如图 10-51 所示。

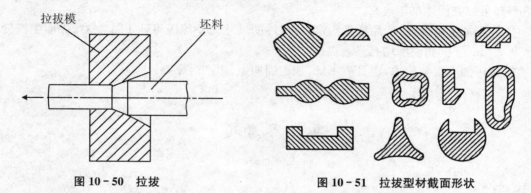

图 10-50 拉拔　　　　　　　图 10-51 拉拔型材截面形状

管材拉拔以圆管为主,也可拉制椭圆形管、矩形管和其他截面形状的管材。管材拉拔后管壁将增厚,当不希望管壁厚度变化时,拉拔过程中要加芯棒,当需要管壁厚度变薄时,也必须加芯棒来控制壁管的厚度,如图 10-52 所示。

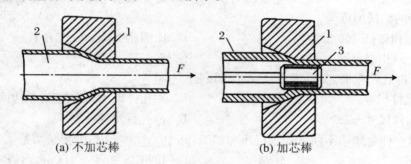

图 10-52 管材拉拔

10.5.4 旋压

旋压加工是一种综合了锻造、挤压、拉深、弯曲和滚压等工艺特点的少、无切削加工的先进制造工艺,适用于碳钢,合金钢,铜、铝及其合金等材料的加工。旋压加工是用一个或几个旋轮对旋转中的金属毛坯施以高压,使之逐点产生塑性变形,而达到所需要的形状和尺寸的空心薄壁回转零件,如图 10-53 所示。

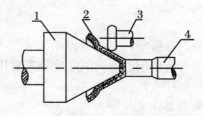

图 10-53 旋压加工

旋压加工主要特点如下：
① 旋压加工是一种少切削或无切削的加工，材料利用率高。
② 旋压属于局部连续性加工，瞬间的变形区小，所需总的变形力较小。
③ 有一些形状复杂的零件或高强度难变形的材料，传统工艺很难甚至无法加工，用旋压成形却可以方便地加工出来。
④ 旋压加工精度高，产品质量稳定，旋压件的尺寸公差等级可达 IT8 左右，表面粗糙度 $Ra<3.2~\mu m$，强度和硬度均有显著提高。
⑤ 旋压加工工装简单，模具成本低，加工周期短，生产效率高。

复习思考题

选择题

1. 不属于自由锻结构设计基本原则的是_____。
   A. 形状尽量简单　　B. 避免曲面交接　　C. 避免锻肋　　D. 设计飞边槽
2. 碳钢的始锻温度为_____。
   A. 比固相线低 200 ℃ 左右　　　　　　B. 比固相线高 200 ℃ 左右
   C. 等于固相线温度　　　　　　　　　D. 800 ℃
3. 设计冲孔凸模时，其凸模刃口尺寸应该是_____。
   A. 冲孔件尺寸　　　　　　　　　　　B. 冲孔件尺寸$+2z$（z 为单边间隙）
   C. 冲孔件尺寸$-2z$　　　　　　　　　D. 冲孔件尺寸$-z$
4. 对同一种金属用不同方式进行压力加工，其中_____时，变形抗力最大。
   A. 挤压　　　　　　B. 轧制　　　　　　C. 拉拔　　　　　　D. 自由锻
5. 关于锤上模锻能否锻出通孔，正确的说法是_____。
   A. 不能锻出　　　　B. 能够锻出　　　　C. 不一定　　　　　D. 不可能
6. 拉深系数越大，变形程度_____。
   A. 越大　　　　　　B. 越小　　　　　　C. 无法判断　　　　D. 不变
7. 大批量生产外径为 50 mm、内径为 25 mm、厚为 2 mm 的垫圈，为保证孔与外圆的同轴度，应选用_____。
   A. 简单冲模　　　　B. 连续冲模　　　　C. 复合冲模　　　　D. 级进模

问答题

1. 影响金属锻压性能的因素有哪些？
2. 冷变形强化对锻压加工有何影响？如何消除冷变形强化现象？
3. 锻造前坯料加热的目的是什么？
4. 确定锻造温度范围的原则是什么？
5. 什么是自由锻？自由锻有哪些基本工序？

6. 什么是模锻？什么是胎模锻？
7. 模锻件的结构设计要考虑哪些因素？
8. 冲压生产有哪些基本工序？各有何用途？
9. 冲模的组成及各部分的主要作用是什么？各有何用途？
10. 挤压成形有何特点？挤压有哪几种类型？
11. 落料与冲孔有何区别？
12. 板料冲压件的结构工艺性有哪些要求？

第 11 章 金属切削成形基础知识

11.1 金属切削机床及刀具

11.1.1 金属切削机床

1. 机床的分类及代号

机床主要是按加工性质和所用刀具进行分类的,目前我国机床分 12 大类,每一类机床根据需要又可细分为若干分类,如磨床类分为 M、2M、3M 三个分类。机床名称以汉语拼音字首(大写)表示,并按汉字名称读音,见表 11-1。

表 11-1 机床分类及代号

机床类型	车床	钻床	镗床	磨床			齿轮加工机床	螺纹加工机床	刨插床	拉床	铣床	特种加工机床	锯床	其他机床
代号	C	Z	T	M	2M	3M	Y	S	B	L	X	D	G	Q
参考读音	车	钻	镗	磨	二磨	三磨	牙	丝	刨	拉	铣	电	割	其

2. 机床型号

机床型号是机床产品的代号,例如 CM6132 型精密卧式车床,C 是机床类别代号(车床类),M 是机床通用特性代号(精密机床),6 是机床组别代号(落地及卧式车床组),1 表示机床系别代号(卧式车床系),32 表示主参数代号(床身上最大回转直径 320mm 的 1/10)。

通用机床的型号编制举例:

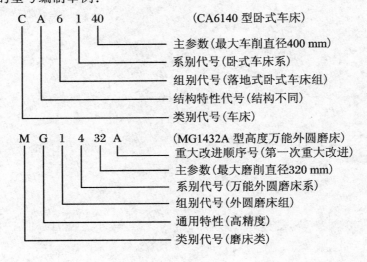

3. 机床的基本组成

（1）执行件

执行件是执行机床运动的部件，其作用是带动工件和刀具，使之完成一定成形运动并保持正确的轨迹，如主轴、刀架、工作台等。

（2）动力源

动力源是为执行件提供运动和动力的装置。它是机床的动力部分，如交流异步电动机、直流电动机、步进电动机等，可以几个运动共用一个动力源，也可每个运动单独使用一个动力源。

（3）传动装置

传动装置是传递运动和动力的装置。它把动力源的运动和动力传递给执行件或把一个执行件的运动传递给另一个执行件，使执行件获得运动和动力，并使有关执行件之间保持某种确定的运动关系。机床的传动装置有机械、液压、电气、气压等多种形式，机械传动装置由带传动、齿轮传动、链传动、蜗轮蜗杆传动、丝杆螺母传动等组成。它包括两类传动机构，一类是定比传动机构，其传动比和传动方向固定不变，如定比齿轮副、蜗杆蜗轮副、丝杠螺纹副等；另一类是换置机构，可根据加工要求变换传动比和传动方向，如滑移齿轮变速机构、挂轮变速机构、离合器换向机构等。

11.1.2 刀具

金属切削刀具对于提高劳动生产率、保证加工精度与表面质量、改进生产技术、降低成本，都有直接的影响。刀具的种类很多，按设计、制造、使用情况的不同可分为标准刀具类、标准专用刀具类和专用刀具类。前两类一般由专业厂按国家标准设计制造，用户主要是正确选择、合理使用，而专用刀具则应根据加工工件形状、尺寸和技术要求进行专门的设计制造。

1. 刀具类型

（1）车刀

车刀可用在各类机床上加工内（外）圆柱面、内（外）圆锥面、端面、螺纹、切槽、切断等。车刀按其结构又可分为整体式车刀（如高速钢车刀）、焊接式车刀、焊接装配式车刀、机夹重磨式车刀和机夹可转位式车刀。

（2）刨刀

刨刀切削部分的结构与外圆车刀类似，但由于刨刀的工作条件较差，在做直线往复主运动时会产生惯性和冲击，所以刨刀的刀杆粗大弯曲，有较小的前角和负的刃倾角。

（3）孔加工刀具

在实体材料上加工孔的刀具有中心钻、麻花钻；对已有的孔进行扩大并提高其质量的刀具有扩孔钻、锪孔钻、绞刀、镗刀。

（4）铣刀

铣刀是一种多齿回转刀具。铣削加工时铣刀同时参加工作的切削刀齿较多，且无空行程，使用的切削速度也较高，故生产率较高，表面粗糙度较小。铣刀有加工平面用的圆柱铣刀、端铣刀，加工沟槽用的盘形铣刀、锯片铣刀、立铣刀、键槽铣刀、T形槽铣刀、角度铣刀。

（5）齿轮加工刀具

齿轮加工刀具有成形齿轮刀具和展成齿轮刀具，成形齿轮刀具有盘形齿轮铣刀、指状齿轮铣刀，展成齿轮刀具有插齿刀、滚齿刀、剃齿刀。

2. 刀具几何形状

金属切削刀具种类繁多，形状各不相同，但其结构与功能相近。就外圆车刀而言，切削部分由三面、两刃、一尖组成，如图 11-1 所示。

① 前刀面：刀具上切屑流过的表面，也称前面。
② 主后面：切削时刀具上与工件加工表面相对的表面。
③ 副后面：切削时刀具上与工件已加工表面相对的表面。
④ 主切削刃：前刀面与主后刀面的交线。
⑤ 副切削刃：前刀面与副后刀面的交线。
⑥ 刀尖：主切削刃与副切削刃相交而形成的一部分切削刃，它不是一个几何点，而是具有一定圆弧半径的刀尖。

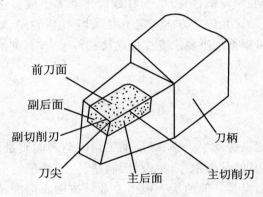

图 11-1 车刀的组成

11.2 金属切削成形过程

金属切削成形是指用切削工具从毛坯（如铸件、锻件、焊接结构件或型材等坯料）上切去多余部分，获得符合图样要求的零件的加工过程。在现代机器制造中，绝大多数的机械零件，特别是尺寸公差和表面粗糙度的数值要求较小的零件，一般都是经切削加工而成形。

11.2.1 切削成形运动

根据切削过程中所起的作用不同，切削成形运动又可分为主运动和进给运动，如图 11-2 所示，图中 Ⅰ 运动为主运动，Ⅱ 运动为进给运动。

1. 主运动

切除工件上的被切削层，使之转变为切屑的主要运动称为主运动。在切削过程中，主运动是切屑被切下所需的最基本的运动，是提供切削可能性的运动。也就是说，没有这个运动就无法切削。它的特点是在切削过程中速度最高、消耗机床动力最多。切削加工中只有一个主运动,其形式有旋转和直线运动两种,它可由刀具完成,也可由工件完成。如车削时工件的旋转;钻削和铣削时刀具的旋转;牛头刨床刨削时刨刀的移动;磨削时砂轮的旋转等。

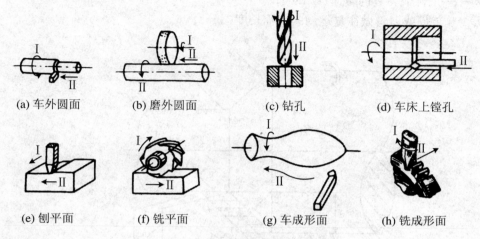

(a) 车外圆面　　(b) 磨外圆面　　(c) 钻孔　　(d) 车床上镗孔

(e) 刨平面　　(f) 铣平面　　(g) 车成形面　　(h) 铣成形面

图 11-2　主运动和进给运动

2. 进给运动

进给运动是不断地把切削层投入切削,以逐渐切出整个工件表面的运动。在切削过程中,进给运动是使刀具连续切下金属层所需的运动,是提供继续切削可能性的运动。也就是说,没有这个运动切削就不能继续进行下去。通常它的速度较低、消耗动力较少,其形式有旋转和直线运动两种,而且既可连续也可间歇。由于加工方法不同,可以有一个或几个进给运动。如车刀、钻头的移动;铣削和牛头刨床刨平面时工件的移动;磨削外圆时工件的旋转和往复移动等。

11.2.2　切削用量

在切削加工过程中,工件上有三个不断变化着的表面,如图 11-3 所示,已加工表面 1,是工件上经刀具切削后产生的新表面;过渡表面 2,是工件上由切削刃形成的那部分表面,它在下一个切削行程,刀具或工件的下一转里被切除,或者由下一个切削刃切除;待加工表面 3,是工件上有待切除的表面。待加工表面与切削刃之间的相对运动速度、待加工表面转化为已加工表面的速度、已加工表面与待加工表面之间的垂直距离等,是调整切削过程的基本参数。这三个基本参数实际上就是切削速度、进给量和背吃刀量,即切削用量三要素。

1. 切削速度

切削加工时,刀具切削刃上选定点相对于工件主运动的瞬时速度,称为切削速度,用 v_c 表示,单位为 m/s。当主运动为旋转运动(车削、钻削、镗削、铣削、磨削加工)时,加工表面最大线速度为

$$v_c = \frac{\pi d n}{1000}$$

若主运动为往复直线运动时,则常以往复运动的平均速度作为切削速度:

$$v_c = \frac{2Ln}{1000}$$

式中,d——工件或刀具的最大直径(mm);

n——工件或刀具的转速(r/min);

L——工件或刀具做往复运动的行程长度(mm)。

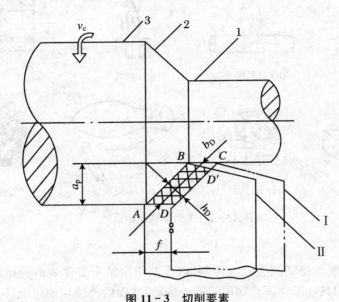

图 11-3 切削要素
1—已加工表面;2—过渡表面;3—待加工表面

2. 进给量

刀具在进给运动方向相对于工件的位移量,称为进给量。车削加工的刀具进给量常用工件每转一转刀具的位移量来表述和度量,用 f 表示,单位为 mm/r。

3. 背吃刀量

背吃刀量就是已加工表面与待加工表面之间的垂直距离,用 a_p 表示。对于外圆车削:

$$a_p = \frac{d_w - d_m}{2}$$

式中,d_w——工件待加工表面直径(mm);

d_m——工件已加工表面直径(mm)。

11.2.3 切削层

如图 11-3 所示,工件转一周,车刀由位置Ⅰ移动到位置Ⅱ,其位移量为 f,在这一过程中,位于 DC 与 AB 之间的一层金属被切除,称为切削层金属。通过切削刃基点(通常指主切削刃工作长度的中点)并垂直于该点主运动方向的平面,称为切削层尺寸平面。在切削层尺寸平面上测得的切削层几何参数,称为切削层尺寸平面要素。

1. 切削层公称厚度

在切削层尺寸平面上垂直于切削刃方向所测得的切削层尺寸,称为切削层公称厚度,用 h_D 表示(单位为 mm)。切削层公称厚度代表了切削刃的工作负荷。

2. 切削层公称宽度

在切削层尺寸平面上,沿切削刃方向所测得的切削层尺寸,称为切削层公称宽度,用 b_D 表示(单位为 mm)。切削层公称宽度通常等于切削刃的工作长度。

3. 切削层公称横截面积

指在给定瞬间,切削层在切削层尺寸平面上的实际横截面积,用 A_D 表示(单位为 mm^2)。A_D 等于切削层公称厚度与切削层公称宽度的乘积,也必然等于背吃刀量与进给量的乘积,即

$$A_D = h_D b_D = a_p f$$

当切削速度一定时,切削层公称横截面积代表了生产率。

11.2.4 切屑

金属的切削过程是被切削金属层在刀具切削刃和前面的挤压变形作用下而产生剪切、滑移变形的过程。切削金属时,切削层金属受到刀具的挤压开始产生弹性变形,随着刀具的推进,应力、变形逐渐加大,当应力达到材料的屈服点时产生塑性变形;刀具再继续切入,当应力达到材料的强度极限时,金属层被挤裂而形成切屑。切削加工时产生的切屑形状如图 11-4 所示。

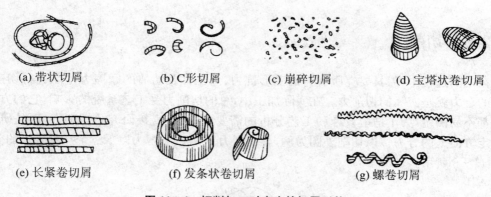

(a) 带状切屑　　(b) C形切屑　　(c) 崩碎切屑　　(d) 宝塔状卷切屑

(e) 长紧卷切屑　　(f) 发条状卷切屑　　(g) 螺卷切屑

图 11-4　切削加工时产生的切屑形状

11.2.5 积屑瘤

切削塑性金属时,在一定的切削条件下,随着切屑和刀具前刀面温度的提高,压力的增大,摩擦阻力增大,使切削刃处的切屑底层流速降低,当摩擦阻力超过这层金属与切屑本身分子间的结合力时,这部分金属便黏附在切削刃附近,形成积屑瘤,如图 11-5 所示。

积屑瘤对切削成形过程有影响:

① 积屑瘤包围着切削刃,可以代替前面、后面和切削刃进行切削,从而保护了切削刃,减少了刀具的磨损。

② 积屑瘤的楔形上表面代替了刀具前面,切屑沿着这个楔形表面流动,所以刀具的实际工作前角(γ_0)增大了,而且积屑瘤越高,实际工作前角越大,刀具越锋利。

③ 积屑瘤前端伸出切削刃外,有积屑瘤时的切削层公称厚度比没有积屑瘤时的增大了,因而积屑瘤直接影响加工尺寸精度。

④ 积屑瘤的顶部不稳定,容易破裂,破裂后的积屑瘤颗粒或者随切屑排出,或者留在已加工表面上。另外,积屑瘤沿切削刃方向各点的伸出量不规则,积屑瘤所形成的实际工作切削刃也不规则,会使已加工表面粗糙度数值增大,直接影响工件加工表面的形状精度和表面粗糙度。在精加工和使用定尺寸刀具加工时,应尽量避免积屑瘤产生。但在粗加工时,可以利用积屑瘤来保护切削刃。

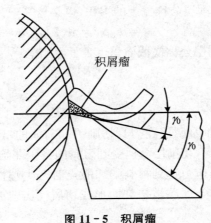

图 11-5 积屑瘤

11.2.6 切削力

在切削过程中,刀具要克服材料的变形抗力、与工件及切屑的摩擦力才能进行切削,这些力的合力就是实际的切削力。在实际加工中,总的切削力受工艺系统的影响,它的方向和大小都不易测定,为了适应设计和工艺分析的需要,一般不直接研究总切削力,而是研究它在一定方向上的分力。以切削外圆为例,总切削力 F 可以分解为以下三个互相垂直的分力,如图 11-6 所示。

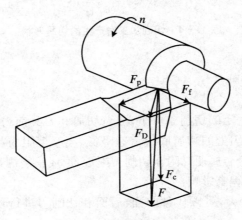

图 11-6 切削力的分解

1. 切削力 F_c

总切削力 F 在主运动方向上的正投影,它垂直于工作基面,和切削速度方向相同,故又称切向力。其大小约占总切削力的 80%~90%,消耗的机床功率也最多,约占车削总功率的

90%以上,是计算机床动力、主传动系统零件强度和刚度的主要依据。作用在刀具上的切削力过大时,可能使刀具崩刃;其反作用力作用在工件上,过大时就发生闷车现象。

2. 进给力 F_f

总切削力 F 在进给方向上的正投影。它投影在工作基面上,并与工件轴线相平行,故又称为轴向力。进给力是设计和验算进给机构所必需的数据,一般消耗总功率的1%~5%。

3. 背向力 F_p

总切削力 F 在垂直于工作平面方向上的分力,投影在工作基面上,并与工件轴线垂直,故又称为径向力。因为切削时这个方向上运动速度为零,所以 F_p 不做功。但其反作用力作用在工件上,容易使工件弯曲变形,特别是对于刚性较弱的工件尤为明显,所以,应当设法减少或消除 F_p 的影响。如车细长轴时,常用主偏角 $K_r=90°$ 的偏刀,可减小 F_p。

11.2.7 切削热和切削温度

切削过程中,刀具与加工表面之间的接触摩擦产生热能,这就是切削热的来源。切削区域的热量是由切屑、工件、刀具和周围介质传出的。切削温度的高低,除与切削热的产生直接有关外,还与切削热的传散有关。金属切削过程虽然属于冷加工范畴,但热源区域的温度并不低,在使用普通高速钢加工时,切削温度可达 300~600 ℃,对于硬质合金刀具,切削温度可达 800~1000 ℃。

11.2.8 切削液

1. 切削液的作用

(1) 冷却作用

切削液能从切削区域带走大量的切削热,降低刀具、工件的温度,从而提高刀具寿命和加工质量。在刀具材料耐热性差,工件材料的热膨胀系数较大,以及两者的热性都较差的情况下,这一作用更为重要。

(2) 润滑作用

切削液渗透到刀具、切屑和工件间,形成润滑膜,可以减小摩擦,从而减少切削变形,抑制积屑瘤、鳞刺的生长,控制残余应力和微观裂纹的产生,提高刀具寿命和加工表面质量。

(3) 清洗和排屑作用

切削和磨削时,细小的切屑或脱落的磨粒被切削液冲走,可以防止加工表面被擦伤。在钻削、铰削及拉削中,这一作用也很显著。

2. 切削液的种类

(1) 水溶液

水溶液是以水为主要成分,加入适量防锈添加剂(如亚硝酸钠、磷酸三钠三乙醇胺等)的切削液。它主要起冷却作用。

(2) 乳化液

乳化液是乳化油加95%~98%的水配制成的切削液。乳化油是用矿物油加乳化剂配制成的。油、水本不相溶,乳化剂(如石油磺酸钠、油酸钠皂等)能使油分解成微小的颗粒,并把它包围起来,稳定而均匀地分散在水中,形成"水包油"乳化液。

乳化液的冷却作用比水溶液稍差,润滑作用比水溶液好。

(3) 切削油

切削油有矿物油,动、植物油和复合油3种。矿物油有机械油、轻柴油和煤油等。动、植物油有猪油、豆油、菜油、棉籽油等。复合油则是用矿物油和适量动、植物油混合而成。切削油的润滑作用较前面两类切削液好,而冷却作用却差些。

在加工难加工材料时,刀具是在高温、高压条件下切削,普通切削液不能在刀具与被切层材料间形成润滑膜。为此,可以在切削液中再加入能在高温、高压条件下,形成化学润滑膜的极压添加剂(如含硫、氯、磷等的有机化合物),能使切削液的使用效果大大提高。含极压添加剂的各类切削液分别叫作极压水溶液、极压乳化液和极压切削油。

3. 切削液的选用

(1) 工件材料方面

切削一般钢料等塑性材料时,需用切削液。而切削铸铁、黄铜等脆性材料时,一般不使用切削液,以免碎屑黏附在机床导轨与溜板间,使其遭到阻塞与擦伤。在低速精加工(如宽刃精刨、精铰)时,为了保证表面质量,可选用润滑性较好而黏度小的煤油。对于高强度钢、高温合金等难加工材料,应选用含极压添加剂的切削液。在切削有色金属(如铜、铝及其合金)时,不能用含硫的切削液,因硫对这类金属有腐蚀作用。在切削镁合金时,不能使用水溶液,以免引起燃烧。

(2) 刀具材料方面

高速钢刀具的高温硬度低,为了保证刀具寿命,应适当选用切削液。硬质合金刀具的耐热性和耐磨性较好,一般可不用切削液。必要时也可用水溶液或低浓度的乳化液,但必须充分连续浇注,以免冷热不均匀,导致刀片碎裂。

(3) 粗、精加工区别对待

粗加工时,金属切除量大,切削温度高,应选冷却作用好的切削液。精加工时,为保证加工质量,应选用润滑性好的极压切削液。

(4) 加工方法方面

钻孔、攻螺纹、铰孔、拉削和用成形刀切削时,宜选用极压切削液,并充分加注,以保持刀具的形状与尺寸精度并保证排屑良好。磨削时,温度很高,且所产生的细小磨屑容易堵塞砂轮,工件也容易烧伤,应大量加注冷却性能好的水溶液或低浓度的乳化液。磨削不锈钢、高温合金时宜选用润滑性较好的极压水溶液和极压乳化液。

11.3 钳工基础

11.3.1 钳工的主要任务

钳工是以手工操作为主的一种加工方法,它是机械制造中的重要工种之一。钳工的主要任务是:

(1) 辅助性操作。即划线,它是根据图样在毛坯或半成品工件上划出加工界线的操作。

(2) 切削加工。包括锯削、锉削、钻孔、扩孔、铰孔、錾削、攻螺纹、套螺纹、刮削和研磨等多种操作。

（3）机械装配。将零件或部件按图样技术要求组装成机器的工艺过程。

（4）工具的制造和修理。制造工具,对机械设备进行维护、检查、修理。

11.3.2 钳工常用工具

1. 钳工工作台

钳工工作台即钳台或钳桌,如图 11-7 所示,用来安装台虎钳、放置工具和工件等。常用硬质木板或钢材制成,要求坚实、平稳,台面高度 800~900 mm,装上台虎钳后,钳口高度恰好齐人的手肘为宜,长度和宽度随工作需要而定。为安全起见,还要安装防护网。

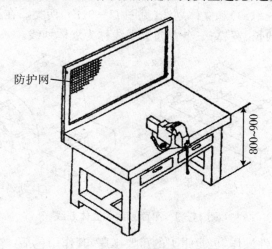

图 11-7　钳工工作台

2. 台虎钳

它是用来夹持工件的通用夹具,如图 11-8 所示。其规格以钳口的宽度来表示,常用的有 100 mm、125 mm、150 mm 三种。

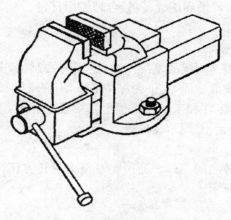

图 11-8　台虎钳

3. 常用工量具

钳工基本操作中,常用工具有划线用的划针、划针盘、划规(圆规)、中心冲(样冲)和平板,锯割用的锯弓和锯条,锉削用的各种锉刀,錾削用的手锤和各种錾子,孔加工用的麻花钻以及各种锪钻和铰刀,攻丝、套丝用的各种丝锥、板牙和绞手,刮削用的平面刮刀和曲面刮刀,各种扳手和起子等。常用量具有钢尺、刀口直尺、内外卡钳、游标卡尺、千分尺、直角尺、量角器、厚薄规、百分表等。

11.3.3 划线

划线是在某些工件的毛坯或半成品上按所要求的尺寸划出加工界线的一种操作。划线分为平面划线(见图11-9(a))和立体划线(见图11-9(b))两类。在工件的一个平面上划线称为平面划线;在工件的长、宽、高三个方向上划线称为立体划线。

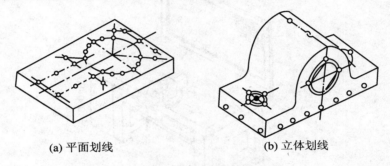

(a) 平面划线　　(b) 立体划线

图 11-9　平面划线和立体划线

划线是钳工的辅助性操作,也是钳工的重要工序,其作用包括:

① 表示出加工余量、加工位置或工件安装时的找正线,作为工件加工和机床安装的依据。

② 借助划线,检查毛坯的形状和尺寸,避免不合格的毛坯投入机械加工而造成浪费。

③ 合理分配各加工表面的余量。

④ 在板料上按照划线,可做到正确备料,合理使用材料。

1. 划线工具

(1) 划线平板

如图 11-10 所示,平板是划线的基准工具,它用铸铁制成,上平面要求平直光洁,是划线用的基准平面。平板应安放稳固,上平面保持水平,不许碰撞和锤击平板。使用时要注意工作表面应经常保持清洁;工件和工具在平板上都要轻拿轻放,不可损伤其工作表面;若长期不用,上平面应涂机油防锈,并用木板护盖。

(2) 方箱

方箱用于划线时夹持较小的工件。通过在平板上翻转方箱,即可在工件表面上划出相互垂直的线,如图 11-11 所示。

(3) 划针

划针是用来在工件上划出线条的工具,是用弹簧钢丝或高速钢制成的。使用时要注意在用钢尺和划针划连接两点的直线时,应先用划针和钢尺定好后一点的划线位置,然后调整钢尺使与前一点的划线位置对准,再开始划出两点的连接直线;划线时针尖要紧靠导向工具的边缘，上部向外侧倾斜15°～20°，向划线移动方向倾斜45°～75°，如图11-12所示；针尖要保持尖锐，划线要尽量做到一次划成，使划出的线条既清晰又准确。不用时，套上塑料管，不使针尖外露。

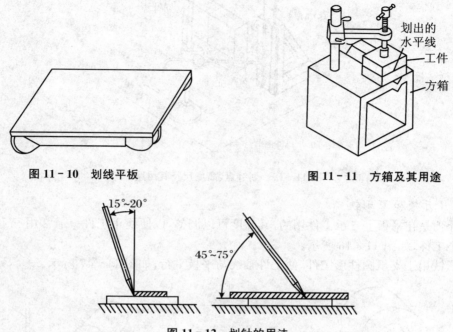

图11-10 划线平板

图11-11 方箱及其用途

图11-12 划针的用法

(4) 划规和划卡

划规是用来划圆和圆弧、等分线段、等分角度以及量取尺寸的工具，如图11-13所示。使用时要注意划规两脚的长短要磨得稍有不同，而且两脚合拢时脚尖能靠紧，这样才可划出尺寸较小的圆弧；划规的脚尖应保持尖锐，以保证划出的线条清晰；用划规划圆时，作为旋转中心的一脚应加以较大的压力，另一脚则以较轻的压力在工件表面上划出圆或圆弧，这样可使中心不致滑动。

划卡又称单脚划规，主要用来确定轴和孔的中心位置，如图11-14所示。

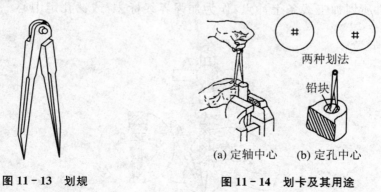

图11-13 划规

图11-14 划卡及其用途

(5) 划线盘和高度尺

如图11-15所示。划线盘用来在划线平台上对工件进行划线，或找正工件在平台上的正确安放位置。高度尺用于测量工件的高度,也可用来作精密划线用。

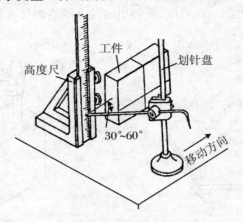

图 11-15　划针盘、高度尺及其用途

(6) 千斤顶和 V 形铁

千斤顶是在平板上支承工件用的,其高度可以调整,以便找正工件。通常用三个千斤顶支承一个工件,如图 11-16 所示。

V 形铁用于支承圆柱形工件,使工件轴线与平板平行,如图 11-17 所示。

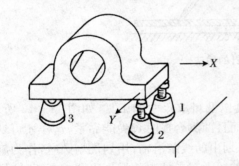

图 11-16　千斤顶及其用途

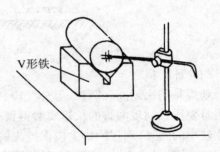

图 11-17　V 形铁及其用途

(7) 样冲

用于在工件所划加工线条上冲点,作为加强界线标志,或钻孔定中心。如图 11-18 所示。

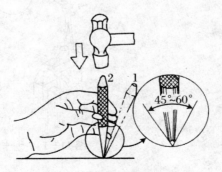

图 11-18　样冲及其用途

2. 划线方法

（1）划线前的准备

为了使工件表面上划出的线条正确、清晰，划线前表面必须清理干净，如锻件表面的氧化皮、铸件表面的粘砂都要去掉；半成品要修毛刺，并洗净油污；有孔的工件划圆时，要用木块或铅块塞孔，以便找出圆心；划线表面上要涂色，锻铸件一般是涂石灰水，小件可涂粉笔，半成品则涂蓝油或硫酸铜溶液，涂色要均匀。

（2）划线基准选择

为了正确地确定工件上所需划的点、线、面，必须选择一些点、线、面作为依据，这些作为依据的点、线、面叫作基准。划线时，划线基准应与零件上用来确定其他点、线、面位置的设计基准相一致，以避免因划线基准选择不当而产生误差。

选择划线基准应根据工件的形状和加工情况综合考虑。一般可按下列先后顺序选择：工件上有已加工表面，则应以已加工表面为划线基准，这样能保证待加工表面与已加工表面的位置和尺寸精度。如工件为毛坯，则应选择重要孔的轴线为基准；如果没有重要的孔，则应选择较大的平面为划线基准。

11.3.4 锯割

锯割是用手锯切断材料或在工件上切槽的操作。锯割工件的精度较低，需要进一步加工。锯割的主要工具是手锯，手锯由锯弓和锯条组成，如图 11-19 所示。

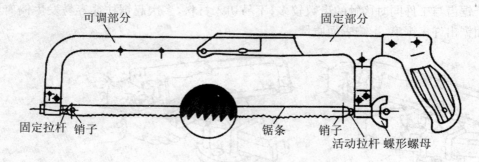

图 11-19 手锯

1. 手锯

如图 11-19 所示，锯弓是用来安装锯条的，它有可调式和固定式两种。固定式锯弓只能安装一种长度的锯条，可调式锯弓通过调整可以安装几种长度的锯条，并且可调式锯弓的锯柄形状便于用力，所以目前被广泛使用。

锯条一般用碳素工具钢制成，为了减少锯条切削时两侧面的摩擦，避免夹紧在锯缝中，锯齿应有规律地向左右两面倾斜，形成交错式两边排列，有细齿、中齿、粗齿三种，牙距分别是 1.1 mm、1.4 mm、1.8 mm。使用时应根据所锯材料的软硬、厚薄来选用。锯割软材料（如紫铜、青铜、铝、铸铁、低碳钢和中碳钢等）且较厚的材料时应选用粗齿锯条；锯割硬材料或薄的材料（如工具钢、合金钢，各种管子、薄板料、角铁等）时应选用细齿锯条。一般来说，对锯割薄材料，在锯割截面上至少应有三个齿能同时参加锯割，这样才能避免锯齿被钩住和崩裂。

2. 锯条的安装

手锯是在前推时才起切削作用,因此锯条安装应使齿尖的方向朝前(见图 11-20),如果装反了,就不能正常锯割了。在调节锯条松紧时,蝶形螺母不宜旋得太紧或太松,太紧时锯条受力太大,在锯割中用力稍有不当,就会折断;太松则锯割时锯条容易扭曲,也易折断,而且锯出的锯缝容易歪斜。其松紧程度可用手扳动锯条,以感觉硬实即可。锯条安装后,要保证锯条平面与锯弓中心平面平行,不得倾斜和扭曲,否则锯割时锯缝极易歪斜。

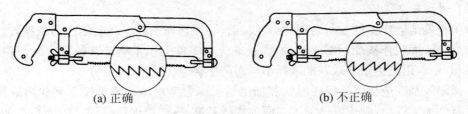

(a) 正确　　　　　　　　(b) 不正确

图 11-20　锯条安装

3. 起锯方法

起锯是锯割工作的开始。起锯质量的好坏,直接影响锯割质量,如果起锯不正确,会使锯条跳出锯缝,将工件拉毛或者引起锯齿崩裂。起锯有远起锯(见图 11-21(a))和近起锯(图 11-21(b))两种。起锯时,左手拇指靠住锯条,使锯条能正确地锯在所需要的位置上,行程要短,压力要小,速度要慢。起锯角约在 15°左右。如果起锯角太大,则起锯不易平稳,尤其是近起锯时锯齿会被工件棱边卡住引起崩裂(见图 11-21(c))。但起锯角也不宜太小,否则由于锯齿与工件同时接触的齿数较多,不易切入材料,多次起锯往往容易发生偏离,使工件表面锯出许多锯痕,影响表面质量。

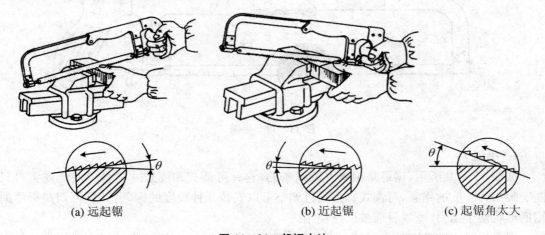

(a) 远起锯　　　　　　(b) 近起锯　　　　　　(c) 起锯角太大

图 11-21　起锯方法

一般情况下采用远起锯较好,因为远起锯锯齿是逐步切入材料,锯齿不易卡住,起锯也较方便。如果用近起锯而掌握不好,锯齿会被工件的棱边卡住,此时也可采用向后拉手锯做倒向起锯,使起锯时接触的齿数增加,再做推进起锯就不会被棱边卡住。起锯锯到槽深有 2～3 mm,锯条已不会滑出槽外,左手拇指可离开锯条,扶正锯弓逐渐使锯痕向后(向前)成为水平,然后往下正常锯割。正常锯割时应使锯条的全部有效齿在每次行程中都参加锯割。

4. 各种材料的锯割方法

(1) 棒料的锯割

如果锯割的断面要求平整,则应从开始连续锯到结束。若锯出的断面要求不高,可分几个方向锯下,这样,由于锯割面变小而容易锯入,可提高工作效率。

(2) 管子的锯割

锯割管子前,可划出垂直于轴线的锯割线,由于锯割时对划线的精度要求不高,最简单的方法可用矩形纸条(划线边必须直)按锯割尺寸绕住工件外圆,然后用滑石划出。锯割时必须把管子夹正。对于薄壁管子和精加工过的管子,应夹在有V形槽的两木衬垫之间(见图11-22(a)),以防将管子夹扁和夹坏表面。

锯割薄壁管时不可在一个方向从开始连续锯割到结束,否则锯齿易被管壁钩住而崩裂。正确的方法应是先在一个方向锯到管子内壁处,然后把管子向推锯的方向转过一定角度,并连接原锯缝再锯到管子的内壁处,如此逐渐改变方向不断转锯,直到锯断为止(见图11-22(b))。

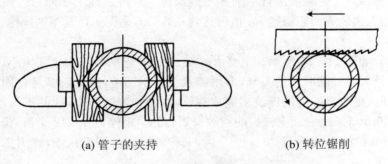

(a) 管子的夹持　　　　(b) 转位锯削

图11-22　管子的夹持和锯削

(3) 薄材料的锯割

锯割时尽可能从宽面上锯下去。当只能在板料的窄面上锯下去时,可用两块木板夹持,连木块一起锯下,避免锯齿钩住,同时也增加了板料的刚度,使锯割时不会颤动(见图11-23(a))。也可以把薄板料直接夹在台虎钳上,用手锯作横向斜推锯,使锯齿与薄板接触的齿数增加,避免锯齿崩裂(见图11-23(b))。

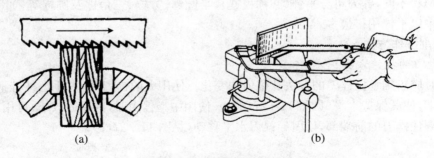

(a)　　　　　　　　(b)

图11-23　薄板料锯削方法

(4) 深缝锯割

当锯缝的深度超过锯弓的高度时(见图11-24(a)),应将锯条转过90°重新安装,使锯弓转到工件的旁边(见图11-24(b)),当锯弓横下来其高度仍不够时,可把锯条安装成使锯齿在锯内进行锯割(见图11-24(c))。

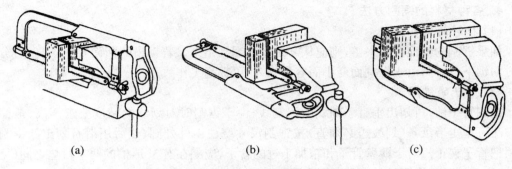

图 11-24 深缝的锯削方法

11.3.5 锉削

锉削是用锉刀对工件表面进行切削加工的操作。它可以加工平面、孔、曲面、沟槽及内外倒角等，所加工出的表面粗糙度 Ra 值可达到 $0.8\ \mu m$，是钳工最基本的操作。

1. 锉刀

锉刀各部分如图 11-25 所示。主要由锉面、锉边和锉柄等组成。其大小以其工作部分的长度表示。锉刀是锉削所用的刀具，多用碳素工具钢制造，其锉齿多是在剁锉机上剁出，然后经淬火、回火处理。锉刀的锉纹多制成双纹，以便锉削时省力，锉面不易堵塞。锉刀的粗细，是以每 10 mm 长的锉面上锉齿的齿数来划分的。粗锉刀 4~12 个齿，齿间大，不易堵塞；细锉刀 13~24 个齿；光锉刀 30~40 个齿，又称油光锉。锉刀愈细，锉出工件表面愈光，但生产率也愈低。

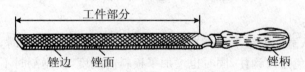

图 11-25 锉刀的各个部分

根据形状不同,锉刀可分平锉(亦称板锉)、半圆锉、方锉、三角锉及圆锉等,如图 11-26 所示。其中以平锉用得最多。

2. 锉削操作方法

(1) 锉刀的握持方法

锉削时应正确掌握锉刀的握法及施力的变化。使用大的锉刀时,右手握住锉柄,左手压在锉刀前端,使其保持水平(见图 11-27(a))。使用中型锉力时,因用力较小,可用左手的拇指和食指握住锉刀的前端部,以引导锉刀水平移动(见图 11-27(b))。

第 11 章 金属切削成形基础知识

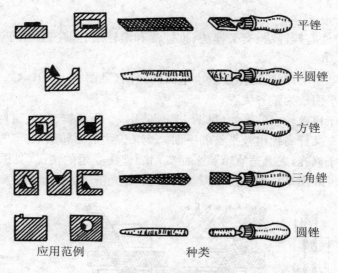

应用范例　　　　　种类

图 11-26　锉刀的类型

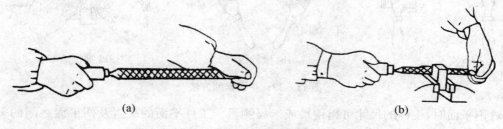

(a)　　　　　　　　　　　　(b)

图 11-27　锉削的握持方法

锉削时应始终保持锉刀水平移动,因此要特别注意两手施力的变化。开始推进锉刀时,左手压力大右手压力小;锉刀推到中间位置时,两手的压力大致相等;再继续推进锉刀,左手的压力逐渐减小,右手的压力逐渐增大。锉刀返回时不加压力,以免磨钝锉齿和损伤已加工表面。如图 11-28 所示。

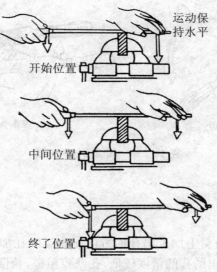

图 11-28　锉削时使力的变化

(2) 锉削方法

常用的锉削方法有顺锉法、交叉锉法、推锉法和滚锉法。前三种用于平面锉削,后一种用于弧面锉削。

顺锉法:是最基本的锉法,适用于较小平面的锉削(见图11-29(a))。顺锉可得到正直的锉纹,使锉削的平面较为整齐美观。

交叉锉:适用于粗锉较大的平面(见图11-29(b))。由于锉刀与工件接触面增大,锉刀易掌握平稳,因此交叉锉易锉出较平整的平面。交叉锉之后要转用顺锉法进行修光。

推锉法:仅用于修光,尤其适宜窄长平面或用顺锉法受阻的情况(见图11-29(c))。两手横握锉刀,沿工件表面平稳地推拉锉刀,可得到平整光洁的表面。

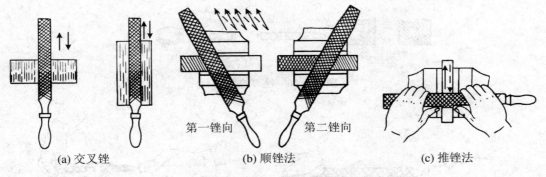

图11-29 平面锉削方法

锉削平面时,工件的尺寸可用钢尺或卡尺测量。工件平面的平直及两平面之间的垂直情况,可用直角尺贴靠是否透光来检查。

滚锉法:用于锉削内外圆弧面和内外倒角(见图11-30)。锉削外圆弧面时,锉刀除向前运动外,还要沿工件被加工圆弧面摆动;锉削内圆弧面时,锉刀除向前运动外,锉刀本身还要做一定的旋转运动和向左移动。

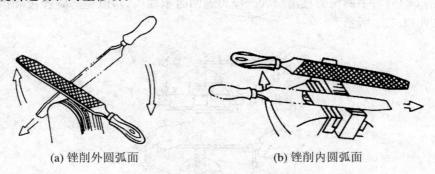

图11-30 圆弧面锉削方法

11.3.6 孔加工

钻孔是用钻头在实体材料上加工出孔的方法。钳工的孔加工包括钻孔、扩孔、铰孔等,如图11-31所示。钳工钻出的孔的精度较低,孔壁较粗糙,精度要求较高的孔,经钻孔后还需要扩孔和铰孔。

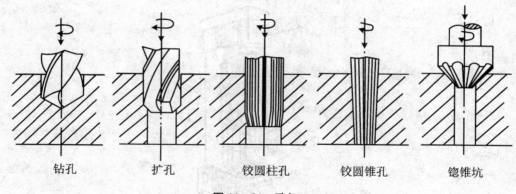

钻孔　扩孔　铰圆柱孔　铰圆锥孔　锪锥坑

图 11-31　孔加工

1. 钻床

（1）台式钻床

台式钻床是一种放在台桌上使用的小型钻床，故称台钻（见图 11-32）。台钻的钻孔直径一般在 $\phi13$ mm 以下，最小可加工 $\phi0.1$ mm 的孔。台钻小巧灵活，使用方便，是钻小直径孔的主要设备。其主轴变速是通过改变三角胶带在塔形带轮上的位置来调节的。主轴进给是手动的，为适应不同工件尺寸的要求，在松开锁紧手柄后，主轴架可以沿立柱上下移动。

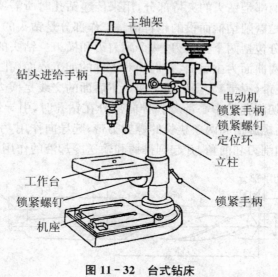

图 11-32　台式钻床

（2）立式钻床

立式钻床的组成如图 11-33 所示，它由主轴、主轴变速箱、进给箱、立柱、工作台和底座等部件组成。主轴变速箱和进给箱的传动是由电动机经带轮传动的。通过主轴变速箱使主轴旋转，并获得需要的各种转速。钻孔小时，转速较高；钻孔大时，转速较低。主轴在主轴套筒内做旋转运动，同时通过进给箱，驱动主轴套筒做直线运动，从而使主轴一边旋转，一边随主轴套筒按所需要的进给量自动做轴向进给，也可利用手柄实现手动轴向进给。进给箱和工作台可沿着立柱导轨调整上下位置，以适应加工不同高度的工件。立式钻床的主轴不能在垂直其轴线的平面内移动，要使钻头与工件孔的中心重合，必须移动工件，因此，立式钻床只适合加工中小型工件。立式钻床钻孔的最大直径有 $\phi25$ mm、$\phi35$ mm、$\phi40$ mm、$\phi50$ mm 等几种。

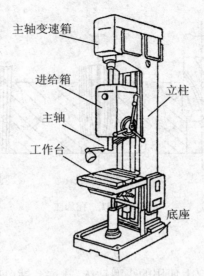

图 11-33 立式钻床

2. 麻花钻头

钻孔用的刀具主要是麻花钻头。麻花钻由三部分组成,即柄部、颈部和工作部分,其结构如图 11-34 所示。柄部是钻头的夹持部分,用来传递钻孔时所需要的扭矩。颈部位于工作部分和柄部之间,它是磨削钻柄而设的越程槽。工作部分是钻头的主体,它由切削部分和导向部分组成,切削部分包括两个主刀刃、两个副刀刃和横刃。钻头的螺旋槽表面为前刀面(切屑流经的面),顶端两曲面为主后面,它们面对工件的加工表面(孔底)。与工件的已加工表面(孔壁)相对应的棱带(刃带)为副后面。两个主后面的交线是横刃。横刃是在刃磨二个主后面时形成的,用来切削孔的中心部分。导向部分在钻孔时,引导钻头方向,也是切削部分的后备部分。它包括螺旋槽和两条狭长的螺旋刃带,起导向作用,引导钻头切削并修光孔壁。螺旋槽用来形成切削刃和前角,并起到排屑和输送冷却液的作用。

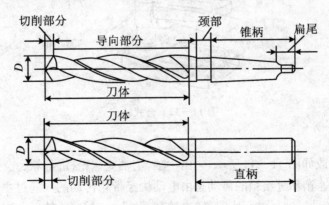

图 11-34 麻花钻

3. 工件装夹

根据工件的大小,选择合适的装夹方法。一般可用手虎钳、平口钳和台虎钳装夹工件。在圆柱面上钻孔应放在 V 形铁上进行。在台钻或立钻上钻孔,工件多采用平口钳装夹。对于不便于平口钳装夹的、较大的工件,可采用压板螺栓装夹。各种工件的装夹方法如图

11-35 所示。工件在钻孔之前，一般要先按划线找正孔的位置。

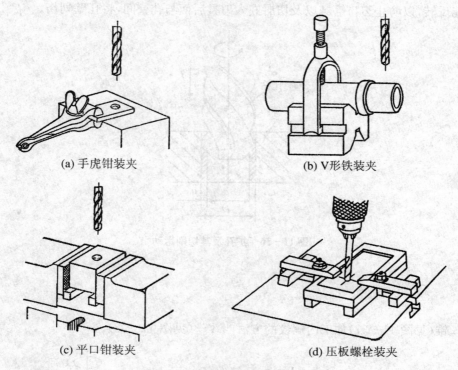

(a) 手虎钳装夹　　(b) V形铁装夹
(c) 平口钳装夹　　(d) 压板螺栓装夹

图 11-35　钻孔时工件的装夹

4. 钻孔方法

按划线钻孔时，一定要使麻花钻的尖头对准孔中心的样冲眼。钻削开始时，要用较大的力向下进给，以免钻头在工件表面上来回晃动而不能切入；临近钻透时，压力要逐渐减小。若孔较深，要经常退出钻头以排除切屑和进行冷却，否则切屑堵塞在孔内易卡断钻头或因过热而加剧钻头的磨损。

钻削孔径大于 30 mm 的大孔，应分两次钻。先钻 0.4～0.6 倍孔径的小孔，第二次再钻至所需要的尺寸。精度要求高的孔，要留出加工余量，以便精加工。

5. 扩孔

扩孔是用扩孔钻对已有孔的进一步加工，以扩大孔径。扩孔可以校正孔的轴线偏差，适当提高孔的加工精度和降低表面粗糙度。扩孔属于半精加工，尺寸公差等级可达 IT10～IT9，表面粗糙度 Ra 一般为 6.3～3.2 μm。

在钻床上扩孔的切削运动与钻孔相同，如图 11-36 所示。扩孔可作为孔加工的最后工序，也可作为铰孔前的准备工序。扩孔的加工余量为 0.5～4 mm，小孔取较小值，大孔取较大值。

6. 铰孔

铰孔是用铰刀对孔进行精加工的方法，其尺寸公差等级可达 IT8～IT7，表面粗糙度 Ra 值可达 1.6～0.8 μm。

用手铰铰孔时，可用右手通过铰孔轴线施加进刀压力，左手转动。正常铰削时，两手用力，均匀、平稳地旋转，不得有侧向压力，同时适当加压，使铰刀均匀地进给，以保证铰刀正确引进和获得较小的加工表面粗糙度,并避免孔口成喇叭形或将孔径扩大。铰孔或退出时,铰刀均不能反转,以防止刃口磨钝以及切屑嵌入刀具后面与孔壁间,将孔壁划伤。

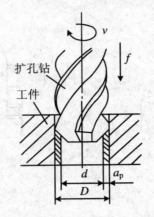

图 11-36 扩孔及其切削运动

11.3.7 攻丝

用丝锥(见图 11-37)加工内螺纹的方法叫攻丝(见图 11-38)。

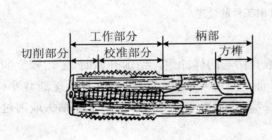

图 11-37 丝锥

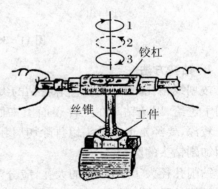

图 11-38 攻丝

攻丝前,先确定螺纹底孔直径,再选用合适钻头钻孔,并用较大的钻头倒角,以便丝锥切入,防止孔口产生毛边或崩裂。

头攻时,将丝锥头部垂直放入孔内。右手握铰杠中间,并用食指和中指夹住丝锥,适当加些压力。左手配合沿顺时针转动,待切入工件 1~2 圈后,再用目测或直尺校准丝锥是否垂直,然后继续转动,直至切削部分全部切入后,用两手平稳地转动铰杠,这时可不加压力,而旋进到底。为了避免切屑过长而缠住丝锥,每转 1~2 转后要轻轻倒转 1/4 转,以便断屑和排屑。不通孔攻丝时,可在丝锥上做好深度标记,并要经常退出丝锥,清除留在孔内的切屑,否则会因切屑堵塞使丝锥折断或达不到深度。当工件不便倒向进行清屑时,可用弯曲的小管子吹出切屑,或用磁性针棒吸出。

二攻和三攻时,先用手指将丝锥旋进螺纹孔,然后再用铰杠转动,旋转铰杠时不需加压。在钢材上攻螺纹时,要加浓乳化液或机油。在铸铁件上攻丝时,一般不加切削液,但若螺纹表面光洁度要求较高时,可加些煤油。

11.3.8 套扣

用板牙(见图11-39)加工外螺纹的方法叫套扣(见图11-40)。套扣又称为套丝。

图11-39 板牙

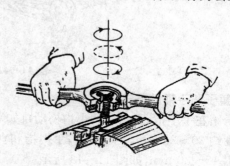
图11-40 套扣

首先检查要套扣的圆杆直径,尺寸太大,套扣困难,尺寸太小,套出的螺纹牙齿不完整。圆杆的端面都必须倒角,然后进行套扣。套扣时板牙端面必须与圆杆严格保持垂直,开始转动板牙架时,要适当加压;套入几扣后,只需转动,不必加压,而且要经常反转,以便断屑。套扣时可施加机油润滑。

11.3.9 錾削

錾削是用手锤锤击錾子,对工件进行加工的操作。錾削可加工平面、沟槽,切断金属及清理铸、锻件上的毛刺等。每次錾削金属层的厚度为0.5～2 mm。

1. 錾子

錾子是錾削工件的刀具,用碳素工具钢(T7A或T8A)锻打成形后再进行刃磨和热处理而成。钳工常用錾子主要有阔錾(扁錾)、狭錾(尖錾)、油槽錾和扁冲錾四种,如图11-41所示。阔錾用于錾切平面、切割和去毛刺,狭錾用于开槽,油槽錾用于錾切润滑油槽,扁冲錾用于打通两个钻孔之间的间隔。錾子的楔角主要根据加工材料的硬软来决定。柄部一般做成八棱形,便于控制錾刃方向。头部做成圆锥形,顶端略带球面,使锤击时的作用力易与刃口的錾切方向一致。

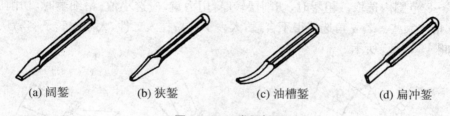

(a) 阔錾　　(b) 狭錾　　(c) 油槽錾　　(d) 扁冲錾

图11-41 常用錾子

2. 手锤

手锤是钳工常用的敲击工具,由锤头、木柄和楔子组成(见图11-42)。手锤的规格以锤头的重量来表示,有 0.46 kg、0.69 kg 和 0.92 kg 等规格。锤头用 T7 钢制成,并经热处理淬硬。木柄用比较坚韧的木材制成,常用的 0.69 kg 手锤,柄长约 350 mm。木柄装入锤孔后用楔子楔紧,以防锤头脱落。

图 11-42 手锤

3. 錾子和手锤的握法

錾子用左手中指、无名指和小指松动自如地握持,大拇指和食指自然地接触。錾子头部伸出长度约 20~25 mm。手锤用右手拇指和食指握持,其余各指当锤击时才握紧。锤柄端头约伸出 15~30 mm,如图 11-43 所示。

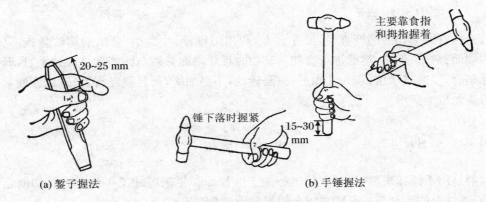

图 11-43 錾子和手锤的握法

4. 錾削方法

錾子的切削刃由两个刀面组成,构成楔形,如图 11-44 所示。錾削时影响质量和生产率的主要因素是楔角 β 和后角 α 的大小。楔角愈小,錾刃愈锋利,切削省力,但太小时刀头强度较低,刃口容易崩裂。一般是根据錾削工件材料来选择,錾削硬脆的材料如工具钢等,楔角要大些,$\beta=60°\sim70°$;錾削较软的低碳钢、铜、铝等有色金属,楔角要选小些,$\beta=30°\sim 50°$;錾削一般结构钢时,$\beta=50°\sim60°$。后角的改变将影响錾削过程的进行和工件加工质量,其值在 $5°\sim8°$ 范围内选取。粗錾时,切削层较厚,用力重,应选小值;精细錾时,切削层较薄,用力轻,α 角应大些。若 α 角选择得不合适,太大了容易扎入工件,太小时錾子容易从工件表面滑出,如图 11-45 所示。

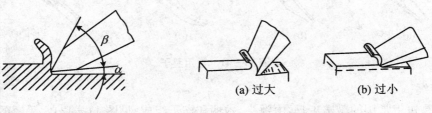

图 11-44 錾子的切削   图 11-45 錾削角度

复习思考题

选择题

1. 关于切削运动,主运动通常有_____。
   A. 一个主运动,至少一个进给运动   B. 一个主运动,仅一个进给运动
   C. 多个主运动和进给运动   D. 多个主运动和一个进给运动
2. 切削脆性材料时易形成_____。
   A. 节状切屑   B. 带状切屑   C. 崩碎切屑   D. 卷曲切屑
3. 在总切削力的三个分力中,_____是最大的,故又称主切削力。
   A. 切削力   B. 进给力   C. 背向力   D. 轴向力
4. 影响切削层公称厚度的主要因素是_____。
   A. 切削速度和进给量   B. 进给量和主偏角
   C. 背吃刀量(切削深度)和主偏角   D. 切削速度和主偏角
5. 钳台高度一般是_____。
   A. 约 700~800 mm   B. 约 800~900 mm
   C. 约 900~1000 mm   D. 约 600~700 mm
6. 划线的作用是_____。
   A. 表示出加工余量   B. 检查毛坯的形状和尺寸
   C. 正确备料、合理使用材料   D. 都正确
7. 锉削铜、铝等金属宜选用的锉刀是_____。
   A. 粗齿锉刀   B. 细齿锉刀   C. 中齿锉刀   D. 油光锉
8. 锯割合金钢应选用_____锯条。
   A. 粗齿   B. 细齿   C. 中齿   D. 都可以

问答题

1. 试说明下列加工方法的主运动和进给运动:车平面、车孔、钻工钻孔、镗孔、刨工刨平面、铣平面、外圆磨床磨外圆。
2. 切削用量三要素是指什么?
3. 切削层参数包括哪几项内容?
4. 简述积屑瘤的产生过程及对加工的影响。
5. 切屑是怎样形成的?可分为几种?
6. 影响切削力的因素有哪些?
7. 影响切削温度的主要因素有哪些?
8. 切削液的作用是什么?
9. 选择切削液要考虑哪些因素?

10. 钳工的主要任务是什么？
11. 划线的作用是什么？常用划线工具有哪些？
12. 安装锯条时应注意什么？
13. 如何锯割棒料、管子、薄材料？
14. 常见的锉削方法有哪些？各适用哪些场合？
15. 锉削操作注意事项有哪些？
16. 试述麻花钻的基本结构组成。
17. 如何钻孔、扩孔、铰孔？
18. 试述攻丝和套扣的方法。
19. 錾削角度的大小对錾削有何影响？应如何选择？

第 12 章 金属切削成形方法

12.1 车削成形方法

12.1.1 车削加工范围

车削加工是一种最基本和应用最广的加工方法,主要用于回转体零件加工。如图 12-1 所示为卧式车床可完成的主要加工。

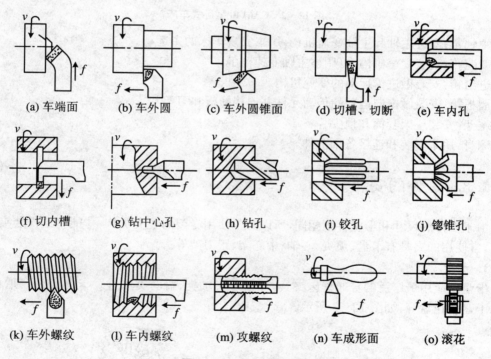

图 12-1 车削加工范围

12.1.2 车床的组成及功用

车床的种类很多,其中 CA6140 型卧式车床应用最为广泛,其结构组成如图 12-2 所示。

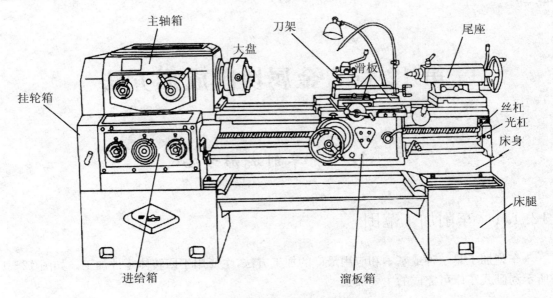

图 12-2 CA6140 型卧式车床

主轴箱：安装主轴和主轴变速机构，用来实现车床的主运动。
变速箱：安装变速机构，可调整主轴变速范围。
进给箱：安装做进给运动的变速机构。
溜板箱：安装做横向运动的传动元件并连接拖板和刀架。
尾架：安装尾架套筒和顶尖。
床身：用来安装和连接各个部件。

12.1.3 工件的安装

由于工件的尺寸和形状各不相同，所以必须使用专门的装夹机构，才能将工件装夹在机床上，常使用的夹具有卡盘、顶尖、心轴、中心架、跟刀架等。

1. 卡盘

卡盘是应用最广泛的普通车床夹具，用于装夹轴类、盘套类工件。卡盘分为三爪卡盘、四爪卡盘和花盘等，如图 12-3 所示。

(a) 三爪自定心卡盘

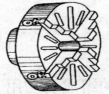
(b) 四爪单动卡盘

图 12-3 卡盘

三爪卡盘可自动定心，不需找正，装夹迅速，但夹紧力小，适于装夹外形规则的中小型工件；四爪卡盘的四个爪可单独径向移动，夹紧力大，但安装工件时需找正，适于装夹毛坯和几何形状不规则的工件；花盘适用于装夹加工表面与定位基面相垂直的不规则工件。

2. 顶尖

在车床上加工实心轴类零件时,常使用顶尖装夹工件。装在主轴上的顶尖称为前顶尖,装在尾座上的顶尖称为后顶尖(见图 12-4)。后顶尖又分为死顶尖和活顶尖两种。死顶尖定位准确,加工精度高,易磨损;活顶尖与工件一起旋转,不会磨损,但装配误差大,加工精度低。

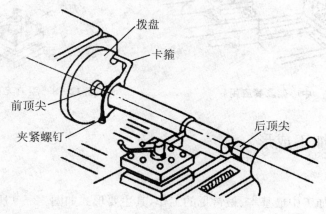

图 12-4 用顶尖安装工件

3. 心轴

如图 12-5 所示为锥度心轴安装工件,如图 12-6 所示为圆柱体心轴安装工件。在车床上加工带孔的盘套类工件的外圆和端面时,先把工件装夹在心轴上,再把心轴装夹在两顶尖之间。

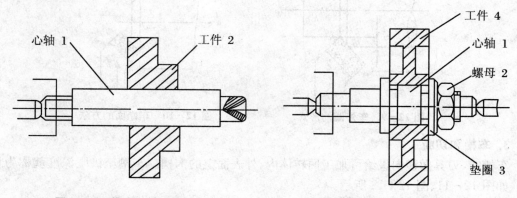

图 12-5 锥度心轴安装工件　　　　图 12-6 圆柱体心轴安装工件

4. 中心架和跟刀架

当加工长径比为 $L/D \geqslant 10$ 的细长轴类零件时,除用顶尖安装工件外,还需要用中心架(见图 12-7)和跟刀架(见图 12-8)作为辅助支承。中心架多用于加工阶梯轴,跟刀架常用于精车或半精车丝杠和光杠等工件。

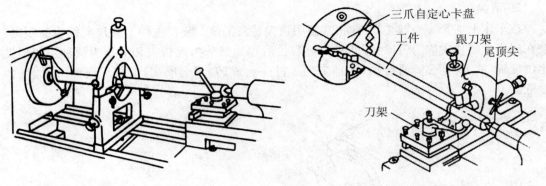

图 12-7 中心架及其应用　　　　图 12-8 跟刀架及其应用

12.1.4 车削加工成形

1. 车外圆

车外圆是车削加工中最基本、最常见的工作,其主要形式如图 12-9 所示。

2. 车端面

端面常作为长度尺寸的基准,一般应首先加工。车端面时常用卡盘装夹工件,刀具常用偏刀或弯头车刀做横向进给。车端面的方法如图 12-10 所示。

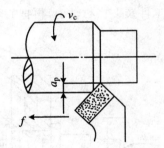
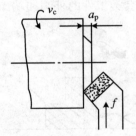

图 12-9 车外圆的形式　　　　图 12-10 车端面的方法

3. 车槽和切断

车槽时,刀具做横向进给可加工回转体内、外表面上的沟槽。车槽至极限深度就称为切断。如图 12-11、图 12-12 所示。

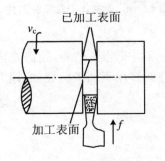
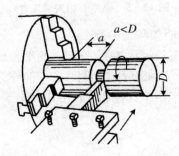

图 12-11 车槽　　　　图 12-12 切断

4. 孔加工

镗孔是对锻出、铸出或钻出的孔做进一步的加工,如图 12-13 所示。

钻孔如图 12-14 所示,钻头装在尾架套筒内。工件旋转为主运动,手摇尾架手柄带动钻头纵向移动为进给运动。钻孔时要施加冷却液。钻较深的孔时,必须经常退出钻头以便排出切屑。

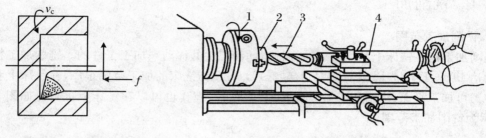

图 12-13 镗孔　　　　　　　　图 12-14 在车床上钻孔

5. 车回转成形面

有些零件如手柄、手轮、圆球等,它们的表面是有回转轴线的曲面,这类表面称作回转成形面。在车床上常采用双手控制法车回转成形面,如图 12-15 所示。成形面的形状一般用样板检验,如图 12-16 所示。由于手动进给不均匀,在工件的形状基本正确后,还要用锉刀仔细修整和用细锉刀修光,最后再用砂布抛光。

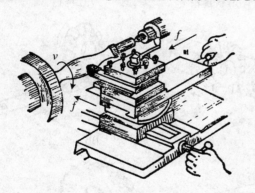 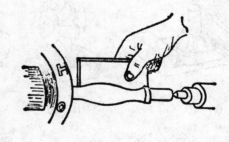

图 12-15 用双手控制法车回转成形面　　　　图 12-16 用样板度量

6. 车螺纹

在车床上能车制三角形螺纹、梯形螺纹、矩形螺纹等各种螺纹。车螺纹的基本技术要求是要保证螺纹的牙型和螺距。如图 12-17 所示。

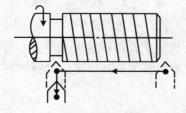

图 12-17 车螺纹

12.2 其他常用加工成形方法

12.2.1 铣削加工

1. 铣削加工范围

铣削加工是在铣床上利用铣刀的旋转运动和工件的移动来加工工件的。铣削加工精度一般可达 IT9～IT8，表面粗糙度 $Ra=6.3～1.6\ \mu m$。铣床的加工范围很广，在铣床上利用各种铣刀可加工平面、沟槽和成形表面等，有时钻孔、镗孔也可以在铣床上进行。如图 12-18 所示为铣削加工范围。

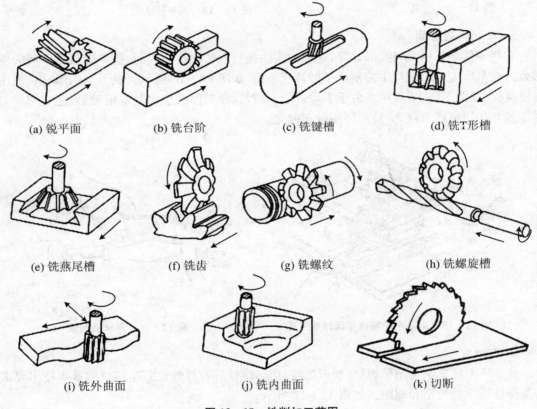

(a) 铣平面　(b) 铣台阶　(c) 铣键槽　(d) 铣T形槽

(e) 铣燕尾槽　(f) 铣齿　(g) 铣螺纹　(h) 铣螺旋槽

(i) 铣外曲面　(j) 铣内曲面　(k) 切断

图 12-18　铣削加工范围

2. 铣床

铣床的种类很多，最常用的是卧式升降台铣床和立式升降台铣床，现简要介绍卧式万能铣床。如图 12-19 所示为卧式万能铣床的外形图，它的特点是主轴是水平布置的。机床各组成部分及功用如下：

（1）床身

它是铣床的基础部分，用来安装和连接其他部分。前面有垂直燕尾形导轨，供升降台上下移动所用，床身的顶部有水平燕尾形导轨，用来安装横梁，后面装有电机，内部装有主轴及变速传动机构。

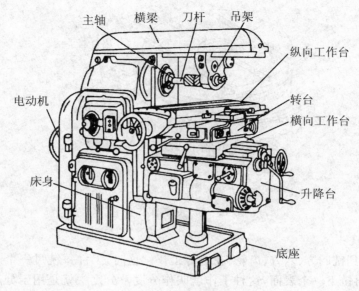

图 12-19 卧式万能铣床

(2) 横梁

安装在床身的上面,外端可安装吊架,用来支承刀杆,以增加刀杆的刚性,横梁可沿床身顶部的水平导轨移动,松开床身侧面的螺母,可以调整横梁的伸出长度,拧紧螺母可把横梁固定在床身上。

(3) 主轴

主轴是一根空心轴,前端有带一定锥度的精密锥孔,用来安装铣刀刀杆并带动铣刀旋转。

(4) 工作台

它可以沿转台上面的导轨做纵向移动,以带动台面上的工件做纵向进给。

(5) 横向溜板

它位于升降台上面的水平导轨上,可带动工作台一起做横向移动,以实现横向进给。

(6) 转台

它的作用是将工作台在水平面内转动一定的角度,以便铣削螺旋槽。

(7) 升降台

它是工作台的支座,位于转台、横向溜板的下面,并能带动它们沿床身的垂直导轨移动,以调整工作台台面到铣刀间的距离。

卧式万能铣床的用途较广,若将横梁移到床身后面,安装上立铣头附件,也能当作立式铣床使用。

3. 铣床附件

(1) 回转工作台

又称转盘或圆形工作台,其外形如图 12-20 所示。它的内部有一套蜗杆蜗轮。摇动手轮,通过蜗杆轴,就能直接带动与转台相连接的蜗轮转动。转台周围有刻度,可以用来观察和确定转台的转动角度。拧紧固定螺钉,转台就可固定不动。转台中央有一孔,利用它可以确定工件的回转中心。

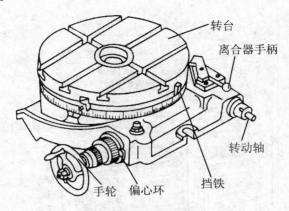

图 12-20 回转工作台

(2) **万能分度头**

铣削中常遇到铣四方、六方、齿轮、花键等工作。这时,工件每铣过一个表面之后,需要转过一个角度,再铣下一个表面,这种工作就叫作分度。分度头就是用于分度工作的附件,其中以万能分度头最为常见。其外形与结构如图 12-21 所示。工作时,将分度头固定在铣床的纵向工作台上,并安装固定好工件。分度盘上有多圈数目不同的准确等分的孔,摇动分度手柄,可将工件安装成需要的角度、分度以及铣螺旋槽时实现连续转动工件等。

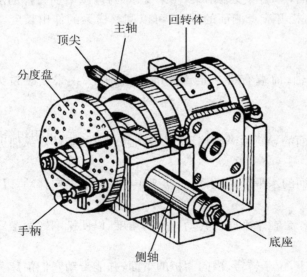

图 12-21 万能分度头

(3) **万能铣头**

万能铣头的结构如图 12-22 所示,其作用是扩大卧式铣床的工艺范围。通过铣头内两对圆锥齿轮将铣床主轴的旋转运动传递到铣头主轴,因铣头的壳体能在两个互相垂直的平面内回转 360°,可使铣头主轴与工作台台面成任何角度,完成更多空间位置的铣削工作。

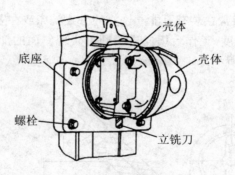

图 12-22 万能铣头

4. 铣削加工方法

(1) 铣平面及垂直面

铣平面可以在立式铣床或卧式铣床上进行。如图 12-23(a)所示是用镶齿面铣刀铣平面,如图 12-23(b)所示是用圆柱铣刀铣平面,如图 12-23(c)所示是用面铣刀铣垂直面。

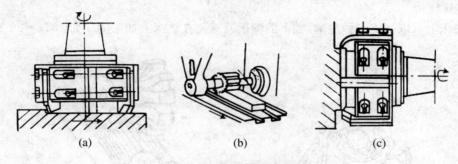

图 12-23 铣平面和垂直面

(2) 铣台阶面

台阶面可用三面刃铣刀在立式铣床上进行铣削,如图 12-24(a)所示。也可用大直径的立铣刀在立式铣床上铣削,如图 12-24(b)所示。如成批生产,可用组合铣刀在卧铣上同时铣削几个台阶面,如图 12-24(c)所示。

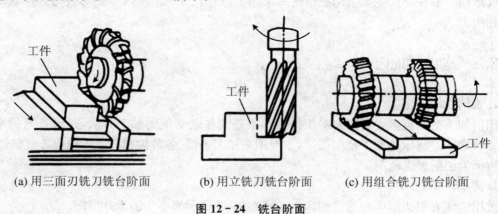

(a) 用三面刃铣刀铣台阶面　　(b) 用立铣刀铣台阶面　　(c) 用组合铣刀铣台阶面

图 12-24 铣台阶面

(3) 铣斜面

用分度头带动工件转一定角度铣斜面,如图 12-25(a)所示。把铣刀转成一定角度铣斜面,如图12-25(b)所示,通常在装有万能立铣头的卧式铣床或在立式铣床上使用,转动立式铣头,把主轴倾斜一定的角度,工作台横向进给即可实现斜面的加工。用角度铣刀,可直接铣削斜面,如图12-25(c)所示。

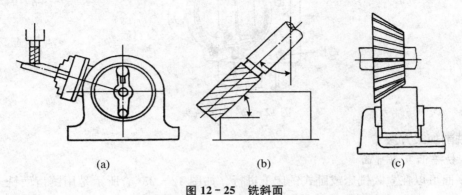

图12-25 铣斜面

(4) 铣键槽

在铣床上可以加工各种沟槽,轴上的键槽通常是在铣床上加工的。如图12-26所示。

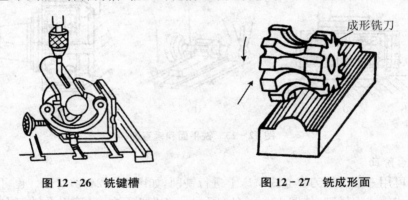

图12-26 铣键槽　　　　图12-27 铣成形面

(5) 铣成形面

成形面一般在卧式铣床上用成形铣刀来加工,如图12-27所示。成形铣刀的形状与加工面相吻合。

12.2.2 刨削加工

1. 刨削加工范围

刨削加工是在刨床上用刨刀对工件做水平直线往复切削的加工方法,是最普通的平面加工方法之一。刨床的加工范围很广,主要用来加工平面、各种沟槽和成形表面等。如图12-28所示为刨削加工范围。

2. 刨床

常用刨床有牛头刨床和龙门刨床。如图12-29所示为牛头刨床外形图。

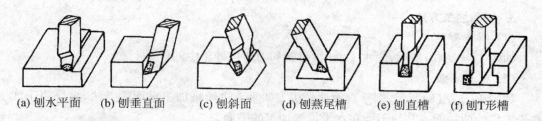

图 12-28 刨削加工范围

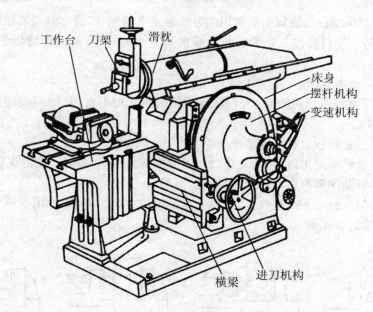

图 12-29 牛头刨床外形图

(1) 床身

用以支承和连接刨床上各个部件。顶面的水平导轨用以支承滑枕做往复直线运动,前侧面的垂直导轨用于工作台的升降。床身的内部装有传动机构。

(2) 刀架

刀架是用来夹持刨刀的,转动刀架的手柄,滑板即可沿转盘上的导轨带动刀架上下移动,松开转盘上的螺母,将转盘转过一定的角度,可使刀架斜向进给以刨削斜面,滑板上装有可偏转的刀座(又叫刀盒),可使反刀板绕刀座的 A 轴向上抬起,以便在返回行程时,让刀夹内的刨刀上抬,减小刀具与工件间的摩擦。

(3) 滑枕

其前端装有刀架,带动刨刀做往复直线运动。滑枕的这一运动是由床身内部的一套摆杆机构带动的,摆杆上端与滑枕内的螺母相连,下端与支架相连。偏心滑块与摆杆齿轮相连,嵌在摆杆的滑槽内,可沿滑槽运动。当摆杆齿轮由与其啮合的小齿轮带动旋转时,偏心滑块则带动摆杆绕支架中心左右摆动,从而带动滑枕做往复直线运动。

(4) 工作台

工作台上开有多条 T 形槽以便安装工件和夹具。工作台可随横梁一起做上下调整,并可沿横梁做水平进给运动。

3. 刨削加工方法

(1) 刨平面

如图 12-28(a)所示,刨水平面时,刀架和刀座均处于中间位置上。

(2) 刨垂直面

如图 12-28(b)所示,刨垂直面就是用刀架垂直进给来加工平面的方法,主要用于加工狭长工件的两端面或其他不能在水平位置加工的平面。

(3) 刨斜面

如图 12-28(c)所示,刨斜面最常用的方法是正夹斜刨,即通过倾斜刀架进行刨削,刀架的倾斜角度应等于工件待加工斜面与机床纵向垂直面的夹角,从而使滑板的手动进给方向与斜面平行。

(4) 刨正六面体零件

正六面体零件要求相对两面互相平行,相邻两面互相垂直,其刨削顺序如图 12-30 所示。基本步骤如下:

① 以较为平整和较大的毛坯平面为粗基准,刨平面 1。
② 将面 1 紧贴固定钳口,在活动钳口与工件中部之间垫一圆棒,然后夹紧,刨平面 2。
③ 将面 1 紧贴固定钳口,面 2 紧贴钳底,刨平面 4。
④ 将面 1 朝下放在平行垫铁上,工件夹在两钳口之间。夹紧时,用手锤轻轻敲打,以使面 1 与垫铁贴实。刨平面 3。

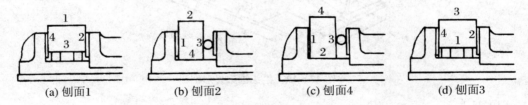

(a) 刨面1　　　(b) 刨面2　　　(c) 刨面4　　　(d) 刨面3

图 12-30　刨削正六面体的加工顺序

(5) 刨 T 形槽

刨 T 形槽前,先划出加工线,如图 12-31 所示。然后按划线找正加工,刨削顺序如图 12-32 所示。

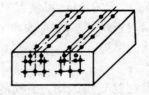

图12-31　划 T 形槽加工线

(6) 刨燕尾槽

燕尾槽的燕尾部分是两个对称的内斜面。其刨削方法是刨直槽和刨内斜面的综合,但需要专门刨燕尾槽的左、右偏刀。刨燕尾槽的步骤如图 12-33 所示。

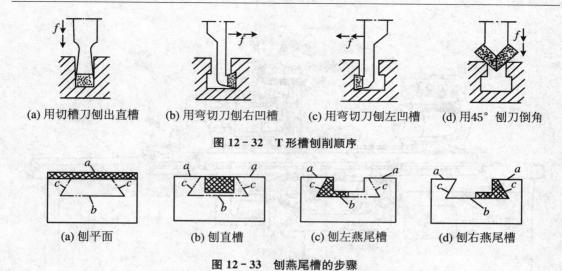

图 12-32 T形槽刨削顺序

图 12-33 刨燕尾槽的步骤

12.2.3 磨削加工

1. 磨削加工范围

磨削是以高速旋转的砂轮作为刀具对工件进行加工的切削方法。磨削加工的范围有外圆磨削、内圆磨削、平面磨削、无心磨削、螺纹磨削、齿轮磨削,如图 12-34 所示。

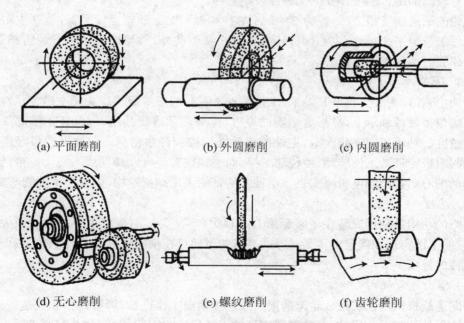

图 12-34 磨削加工范围

2. 磨床

磨床的种类很多,最常用的是万能外圆磨床和卧轴矩台式平面磨床等。如图 12-35 所示为万能外圆磨床的外形与结构图。

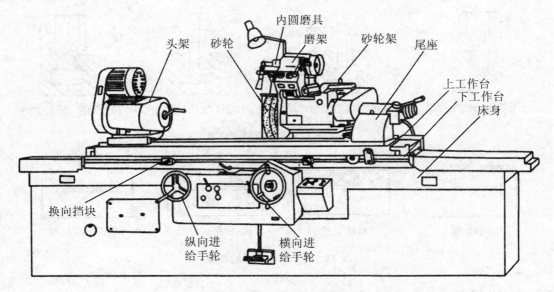

图 12-35　万能外圆磨床

(1) 砂轮架

砂轮架由壳体、砂轮主轴及其轴承、传动装置与滑鞍等组成。砂轮主轴及其支承部分的结构将直接影响工件的加工精度和表面粗糙度，是砂轮架部件的关键部分。它应保证砂轮主轴具有较高的旋转精度、刚度、抗振性及耐磨性。

砂轮的圆周速度很高(一般为 35 m/s 左右)，为了保证砂轮运转平稳，装在主轴上的零件都要仔细校静平衡，整个主轴部件还要校动平衡。此外，砂轮周围必须安装防护罩，以防止意外碎裂时损伤工人及设备。

(2) 头架

头架由壳体、头架主轴及其轴承、工件传动装置与底座等组成。头架主轴支承在四个 D 级精度的角接触球轴承上，靠修磨垫圈的厚度，可对轴承进行预紧，以保证主轴部件的刚度和旋转精度。轴承用锂基脂润滑，主轴的前后端用橡胶油封密封。双速电动机经塔轮变速机构和两组带轮带动工件转动，使传动平稳，而主轴按需要可以转动或不转动。带的张紧分别靠转动偏心套和移动电机座实现。主轴上的带轮采用卸荷结构，以减少主轴的弯曲变形。

(3) 尾座

尾座的功用是利用安装在尾座套筒上的顶尖(后顶尖)，与头架主轴上的前顶尖一起支承工件，使工件实现准确定位。某些外圆磨床的尾架可在横向做微量位移调整，以便精确地控制工件的锥度。

(4) 横向进给机构

横向进给机构用于实现砂轮架的周期或连续横向工作进给，调整位移和快速进退，以确定砂轮和工件的相对位置，控制被磨削工件的直径尺寸。因此，对它的基本要求是保证砂轮架有高的定位精度和进给精度。

横向进给机构的工作进给有手动的，也有自动的，调整位移一般用手动，而定距离的快速进退通常都采用液压传动。

3. 磨削加工方法

(1) 外圆磨削方法

1) 纵磨法

如图 12-36 所示，磨削时砂轮高速旋转起切削作用，工件旋转并与工作台一起做直线往复运动。

2) 横磨法

如图 12-37 所示，又称径向磨削法或切入磨削法。磨削时，工件不做纵向往复运动，只做旋转运动。砂轮以很慢的速度做连续的或间断的横向进给运动，直至磨去全部余量。

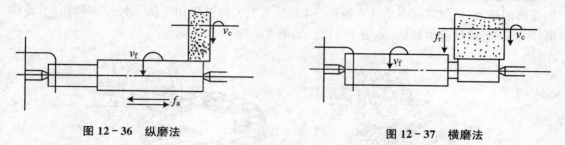

图 12-36　纵磨法　　　　　　　　图 12-37　横磨法

(2) 内圆磨削方法

与外圆磨削不同，内孔磨削时，砂轮的直径受到工件孔径的限制，一般较小，故砂轮磨损较快，需经常修整和更换。内孔磨削使用的砂轮比外圆磨削使用的砂轮软些，这是因为内孔磨削时砂轮与工件接触面积较大。另外，砂轮轴比较细，悬伸长度较大，刚性很差，故磨削深度不能太大，这就降低了生产率。

在普通内圆磨床上可采用纵磨法或切入磨法磨削内圆，如图 12-38(a)、(b) 所示。有些普通内圆磨床上备有专门的端磨装置，可在工件一次装夹中磨削内孔和端面，如图 12-38(c)、(d) 所示，这样不仅易于保证内孔和端面的垂直度，而且生产率较高。

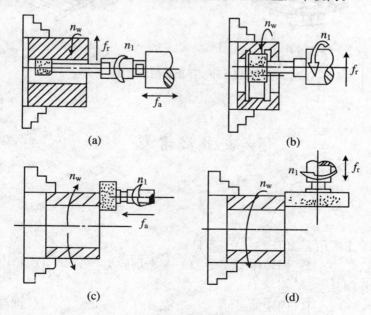

图 12-38　内圆磨削方法

(3) 平面磨削方法

1) 周磨法

周磨用砂轮的圆周表面磨削工件。磨削时砂轮和工件接触面积小,排屑及冷却条件好,因此工件不易变形,砂轮磨损均匀,所以能得到较高的加工精度和表面质量,特别适合加工易翘曲变形的薄片零件。但磨削效率低,适用于精磨。如图12-39(a)、(b)所示。

2) 端磨法

端磨以砂轮端面磨削工件。磨削时,砂轮轴伸出较短,而且主要受轴向力,所以刚性较好,能采用较大的磨削用量。砂轮和工件接触面积大,金属材料磨去较快,因而磨削效率高。但是磨削热大,切削液又不易注入磨削区,容易发生工件被烧伤现象。另外,端磨时不易排屑,因此加工质量较周磨低,适用于粗磨。如图12-39(c)、(d)所示。

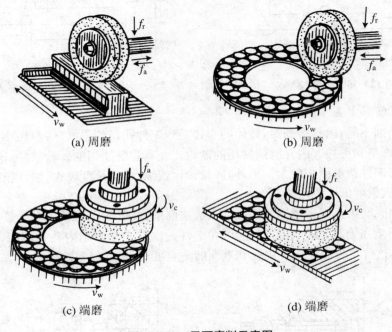

(a) 周磨　　(b) 周磨
(c) 端磨　　(d) 端磨

图 12-39　平面磨削示意图

复习思考题

选择题

1. 车削加工主要用于加工_____零件。
   A. 盘套类　　B. 回转体　　C. 复杂型腔类　　D. 箱座类
2. 尾座的作用是_____。
   A. 定心　　B. 固定加工件　　C. 钻孔　　D. 都是

3. 刨削加工_____。
   A. 通用性能好   B. 精度高   C. 生产率高   D. 切削速度高
4. 用平口虎钳装夹工件时,常用_____轻击工件的上平面,使工件紧贴垫铁。
   A. 木锤   B. 钢锤   C. 皮锤   D 铁锤
5. 为了提高孔的表面质量和精度,一般选择_____。
   A. 铰孔   B. 车孔   C. 磨孔   D. 铣孔
6. _____加工是一种易引起工件表面金相组织变化的加工方法。
   A. 车削   B. 铣削   C. 磨削   D. 钻削
7. 铣削平面可以采用_____。
   A. 端铣   B. 顺铣   C. 逆铣   D. 都可以
8. 铣削时,在铣刀与工件的接触处,若铣刀的回转方向与工件的进给方向相同,则称为_____。
   A. 端铣   B. 顺铣   C. 逆铣   D. 周铣

问答题

1. 铣削的加工范围有哪些?
2. 常用的铣床附件有哪些?各起什么作用?
3. 刨削的加工范围是什么?
4. 牛头刨床主要由哪几部分组成?各有何作用?
5. 磨削的加工范围是什么?
6. 外圆磨床由哪几部分组成?
7. CA6140型车床由哪几部分组成?各部分的主要作用是什么?
8. 常用的铣床附件有哪些?各起什么作用?

第13章 非金属材料成形工艺

13.1 工程塑料的成形

塑料制品的生产主要由成形、机械加工、修配和装配四个过程组成。其中成形是塑料制品生产最重要的基本工序。

13.1.1 注射成形

1. 注射成形原理

注射成形也称注塑,是利用注射机将熔化的塑料快速注入闭合的模具内并固化而得到各种塑料制品的方法。如图13-1所示。

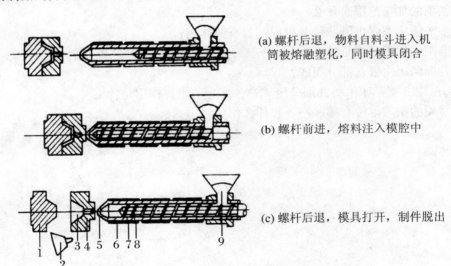

图13-1 注塑生产

1—模具;2—制件;3—模腔;4—模具;5—喷嘴;6—加热套;7—螺杆;8—螺杆;9—料筒

注塑机是注塑加工的主要设备,按注射方式可分为往复螺杆式、柱塞式,其中前者用得最多。注塑机主要由注射装置、模具和合模装置组成。注射装置使塑料在机筒内均匀受热熔化并以足够的压力和速度注射到模具模腔内,经冷却定型后,通过开启动作和顶出系统即可得到制品。

2. 注塑工艺过程

注塑工艺过程包括成形前的准备、注射过程、制品后处理等。

(1) 成形前的准备

成形前准备工作包括原料的检验、原料的染色和造粒、原料的预热及干燥、试模、清洗料筒和试车等。

(2) 注射过程

注射过程包括加料、塑化、注射、冷却和脱模等工序。塑料在料筒中加热，由固态粒子转变成熔体，经过混合和塑化后，熔体被柱塞或螺杆推挤至料筒前端，经过喷嘴、模具浇注系统进入并填满型腔，这一阶段称为"充模"。熔体在模具中冷却收缩时，柱塞或螺杆继续保持加压状态，迫使浇口和喷嘴附近的熔体不断补充进入模具中(补塑)，使模腔中的塑料能形成形状完整而致密的制品，这一阶段称为"保压"。卸除料筒内塑料上的压力，同时通入水、油或空气等冷却介质，进一步冷却模具，这一阶段称为"冷却"。制品冷却到一定温度后，即可用人工或机械的方式脱模。

(3) 制品的后处理

注射制品经脱模或机械加工后，常需要适当的后处理以改善制品的性能，提高尺寸稳定性。制品的后处理主要指退火和调湿处理。退火处理就是把制品放在恒温的液体介质或热空气循环箱中静置一段时间。一般退火温度应控制在高于制品使用温度10~20 ℃和低于塑料热变形温度10~20 ℃之间。退火时间视制品厚度而定。退火后使制品缓冷至室温。调湿处理是在一定的环境中让制品预先吸收一定的水分，使其尺寸稳定下来，以免制品在使用过程吸水发生变形。

3. 注射成形特点

注塑加工具有生产周期短、生产率高、易于实现自动化生产和适应性强的特点。注塑制品品种繁多，如日用塑料制品、机械设备和电器的塑料配件等。除氟塑料外，几乎所有的热塑性塑料都可采用注塑加工，也可用于某些热固性塑料。目前，注塑制品约占热塑性塑料制品的20%~30%。

13.1.2 模压成形

模压成形也称压塑，是将称量好的原料置于已加热的模具模腔内，通过压机压紧模具加压，塑料在模腔内受热塑化(熔化)流动并在压力下充满模腔，同时发生化学反应而固化得到塑料制品的过程。如图13-2所示为模压机结构示意图。

模压成形通常在油压机或水压机上进行。模压过程包括加料、闭模、排气、固化、脱模和吹洗模具等步骤。

模压成形主要用于热固性塑料，如酚醛、环氧、有机硅等热固性树脂的成形；在热塑性塑料方面仅用于PVC唱片生产和聚乙烯制品的预压成形。

与挤塑和注塑相比，模压成形设备、模具和生产过程控制较为简单，并易于生产大型制品；但生产周期长、效率低，较难实现自动化，工人劳动强度大，难于成形厚壁制品及形状复杂的制品。

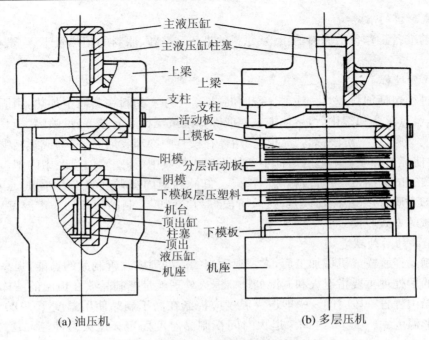

图 13-2 模压机结构示意图

13.1.3 挤出成形

挤出成形也称挤塑,是利用挤出机把热塑性塑料连续加工成各种断面形状制品的方法。挤出成形方法具有生产效率高、用途广、适应性强等特点。主要用于生产塑料板材、片材、棒材、异型材、电缆护层等。目前,挤出成形制品约占热塑性塑料制品的40%~50%。此外,挤出成形方法还可以用于某些热固性塑料和塑料与其他材料的复合材料。

挤出成形的设备挤出机,可按加压方式不同分为连续式(螺杆式)和间歇式(柱塞式)两种。螺杆式挤出机是借助于螺杆旋转产生的压力,与加热滚筒共同作用使物料充分熔融、塑化并均匀混合,通过机头出口模具有一定截面形状的间隙并经冷却定型而成形;柱塞式挤出机主要借助柱塞压力,将事先塑化好的物料挤出出口模成形。最通用的单螺杆式挤出机如图13-3所示。

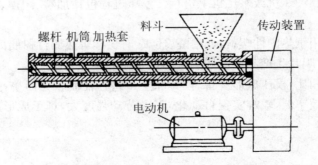

图 13-3 单螺杆式挤出机示意图

挤出成形工艺过程包括物料的干燥、成形,制品的定型与冷却,制品的牵引和卷取(或切割),有时还包括制品的后处理。

常用的牵引挤出管材的设备有滚轮式和履带式两种。牵引时,要求牵引速度均匀,同时牵引速度与挤出速度应很好地配合,一般应使牵引速度大于挤出速度,以消除离模膨胀引起的尺寸变化,并对制品进行适当拉伸。有些制品在挤出成形后还需要进行后处理。

13.1.4 浇铸成形

浇铸成形是将处于流动状态的高分子材料或能生成高分子成形物的液态单体材料注入特定的模具中,在一定的条件下使之反应固化,从而得到与模具型腔相一致的制品的工艺方法。浇铸成形既可用于塑料制品的生产,也可用于橡胶制品的生产。浇铸成形方法有静态浇铸成形、嵌铸成形、离心浇铸成形等。

13.1.5 吹塑成形

吹塑成形简称吹塑,也称为中空成形,属于塑料的二次加工,是制造空心塑料制品的方法。

吹塑生产过程是先用挤塑、注塑等方法制成管状型坯,然后把保持适当温度的型坯置于对开的阴模模腔中,将压缩空气通入其中将其吹胀,紧紧贴于阴模内壁,两半阴模构成的空间形状即制品形状。吹塑成形的生产过程如图13-4所示。

吹塑成形方法广泛用于生产口径不大的瓶、壶、桶等容器及儿童玩具等。最常用的塑料是聚乙烯、聚碳酸酯等。

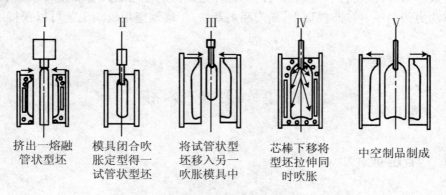

图13-4 吹塑成形的生产过程示意图

13.1.6 回转成形

回转成形(或旋转成形)又称为滚塑成形,是先将塑料加入到模具中,然后沿两垂直轴不断旋转并使之加热,模内塑料在重力和热的作用下,逐渐均匀地涂布、熔融黏附于模腔的整个表面上,成形为所需要的形状,经冷却定形而得到塑料制件。

如图13-5所示为一种最简单的单臂式滚塑机。模具在加料、脱模、冷却工位装好料以后,固定到模架(模板)上,然后主轴(臂)随支承架沿逆时针方向转动,将模具送入烘箱中加热,同时主轴带动副轴、模具不断地沿主、副轴两个垂直方向转动。加热完毕,主轴一面继续通过副轴带动模具转动,一面随支承架做顺时针方向的转动,将模架及模具转动到加料、脱模、冷却工位,在该处主轴继续带动模具转动,直到冷却完毕,停止转动,取出制品后再加入物料,开始下一成形周期的工作。

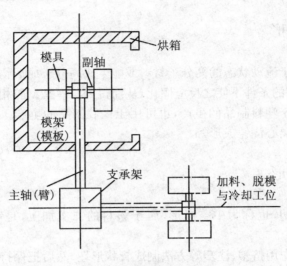

图 13-5 滚塑机示意图

滚塑成形现已得到广泛应用,既可制作小巧的儿童玩具,也可制作庞大的塑料贮槽、塑料游艇等。

滚塑成形具有许多特点,其最为突出的优点是该法所使用的设备和模具较之吹塑、注塑等成形方法更为简单、价廉、投资少,新产品更新快,正确地应用滚塑工艺可以获得巨大的经济效益。

13.2 橡 胶 成 形

13.2.1 压延成形

压延是生产分子材料薄膜和片材的成形方法,既可用于塑料,也可用于橡胶。用于加工橡胶时主要是生产片材(胶片)。

压延过程是利用一对或数对相对旋转的加热滚筒,使物料在滚筒间隙被压延而连续形成一定厚度和宽度的薄型材料。所用设备为压延机。加工时前面需用双辊混炼机或其他混炼装置供料,把加热、塑化的物料加入到压延机中;压延机各滚筒加热到所需温度,物料顺次通过辊隙,被逐渐压薄;最后一对辊的辊间距决定制品厚度。

压延机的主体是一组加热的辊筒,按辊筒数目可分为两辊、三辊或更多;以排列方式分为 I 型、倒 L 型、L 型、Z 型等。压延机的不同辊筒排列方式及压延过程如图 13-6 所示。

在压延成形过程中,必须协调辊温和转速,控制每对辊的速比,保持一定的辊隙存料量,调节辊间距,以保证产品外观及有关性能。离开压延机后片料通过引离辊,如需压花则需趁热通过压花辊,最后经冷却并卷取成卷。

如在最后一对辊间同时通过已经处理的纸张或织物,使热的塑料或橡胶膜片在辊筒压力下与这些基材贴合在一起,可制造出复合制品。这种方法称为压延贴合,对橡胶而言,又称贴胶。大家熟悉的人造革、壁纸等均是塑料与基材的复合制品。

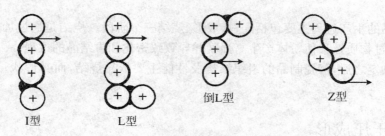

图 13-6　压延机辊筒排列方式

13.2.2　压出成形

橡胶的压出成形与塑料的挤出成形在所用设备及加工原理方面基本相似。

1. 橡胶压出成形的特点

压出是橡胶加工中的一项基础工艺。其基本作业是在压出机中对胶料进行加热与塑化,通过螺杆的旋转,使胶料在螺杆和机筒壁之间受到强大的挤压力,不断地向前移送,并借助口型压出各种断面的半成品,以达到初步造型的目的。在橡胶工业中压出成形的产品很多,如轮胎胎面、内胎,胶管内外层胶,电线、电缆外套以及各种异形断面制品等。

2. 影响橡胶压出成形的主要因素

(1) 胶料的组成和性质

一般来说,膨胀和收缩性能都较大的橡胶,压出操作较困难,制品表面粗糙。

(2) 压出温度

压出温度应分段控制,各段温度将影响压出进行和半成品的质量。温度分布情况通常为口型处温度最高,机头次之,机身最低。

(3) 压出速度

压出机在下沉压出条件下,应尽量保持一定的压出速度。因为口型的排胶面积一定,如果压出的速度改变,将导致机头内压力的改变,并引起压出物断面尺寸和长度收缩的差异,最终造成压出物尺寸超出规定的公差范围。

(4) 压出物的冷却

压出物离开口型时温度较高,有时甚至高达 100 ℃以上。压出物进行冷却的目的,一方面是降低出物的温度,增加存放期内的安全性,减少烧焦的危险;另一方面是使压出物形状尽快稳定下来,防止变形。

13.3 陶瓷成形

陶瓷制品的生产过程主要包括配料、成形、烧结三个阶段。烧结是通过加热使粉体产生颗粒黏结,经过物质迁移使粉体产生高强度并导致致密化和再结晶的过程。

在原料确定之后,陶瓷制品的组织结构及性能主要依靠烧结,而其形状、尺寸等则要依靠成形。

13.3.1 干压成形

干压成形是将粉料装入钢模内,通过模冲对粉末施加压力,压制成具有一定形状和尺寸的压坯的成形方法。卸模后将坯体从阴模中脱出。如图13-7所示为干压成形的示意图。

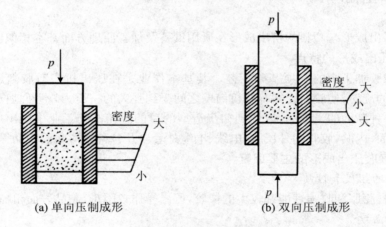

(a) 单向压制成形　　(b) 双向压制成形

图13-7　干压成形示意图

由于压制过程中粉末颗粒之间,粉末与模冲、模壁之间存在摩擦,使压力损失而造成压坯密度不均匀分布,故常采用双向压制并在粉料中加入少量有机润滑剂(如油酸),有时加入少量黏结剂(如聚烯醇)以增加粉料的黏结力。该方法一般适用于形状简单、尺寸较小的制品。

13.3.2 注浆成形

注浆成形方法是将陶瓷颗粒悬浮于液体中,然后注入多孔质模具,由模具的气孔把料浆中的液体吸出,而在模具内留下坯体。料浆成形的工艺过程包括料浆制备、模具制备和料浆浇注三个阶段。料浆制备是关键工序,要求其具有良好的流动性,足够小的黏度,良好的悬浮性,足够的稳定性等。最常用的模具为石膏模,近年来也有用多孔塑料模的。料浆浇注入模并吸干其中液体后,拆开模具取出注件,去除多余料,在室温下自然干燥或在可调温装置中干燥。

注浆成形方法可制造形状复杂、大型薄壁的制品。另外,金属铸造生产中的离心铸造、真空铸造、压力铸造等工艺方法也被引入注浆成形,形成了离心注浆、真空注浆、压力注浆等方法。离心注浆适用于制造大型环状制品,而且坯体壁厚均匀;真空注浆可有效去除料浆中的气体;压力注浆可提高坯体的致密度,减少坯体中的残留水分,缩短成形时间,减少制品缺陷,是一种较先进的成形工艺。

13.3.3 热压成形

利用蜡类材料热熔冷固的特点,把粉料与熔化的蜡料黏合剂迅速搅合成具有流动性的料浆,在热压铸机中用压缩空气把热熔料浆注入金属模,冷却凝固后成形,称为热压成形。这种成形操作简单,模具损失小,可成形复杂制品,但坯体密度较低,生产周期长。

13.3.4 注射成形

将粉料与有机黏结剂混合后,加热混炼,制成粒状粉料,用注射成形机在 130~300 ℃ 温度下注射入金属模具中,冷却后黏结剂固化,取出坯体,经脱脂后就可按常规工艺烧结。这种工艺成形简单,成本低,压坯密度均匀,适用于复杂零件的自动化大规模生产。

13.4 复合材料成形

13.4.1 树脂基复合材料成形

1. 热固性树脂基复合材料的成形

(1) 手糊成形

这是以手工作业为主的成形方法,先在经清理并涂有脱模剂的模具上均匀刷上一层树脂,再将纤维增强织物按要求裁剪成一定形状和尺寸,直接铺设到模具上,并使其平整。多次重复以上步骤层层铺贴,制成坯件,然后固化成形。

手糊成形主要用于不需加压、室温固化的不饱和聚酯树脂和以环氧树脂为基体的复合材料成形。特点是不需专用设备,工艺简单,操作方便;但劳动条件差,产品精度较低,承载能力低。一般用于使用要求不高的大型制件,如船体、储罐、大口径管道、汽车部件等。手糊成形还用于热压罐、压力袋、压力机等模压成形方法的坯件制造。

(2) 层压成形

层压成形是制取复合材料的一种高压成形工艺,此工艺多用纸、棉布、玻璃布作为增强填料,以热固性酚醛树脂、芳烃甲醛树脂、氨基树脂、环氧树脂和有机硅树脂为黏结剂。其工艺过程如图 13-8 所示。

上述过程中增强填料的浸渍和烘干在浸胶机中进行。增强填料浸渍后连续进入干燥室以除去树脂液中含有的溶液以及其他挥发性物质,并控制树脂的流动度。

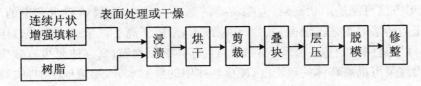

图13-8 层压成形工艺过程

浸胶材料层压成形是在多层压机上完成的。热压前需按层压制品的大小,选用适当尺寸的浸胶材料,并根据制品要求的厚度(或重量)计算所需浸胶材料的张数,逐层叠放后,再于最上和最下两面放置2~4张表面层用的浸胶材料。面层浸胶材料含树脂量较高、流动性较大,因而可使层压制品表面光洁美观。

(3) 压机、压力袋、热压罐模压成形

这几种成形方法均可与手糊成形或层压成形配套使用,常作为复合材料层叠坯料的后续成形加工。

压机模压成形是用压机施加压力和温度来实现模具内制件的固化成形方法。该成形方法具有生产效率高、产品外观好、精度高、适合于大量生产的特点;但模具要求精度高,制件尺寸受压机规格的限制。

压力袋模压成形是用弹性压力袋对置放于模具上的制件在固化过程中施加压力成形的方法。压力袋由弹性好、强度高的橡胶制成,充入压缩空气并通过反向机构将压力传递到制件上,固化后卸模取出制件。使用温度应在固化温度以上。如图13-9为压力袋模压成形示意图。这种成形方法的特点是工艺、设备均较简单,成形压力不高,可用于外形简单、室温固化的制件。

热压罐模压成形是利用热压罐内部的程控温度和静态气体压力,使复合材料层叠坯料在一定温度和压力下完成固化及成形过程的工艺方法。热压罐是树脂基复合材料固化成形的专用设备之一。该工艺方法所用模具简单,制件压制紧密,厚度公差范围小;但能源利用率低,辅助设备多,成本较高。如图13-10所示为热压罐结构及成形原理示意图。

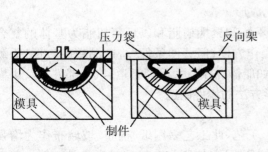

图13-9 压力袋模压成形

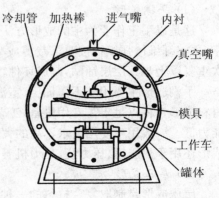

图13-10 热压罐结构及成形原理

(4) 喷射成形

喷射成形是将经过特殊处理而雾化的树脂与短切纤维混合并通过喷射机的喷枪喷射到模具上,至一定厚度时,用压辊排泡压实,再继续喷射,直至完成坯件制作固化成形的方法(见图13-11)。主要用于不需加压、室温固化的不饱和聚酯树脂材料。

喷射成形方法生产效率高,劳动强度低,节省原材料,制品形状和尺寸受限制小,产品整体性好;但场地污染大,制件承载能力低。适于制造船体、浴盆、汽车车身等大型部件。

(5) 压注成形

压注成形是通过压力将树脂注入密闭的模腔,浸润其中的纤维织物坯件然后固化成形的方法。其工艺过程是先将织物坯件置入模腔内,再将另一半模具闭合,用液压泵将树脂注入模腔内使其浸透增强织物,然后固化(见图13-12)。该成形方法工艺环节少,制件尺寸精度高,外观质量好,一般不需要再加工;但工艺难度较大,生产周期长。

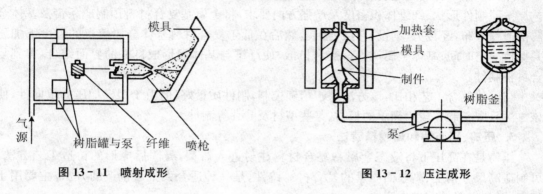

图13-11 喷射成形　　　　　图13-12 压注成形

(6) 离心浇注成形

离心浇注成形是利用筒状模具旋转产生的离心力将短纤维连同树脂同时均匀喷洒到模具内壁形成坯件,然后再成形的方法。该成形方法具有制件壁厚均匀,外表光洁的特点。适用于筒、管、罐类制件的成形。

以上均为热固性树脂基复合材料的成形方法。其实,针对不同的增强体及制件的形状特点,成形方法远不止此。例如,大批量生产管材、棒材、异形材可用拉挤成形方法;汽车车门等带有泡沫夹层的结构可用泡沫贮树脂成形方法;管状纤维复合材料的管状制件可采用搓制成形方法等。

2. 热塑性树脂基复合材料的成形

热塑性树脂基复合材料在成形时,基体树脂不发生变化,而是靠其物理状态的变化来完成。其过程主要由熔融、融合和硬化三个阶段组成。已成形的坯件或制品,再加热熔融后还可以二次成形。颗粒及短纤维的热塑性材料最适用于注射成形,也可以模压成形;长纤维、连续纤维、织物增强的热塑性树脂基复合材料要先制成预浸料,再按与热固性复合材料类似的方法(如模压)压制成形。形状简单的制品,一般先压制出层压板,再用专门的方法二次成形。

13.4.2 金属基复合材料成形

金属基复合材料是以金属为基体,以纤维、晶须、颗粒等为增强体的复合材料。其成形过程常常也是复合过程。复合工艺主要有固态法(如扩散结合、粉末冶金)和液相法(如压铸、精铸、真空吸铸等)。由于这类复合材料加工温度高,工艺复杂,界面反应控制困难,成本较高,故应用的成熟程度远不如树脂基复合材料,应用范围较小。目前主要应用于航空、航天领域。

1. 粉末冶金法

粉末冶金法是制备金属基复合材料，尤其是非连续增强体金属基复合材料的方法之一。其广泛用于各种颗粒、片晶、晶须及短纤维增强的铝、铜、钛、高温合金等金属基复合材料。其工艺首先是将金属粉末或合金粉末和增强体均匀混合，制得复合坯料，经不同固化技术制成锭块，再通过挤压、轧制、锻造等二次加工制成形材。

2. 热压扩散结合法

热压扩散结合法是连续纤维增强金属基复合材料最具代表性的一种固相下的复合工艺。按照制件形状、纤维体积密度及增强方向要求，将金属基复合材料预制成条带及基体金属箔或粉末布，经裁剪、铺设、叠层、组装，然后在低于复合材料基体金属熔点的温度下加压并保持一定时间；基体金属产生蠕变和扩散，使纤维与基体间形成良好的界面结合，得到复合材料制件。

与其他复合工艺相比，该方法易于精确控制，制件质量好，但由于型模加压的单向性，使该方法只限于制作较为简单的板材、某些型材及叶片等制件。

3. 压铸、离心铸和熔模精铸法

压铸是在高压下将液态金属基复合材料注射进入铸型，凝固后成形的铸造工艺方法。可制造高尺寸精度、高表面质量的复合材料铸件，是一种适合大批量生产的方法，主要用于汽车、摩托车等的零件生产。

离心铸是利用铸型旋转产生的离心力，使溶液中密度不同的增强体和基体合金分离至内层或外层形成复合铸件的工艺方法。该方法应用限于管状和环状零件。

熔模精铸是应用传统的熔模精铸技术制取高尺寸精度和表面质量的金属基复合铸件的工艺方法。该方法生产工艺过程较复杂，生产成本相对较高，主要用于制造复杂薄壁零件。

13.4.3 陶瓷基复合材料成形

陶瓷基复合材料的成形方法分为两类。一类是针对短纤维、晶须、晶片和颗粒等增强体，基本采用传统的陶瓷成形工艺，即热压烧结和化学气相渗透法。另一类是针对连续纤维增强体，如料浆浸渍后热压烧结法和化学气相渗透法。

1. 料浆浸渍热压成形

将纤维置于制备好的陶瓷粉体浆料里，纤维黏附一层浆料，然后将含有浆料的纤维布成一定结构的坯体，经干燥、排胶、热压烧结为制品。

该方法广泛用于陶瓷基复合材料的成形，其优点是不损伤增强体，不需成形模具，能制造大型零件，工艺较简单；缺点是增强体在基体中的分布不太均匀。

2. 化学气相渗透工艺

先将纤维做成所需形状预成形体，在预成形体的骨架上开有开口气孔，然后将预成形体置于一定温度下，通过气源从低温侧进入到高温侧后发生热分解或化学反应沉积出所需陶瓷基质，直至预成形体中各空穴被完全填满，获得高致密度、高强度、高韧性的复合材料制件。

复习思考题

选择题

1. 塑料注射过程包括_____几个阶段。
   A. 充模、保压、冷却　　　B. 充模、保压　　　C. 保压、冷却
2. 橡胶的压出成形与_____的挤出成形在所用设备及加工原理方面基本相似。
   A. 塑料　　　　　　　　B. 陶瓷　　　　　　C. 复合材料
3. 陶瓷制品的生产过程主要包括_____三个阶段。
   A. 配料、成形、烧结　　　B. 成形、烧结、后处理　C. 配料、成形、后处理
4. 手糊成形用于树脂基复合材料成形,其特点是_____。
   A. 产品精度高　　　　　　B. 工作条件好　　　　C. 工艺简单

问答题

1. 工程塑料的成形方法主要有几种?各有何特点?
2. 外形复杂的塑料制件一般采用何种工艺成形?
3. 有一电缆密封装置,要求耐压耐腐蚀、绝缘并宜于螺纹连接,请选用非金属材料及其成形工艺。
4. 影响橡胶压出成形的因素有哪些?
5. 请举例说明身边的非金属材料是用什么成形工艺制造出来的。

第14章 工程材料与成形工艺的选择

在机械零件的设计与制造中,如何合理地选择和使用工程材料是一项十分重要的工作。因为设计时不仅要考虑材料的性能能够适应零件的工作条件,使零件经久耐用,而且还要求材料具有较好的加工工艺性能和经济性,以便提高零件的生产率,降低成本,减少消耗等。

因此,零件材料的选用是一个复杂而重要的工作,需要综合、全面地考虑。要做到合理选用材料,就必须全面分析零件的工作条件,受力性质和大小,以及失效形式,然后综合各种因素,提出能满足零件工作条件的性能要求,再选择合适的材料并进行相应的热处理以满足性能要求。

14.1 零件的失效

14.1.1 失效及其形式

失效是指零件在使用过程中,由于尺寸、形状或材料的组织与性能变化而失去正常工作所具有的效能。失效有如下三种情况:

① 零件完全破坏,不能继续工作。
② 虽能工作,但不能保证安全。
③ 虽保证安全,但不能保证精度或起不到预定的作用。

例如,齿轮在工作过程中磨损而不能正常啮合及传递动力,主轴在工作过程中变形而失去精度等,均属失效。

零件失效的形式多种多样,按零件的工作条件及失效的宏观表现与规律可分为变形失效、断裂失效、表面损伤失效等。

(1) 变形失效

变形失效是指零件在工作过程中产生超过允许值的变形量而导致整个机械设备无法正常工作,或者虽然能正常工作但产品质量严重下降的现象。变形失效的主要形式有塑性变形失效和弹性变形失效两种。例如,螺栓发生松弛,就是弹性变形转化为塑性变形而造成的失效。

(2) 断裂失效

断裂失效是指零件在工作过程中完全断裂而导致整个机械设备无法工作的现象。断裂失效的主要形式有塑性变形断裂失效、低应力脆性断裂失效、疲劳断裂失效、蠕变断裂失效以及介质加速断裂失效等。例如,钢丝绳在吊运重物时断裂。

(3) 表面损伤失效

表面损伤失效是指机械零件因表面损伤而造成机械设备无法正常工作或失去精度的现象。表面损伤失效主要包括磨损失效、腐蚀失效、接触疲劳失效等。按表面疲劳损伤程度又分为麻点和剥落两种形式。

14.1.2 失效原因

机械零件失效的原因有多种,在实际生产中,零件失效很少是由于单一因素引起的,往往是几个因素综合作用的结果。归纳起来可分为设计、材料、加工和安装使用四个方面。

1. 设计原因

设计原因导致的失效主要有两个方面:一是由于设计的结构和形状不合理导致零件失效,例如,零件的高应力区存在明显的应力集中源(各种尖角、缺口、过小的过渡圆角等);二是对零件的工作条件估计失误,如对工作中可能的过载估计不足,使设计的零件的承载能力不够。

2. 材料方面的原因

选材不当是材料方面导致失效的主要原因。最常见的是设计人员仅根据材料的常规性能指标来做出决定,而这些指标根本不能反映出材料承受某种类型失效的能力;材料本身的缺陷也会导致零件失效,如缩孔、疏松、气孔、夹杂、微裂纹等。

3. 加工方面的原因

加工工艺控制不好会造成各种缺陷而引起失效。如热处理工艺控制不当导致过热、脱碳、回火不足等;锻造工艺不良出现带状组织、过热或过烧现象等;冷加工工艺不良造成光洁度太低、刀痕过深、磨削裂纹等,都可导致零件的失效。

有些零件加工不当造成的缺陷与零件设计有很大关系,如热处理时的某些缺陷,零件外形和结构设计不合理会导致热处理缺陷的产生(如变形、开裂)。为避免或减少零件淬火时发生变形或开裂,设计零件时应注意:截面厚度要均匀,否则容易在薄壁处开裂;结构要对称,尽量采用封闭结构以免发生大的变形;变截面处要均匀过渡,防止应力集中。

4. 安装使用的原因

零件安装时,配合过紧、过松,对中不良,固定不紧等,或操作不当均可造成使用过程中的失效。

14.1.3 失效分析的一般过程

分析零件失效原因是一项系统工程,必须对零件的设计、选材、工艺、安装使用等各方面进行系统的分析,才能找到失效的原因。其合理的工作程序是:

① 现场调查研究。这是十分关键的一步。尽量仔细收集失效零件的残体,并拍照记录实际情况,从而确定重点分析的对象,样品应取自失效的发源部位。

② 详细整理失效零件的有关资料。如设计资料,加工工艺文件及使用、维修记录等。

③ 对失效零件进行断口分析或必要的金相剖面分析,找出失效起源部位和确定失效形式。利用扫描电镜断口分析确定失效发源地和失效方式;利用金相分析确定材料的内部质量。

④ 测定样品的有关数据：性能测试、组织分析、化学成分分析及无损探伤等的数据。
⑤ 断裂力学分析。
⑥ 最后综合各方面分析资料做出判断，确定失效原因，提出改进措施，写出分析报告。

14.2 材料及成形工艺选择的原则、方法和步骤

14.2.1 材料及成形工艺选择的原则

进行材料及成形工艺选择时要具体问题具体分析，一般是在满足零件使用性能要求的情况下，同时考虑材料的工艺性和总的经济性，并要充分重视、保障环境不被污染，符合可持续发展要求。材料和成形工艺选择主要遵循以下原则：

1. 使用性原则

材料使用性是指机械零件或构件在正常工作情况下材料应具备的性能。满足零件的使用要求是保证零件完成规定功能的必要条件，是材料和成形工艺选择应主要考虑的问题。

零件的使用要求体现在对其形状、尺寸、加工精度、表面粗糙度等外部质量，以及对其化学成分、组织结构、力学性能、物理性能、化学性能等内部质量的要求上。在进行材料和成形工艺选择时，主要从三个方面给以考虑：

① 零件的负载和工作情况。
② 对零件尺寸和重量的限制。
③ 零件的重要程度。

零件的使用要求也体现在产品的宜人化程度上，材料和成形工艺选择时要考虑外形美观、符合人们的工作和使用习惯。

由于零件工作条件和失效形式的复杂性，要求我们在选择时必须根据具体情况抓住主要矛盾，找出最关键的力学性能指标，同时兼顾其他性能。

零件的负载情况主要指载荷的大小和应力状态。工作状况指零件所处的环境，如介质、工作温度和摩擦等。若零件主要满足强度要求，且尺寸和重量又有所限制时，则选用强度较高的材料；若零件尺寸主要满足刚度要求，则应选择刚度大的材料；若零件的接触应力较高，如齿轮和滚动轴承，则应选用可进行表面强化的材料；在高温下工作的零件，应选用耐热材料；在腐蚀介质中工作的零件，应选用耐腐蚀的材料。

需要注意的是：在材料的各种性能指标中，如只取屈服强度或疲劳强度等某一个指标作为选择材料的依据，常常不很合理。当"减轻重量"也是机械设计的主要要求之一时，则需采用综合性能指标对零件重量进行评定。如，从减轻重量出发，比强度越大越好。对于有加速运动的零件，由于惯性力与材料的密度成反比，它的重量指标是密度的倒数；由于铝合金的重量指标约为钢的两倍，因此，当有加速度时，铝合金、一些非金属材料和复合材料则是最合适的材料，所以活塞和高速带轮常用铝合金等来制造。

零件的尺寸和重量还可能影响到材料成形方法的选择。对小零件，从棒料切削加工而言可能是经济的，而大尺寸零件往往采用热加工成形；反过来，对利用各种方法成形的零件

一般也有尺寸的限制,如采用熔模铸造和粉末冶金,一般仅限于几千克、十几千克重的零件。

各种材料的力学性能数值,一般可从手册中查到,具体选用时应注意以下几点:

① 同种材料,若采用不同工艺,其性能判据数值不同。例如,同种材料采用锻压成形比用铸造成形强度高;采用调质比用正火时力学性能沿截面分布更均匀。

② 由手册查到的性能判据数值都是小尺寸的光滑试样或标准试样,在规定载荷下测定的。实践证明,这些数据不能直接代表材料制成零件后的性能。因为实际使用的零件尺寸往往较大,尺寸增大后零件上存在缺陷的可能性增加(如孔洞、夹杂物、表面损伤等)。此外,零件在使用中所承受的载荷一般是复杂的,零件形状、加工面粗糙度值也与标准试样有较大差异,故实际使用的数据一般随零件尺寸增大而减小。

③ 因各种原因,实际零件材料的化学成分与试样的化学成分会有一定偏差,热处理工艺参数也会有差异。这些均可能导致零件性能判据的波动。

④ 因测试条件不同,测定的性能判据数值会产生一定的变化。

综合上述具体情况,应对手册数据进行修正。在可能的条件下,尤其是对大量生产的重要零件,可用零件实物进行强度和寿命的模拟试验,为选材提供可靠数据。

2. 工艺性原则

工艺性原则是指所选用的材料能否保证顺利地加工制造成零件。例如,某些材料仅从零件的使用要求来考虑是合适的,但无法加工制造,或加工困难,制造成本高,这些均属于工艺性不好。因此,工艺性好坏,对零件加工难易程度、生产率、生产成本等影响很大。

材料的工艺性能要求与零件制造的加工工艺路线密切相关,具体的工艺性能要求是结合制造方法和工艺路线提出来的。材料工艺性能主要包括以下几个方面:

① 铸造性能:常用流动性、收缩等来综合评定。不同材料铸造性能不同,铸造铝合金、铸造铜合金的铸造性能优于铸铁和铸钢,铸铁优于铸钢。铸铁中,灰铸铁的铸造性能最好。同种材料中成分靠近共晶点的合金铸造性能最好。

② 锻压性能:常用塑性和变形抗力来综合评定。塑性好,则易成形,加工面质量好,不易产生裂纹;变形抗力小,变形功小,金属易于充满模膛,不易产生缺陷。一般,碳钢比合金钢锻压性能好,低碳钢的锻压性能优于高碳钢。

③ 焊接性能:常用碳当量C_E来评定。$C_E<0.4\%$的材料,不易产生裂纹、气孔等缺陷,且焊接工艺简便,焊缝质量好。低碳钢和低合金高强度结构钢焊接性能良好,碳与合金元素含量越高,焊接性能越差。

④ 切削加工性能:常用允许的最高切削速度、切削力大小、加工面Ra值大小、断屑难易程度和刀具磨损来综合评定。一般,材料硬度值在170~230 HBS范围内,切削加工性好。

⑤ 热处理工艺性能:常用淬透性、淬硬性、变形开裂倾向、耐回火性和氧化脱碳倾向评定。一般,碳钢的淬透性差,强度较低,加热时易过热,淬火时易变形开裂,而合金钢的淬透性优于碳钢。

高分子材料成形工艺简便,切削加工性能较好,但导热性差,不耐高温,易老化。

常用材料的切削加工性能的比较如表14-1所示。

表 14-1　常用材料的切削加工性能的比较

切削加工性能等级	各种材料的切削加工性能		相对加工性 K_v	代表性材料
1	一般非铁金属	很容易加工	8～20	铝镁合金、锡青铜
2	易切削钢	易加工	2.5～3.0	易削钢
3	较易切削的钢材	易加工	1.6～2.5	30 钢正火
4	一般非合金钢、铸铁	普通	1.0～1.5	45 钢、灰铸铁
5	稍难切削的材料	普通	0.7～0.9	85 钢(轧材)、2Cr13 调质
6	较难切削的材料	难加工	0.5～0.65	65Mn 钢调质、易切不锈钢
7	难切削的材料	难加工	0.15～0.5	不锈钢(0Cr18Ni11Ti)
8	很难切削的材料	难加工	0.04～0.14	耐热合金钢、钛合金

3. 经济性原则

应尽量考虑价格比较便宜的材料。从材料本身的价格和材料加工费考虑，从资源供应条件考虑，注意选用非金属材料。材料的经济性主要从以下几个方面考虑：

(1) 材料本身价格应低

通常情况下材料的直接成本为产品价格的 30%～70%。我国常用金属材料的相对价格如表 14-2 所示。

表 14-2　我国常用金属材料的相对价格

材　料	相对价格/(万元/吨)	材　料	相对价格/(万元/吨)
非合金结构钢	1	非合金工具钢	1.4～1.5
低合金高强度结构钢	1.2～1.7	合金量具刃具钢	2.4～3.7
优质非合金结构钢	1.4～1.5	合金模具钢	5.4～7.2
易切削钢	2	高速工具钢	13.5～15
合金结构钢	1.7～2.9	铬不锈钢	8
镍铬合金结构钢	3	镍铬不锈钢	20
滚动轴承钢	2.1～2.9	普通黄铜	13
弹簧钢	1.6～1.9	球墨铸铁	2.4～2.9

(2) 材料加工费用应低

非金属材料(如塑料)加工性能好于金属材料，有色金属的加工性能好于钢，钢的加工性能好于合金钢。材料的加工费用应从以下两个方面考虑：

① 成形方法：在满足零件性能要求的前提下，以铸代锻。例如，汽车发动机曲轴，一直选用强韧性良好的钢制锻件，改成铸造曲轴(球墨铸铁)可使成本降低很多。

② 加工工艺路线：选用最佳工艺路线。

(3) 提高材料利用率和再生利用率

在加工中尽量采用少切屑和无切屑新工艺，有效利用材料。

(4) 使用过程的经济效益

在选材时，不能片面强调材料费用及制造成本，还需对材料的使用寿命予以重视，使得生产出来的产品能够安全使用。

14.2.2 材料及成形工艺选择的方法

1. 材料及其成形工艺选择的步骤

零件材料的合理选择通常是按照以下步骤进行的：

① 在分析零件的服役条件、形状尺寸与应力状态后，确定技术条件。

② 通过分析或试验，结合同类零件失效分析的结果，找出零件在实际使用中主要和次要的失效抗力指标，以此作为选材的依据。

③ 根据力学计算，确定零件应具有的主要力学性能指标，正确选择材料。这时要综合考虑所选材料应满足失效抗力指标和工艺性的要求，同时还需考虑所选材料在保证实现先进工艺和现代生产组织方面的可能性。

④ 决定热处理方法(或其他强化方法)，并提出所选材料在供应状态下的技术要求。

⑤ 审核所选材料的生产经济性(包括热处理的生产成本等)。

⑥ 试验、投产。

2. 材料及成形工艺选择的具体方法和依据

(1) 依据零件的结构特征选择

机械零件常分为轴类、盘套类、支架箱体类及模具等类零件。轴类零件几乎都采用锻造成形方法，材料为中碳非合金钢或合金钢如 45 钢或 40Cr；异型轴也采用球墨铸铁毛坯；特殊要求的轴可采用特殊性能钢。盘套类零件以齿轮应用为最广泛，以中碳钢锻造及铸造为多。小齿轮可用圆钢为原料，也可采用冲压甚至直接冷挤压成形。箱体类零件以铸件最多，支架类零件少量时可采用焊接获得。

(2) 依据生产批量选择

生产批量对于材料及其成形工艺的选择极为重要。一般的规律是：单件、小批量生产时，铸件选用手工砂型铸造成形；锻件采用自由锻或胎模锻成形方法；焊接件以手工或半自动的焊接方法为主；薄板零件采用钣金、钳工等。在大批量生产的条件下，则分别采用机器造型、模锻、埋弧自动焊及板料冲压等成形方法。

在一定条件下，生产批量也会影响到成形工艺。机床床身，一般情况下都采用铸造成形，但在单件生产的条件下，经济上往往并不合算；若采用焊接件，则可大大降低生产成本，缩短生产周期，当然焊接件的减震、耐磨性不如铸件。

(3) 依据最大经济性选择

为获得最大的经济性，对零件的材料与成形方法选择要具体分析。如简单形状的螺钉、螺栓等零件，不仅要考虑材料的相对价格，而且要注意加工方法和加工性能。如大批量制造标准螺钉，一般采用冷镦钢，使用冷镦、搓丝方法制造。许多零件都具有 2 种或 2 种以上的成形和加工方法的可能性，增加了选择的复杂性。如生产一个小齿轮，可以从棒料切削而成，也可以采用小余量锻造齿坯，还可以用粉末冶金制造。在以上方案中，最终选择应在比较全部成本的基础上得到。

(4) 依据力学性能要求选择

大多数零件是在多种应力作用下工作的，而每个零件的受力情况，又因其工作条件的不同而不同。因此，应根据零件的工作条件，找出其最主要的性能要求，以此作为选材的主要依据。

① 以综合力学性能为主时的选材。承受冲击力和循环载荷的零件,如连杆、锤杆、锻模等,其主要失效形式是过量变形与疲劳断裂。对这类零件的性能要求主要是综合力学性能要好(σ_b、δ_{-1}、δ、A_k 较高),根据零件的受力和尺寸大小,常选用中碳钢或中碳的合金钢,并进行调质或正火。

② 以疲劳强度为主时的选材。疲劳破坏是零件在交变应力作用下最常见的破坏形式,如发动机曲轴、齿轮、弹簧及滚动轴承等零件的失效,大多数是由疲劳破坏引起的。这类零件的选材,应主要考虑疲劳强度。

③ 以磨损为主时的选材。根据零件工作条件不同,可分两种情况:一是磨损较大、受力较小的零件和各种量具,如钻套、顶尖等,可选用高碳钢或高碳的合金钢,并进行淬火和低温回火,获得高硬度回火马氏体和碳化物组织,能满足要求。二是同时受磨损和交变应力作用的零件,为使其耐磨并具有较高的疲劳强度,应选用能进行表面淬火或渗碳、渗氮等的钢材,经热处理后使零件"外硬内韧",既耐磨又能承受冲击。例如,机床中重要的齿轮和主轴,应选用中碳钢或中碳的合金钢,经正火或调质后再进行表面淬火,获得较好的综合力学性能;对于承受大冲击力和要求耐磨性高的汽车、拖拉机变速齿轮,应选用低碳钢经渗碳后淬火、低温回火,使表面获得高硬度的高碳马氏体和碳化物组织,耐磨性高,心部是低碳马氏体,强度高,塑性和韧性好,能承受冲击。

要求硬度、耐磨性更高以及热处理变形小的精密零件,如高精度磨床主轴及镗床主轴等,常选用氮化用钢进行渗氮处理。

(5) 依据生产条件选择

在一般情况下,应充分利用企业的现有条件完成生产任务。当生产条件不能满足产品要求时,可供选择的途径有:第一,在本厂现有的条件下,适当改变毛坯的生产方式或对设备进行适当的技术改造;第二,扩建厂房,更新设备,提高企业的生产能力和技术水平;第三,厂外协作。

14.3 典型零件的选材实例分析

14.3.1 齿轮类零件的选材

1. 齿轮的工作条件及失效形式

通过齿面接触传递动力,在齿面啮合处既有滚动,又有滑动。接触处要承受较大的接触压应力与强烈的摩擦和磨损;齿根承受较大的交变弯曲应力;由于换挡、启动或啮合不良,齿轮会受到冲击力;因加工、安装不当或齿、轴变形等引起的齿面接触不良,以及外来灰尘、金属屑末等硬质微粒的侵入,都会产生附加载荷和使工作条件恶化。因此,齿轮的工作条件和受力情况是较复杂的。

齿轮的失效形式是多种多样的,主要有轮齿折断、齿面损伤和过量塑性变形等。

2. 常用齿轮材料的性能要求

根据齿轮工作条件和失效形式,要求齿轮材料具备下列性能:

① 良好的切削加工性能,以保证所要求的精度和表面粗糙度。

② 高的接触疲劳强度、弯曲疲劳强度、表面硬度和耐磨性,适当的心部强度和足够的韧性,以及最小的淬火变形。

③ 材质纯净,断面经侵蚀后不得有肉眼可见的孔隙、气泡、裂纹、非金属夹杂物和白点等缺陷,其缩松和夹杂物等级应符合有关材料规定的要求。

④ 价格适宜,材料来源广。

3. 常用材料及热处理

(1) 锻钢

锻钢应用最广泛,通常重要用途的齿轮大多采用锻钢制作。

对于低、中速和受力不大的中、小型传动齿轮,常采用 Q275 钢、40 钢、40Cr 钢、45 钢、40MnB 钢等。这些钢制成的齿轮,经调质或正火后再进行精加工,然后表面淬火、低温回火。因其表面硬度不很高,心部韧性又不高,故不能承受大的冲击力。

对于高速、耐强烈冲击的重载齿轮,常采用 20 钢、20Cr 钢、20CrMnTi 钢、20MnVB 钢、18Cr2Ni4WA 钢等。这些钢制成的齿轮,经渗碳并淬火、低温回火后,齿面具有很高的硬度和耐磨性,心部有足够的韧性和强度。可保证齿面接触疲劳强度高,齿根抗弯强度和心部抗冲击能力均比表面淬火的齿轮高。

(2) 铸钢

对于一些直径较大、形状复杂的齿轮毛坯,当用锻造方法难以成形时,可采用铸钢制作。常用的铸钢有 ZG270—500、ZG310—570 等。铸钢齿轮在机械加工前应进行正火,以消除铸造应力和硬度不均,改善切削加工性能;机械加工后,一般进行表面淬火。对于性能要求不高、转速较低的铸钢齿轮通常不需淬火。

(3) 铸铁

对于一些轻载、低速、不受冲击、精度和结构紧凑要求不高的不重要齿轮,常采用灰铸铁 HT200、HT250、HT300 等。铸铁齿轮一般在铸造后进行去应力退火、正火或机械加工后表面淬火。灰铸铁齿轮多用于开式传动。近年来在闭式传动中,采用球墨铸铁 QT600—3、QT500—7 代替铸钢制造齿轮的趋势越来越大。

(4) 有色金属

在仪器、仪表中,以及某些接触腐蚀介质工作的轻载齿轮,常采用耐蚀、耐磨的有色金属,如黄铜、铝青铜、锡青铜和硅青铜等制造。

(5) 非金属材料

受力不大,以及在无润滑条件下工作的小型齿轮(如仪器、仪表齿轮),可用尼龙、ABS、聚甲醛等非金属材料制造。

常用齿轮材料及热处理方法见表 14-3。

表 14-3 常用一般齿轮材料和热处理方法

传动方式	工作条件		小齿轮			大齿轮		
	速度	载荷	材料	热处理	硬度	材料	热处理	硬度
开式传动	低速	轻载无冲击不重要的传动	Q255	正火	150-180 HBW	HT200		170-230 HBW
						HT250		170-240 HBW
		轻载冲击小	45	正火	170-200 HBW	QT500-5	正火	170-207 HBW
						QT600-3		197-269 HBW
闭式传动	低速	中载	45	正火	170-200 HBW	35	正火	150-180 HBW
			ZG310-570	调质	200-250 HBW	ZG270-500	调质	190-230 HBW
		重载	45	整体淬火	38-48 HRC	35, ZG270-500	整体淬火	35-40 HRC
	中速	中载	45	调质	220-250 HBW	35, ZG270-500	调质	190-230 HBW
			45	整体淬火	38-48 HRC	35	整体淬火	35-40 HRC
			40Cr 40MnB 40MnVB	调质	230-280 HBW	45, 50	调质	220-250 HBW
						ZG270-500	正火	180-230 HBW
						35, 40	调质	190-230 HBW
		重载	45	整体淬火	38-48 HRC	35	整体淬火	35-40 HRC
				表面淬火	45-50 HRC	45	调质	220-250 HBW
			40Cr 40MnB 40MnVB	整体淬火	35-42 HRC	35, 40	整体淬火	35-40 HRC
				表面淬火	52-56 HRC	45, 50	表面淬火	45-50 HRC
	高速	中载无猛烈冲击	40Cr 40MnB 40MnVB	整体淬火	35-42 HRC	35, 40	整体淬火	35-40 HRC
				表面淬火	52-56 HRC	45, 50	表面淬火	45-50 HRC
		中载有冲击	20Cr 20Mn2B 20MnVB 20CrMnTi	渗碳、淬火	56-62 HRC	ZG310-570	正火	160-210 HBW
						35	调质	190-230 HBW
						20Cr 20MnVB	渗碳、淬火	56-62 HRC

4. 齿轮选材

(1) 机床齿轮

机床中的齿轮主要用来传递动力和改变速度。一般受力不大、运动平稳,工作条件较好,对轮齿的耐磨性及抗冲击性要求不高。常选用中碳钢制造,为提高淬透性,也可用中碳的合金钢,经高频淬火,虽然耐磨性和抗冲击性比渗碳钢齿轮差,但能满足要求,且高频淬火变形小,生产率高。

1) 金属齿轮

如图 14-1 所示是卧式车床主轴箱中的三联滑动齿轮,该齿轮主要是用来传递动力并改变转速。通过拨动主轴箱外手柄使齿轮在轴上滑移,利用与不同齿数的齿轮啮合,可得到不同转速。该齿轮受力不大,在变速滑移过程中,同与其相啮合的齿轮有碰撞,但冲击力不大,转动过程平稳,故可选用中碳钢制造。但考虑到齿轮较厚,为提高淬透性,用合金调质钢40Cr更好,其加工工艺过程如下:

下料—锻造—正火—粗加工—调质—精加工—齿高频感应淬火及回火—精磨

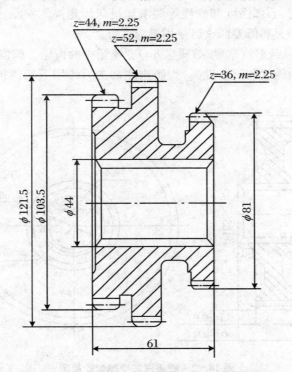

图 14-1 卧式车床主轴箱中的三联滑动齿轮简图

正火是锻造齿轮毛坯必要的热处理,它可消除锻件应力,均匀组织,使同批坯料硬度相同,利于切削加工,改善轮齿表面加工质量。一般齿轮正火可作为高频感应淬火前的预备热处理。

调质可使齿轮具有较高的综合力学性能,改善齿轮心部强度和韧性,使齿轮能承受较大的弯曲应力和冲击力,并可减小淬火变形。

高频感应淬火及低温回火是决定齿轮表面性能的关键工序。高频感应淬火可提高轮齿表面的硬度和耐磨性,并使轮齿表面具有残留压应力,从而提高抗疲劳的能力。低温回火是为了消除淬火应力,防止产生磨削裂纹和提高抗冲击能力。

2) 塑料齿轮

某卧式车床进给机构的传动齿轮(模数 2、齿数 55、压力角 20°、齿宽 15 mm),原采用 45 钢制造,现改为聚甲醛或单体浇铸尼龙,工作时传动平稳,噪声小,长期使用无损坏,且磨损很小。

某万能磨床油泵中圆柱齿轮(模数 3、齿数 14、压力角 20°、齿宽 24 mm),受力较大,转速高(440 r/min),原采用 40Cr 钢制造,在油中运转,连续工作时油压约 1.5 MPa(15 kgf/cm^2),现采用单体浇铸尼龙或氯化聚醚,注射成全塑料结构的圆柱齿轮,经长期使用无损坏现象,且噪声小,油泵压力稳定。

(2) 汽车、拖拉机齿轮

汽车、拖拉机齿轮主要安装在变速箱和差速器中。在变速箱中齿轮用于传递转矩和改变传动速比。在差速器中齿轮用来增加转矩并调节左、右两车轮的转速,将动力传到驱动轮,推动汽车、拖拉机运行。这些齿轮受力较大,受冲击频繁,工作条件比机床齿轮复杂,因此对耐磨性、疲劳强度、心部强度和韧性等要求比机床齿轮高。实践证明,选用低碳钢或低碳的合金钢经渗碳、淬火和低温回火后使用最为适宜。

如图 14-2 所示是载重汽车(承载质量 8 t)变速箱中的齿轮。该齿轮工作中承受重载和大的冲击力,要求齿面硬度和耐磨性高,为防止在冲击力作用下轮齿折断,要求齿的心部强度和韧性高。

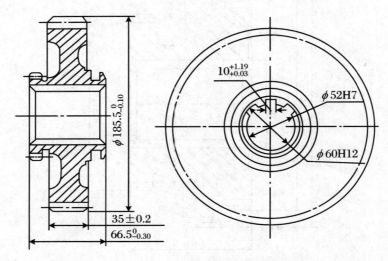

图 14-2 载重汽车变速齿轮简图

为满足上述性能要求,可选用低碳钢经渗碳、淬火和低温回火处理。但从工艺性能考虑,为提高淬透性,并在渗碳过程中不使晶粒粗大,以便于渗碳后直接淬火,应选用合金渗碳钢(20CrMnTi 钢)。该齿轮加工工艺过程如下:

下料—锻造—正火—粗、半精加工—渗碳—淬火及低温回火—喷丸—校正花键孔+精磨轮齿

正火是为了均匀和细化组织,消除锻造应力,改善切削加工性。渗碳后淬火及低温回火是使齿面具有高硬度(58~62 HRC)及耐磨性,心部硬度可达 30~45 HRC,并有足够强度和韧性。喷丸可增大渗碳表层的压应力,提高疲劳强度,并可清除氧化皮。

14.3.2 轴类零件的选材

1. 轴类零件工作条件及失效形式

轴是机械中重要的零件之一,主要用于支承传动零件(如齿轮、凸轮等)、传递运动和动力。轴类零件工作时主要承受弯曲应力、扭转应力或拉压应力,有相对运动的表面其摩擦和磨损较大,多数轴类零件还承受一定的冲击力,若刚度不够会产生弯曲变形和扭曲变形。由此可见,轴类零件受力情况相当复杂。

轴类零件的失效形式有疲劳断裂、过量变形和过度磨损等。

2. 常用轴类零件材料性能要求

① 足够的强度、刚度、塑性和一定的韧性。
② 高的硬度和耐磨性。
③ 高的疲劳强度,对应力集中敏感性小。
④ 足够的淬透性,淬火变形小。
⑤ 良好的切削加工性。
⑥ 价格低廉。

对特殊环境下工作的轴,还应具有特殊性能,如高温下工作的轴,抗蠕变性能要好;在腐蚀性介质中工作的轴,要求耐蚀性好等。

3. 常用轴类材料及热处理

常用轴类材料主要是经锻造或轧制的低、中碳钢或中碳的合金钢。

常用牌号是 35 钢、40 钢、45 钢、50 钢等,其中 45 钢应用最广。为改善力学性能,这类钢一般均应进行正火、调质或表面淬火。对于受力小或不重要的轴,可采用 Q235 钢、Q275 钢等。

当受力较大并要求限制轴的外形、尺寸和重量,或要求提高轴颈的耐磨性时,可采用 20Cr 钢、40Cr 钢、40CrNi 钢、20CrMnTi 钢、40MnB 钢等,并辅以相应的热处理才能充分发挥其作用。

近年来越来越多地采用球墨铸铁和高强度灰铸铁作为轴的材料,尤其是作为曲轴材料。

轴类零件选材原则主要是根据承载性质及大小、转速高低、精度和粗糙度要求,以及有无冲击、轴承种类等综合考虑。例如,主要承受弯曲、扭转的轴(如机床主轴、曲轴、变速箱传动轴等),因整个截面受力不均,表面应力大,心部应力小,故不需要选用淬透性很高的材料,常选用 45 钢、40Cr 钢、40MnB 钢等;同时承受弯曲,扭转及拉、压应力的轴(如锤杆、船用推进器轴等),因轴的整个截面应力分布均匀,心部受力也大,应选用淬透性较高的材料;主要要求刚性好的轴,可选用碳钢或球墨铸铁等材料;要求轴颈处耐磨的轴,常选用中碳钢经表面淬火,将硬度提高到 52 HRC 以上。

4. 轴类零件选材

(1) 机床主轴

如图 14-3 所示为 CA6130 卧式车床主轴,该轴工作时受弯曲和扭转应力作用,但承受的应力和冲击力不大,运转较平稳,工作条件较好。锥孔、外圆锥面,工作时与顶尖、卡盘有相对摩擦;花键部位与齿轮有相对滑动,故要求这些部位有较高的硬度与耐磨性。该主轴在滚动轴承中运转,轴颈处硬度要求 220~250 HBW。

根据上述工作条件分析,本主轴选用 45 钢制造,整体调质,硬度为 220~250 HBW;锥孔和外圆锥面局部淬火,硬度为 45~50 HRC;花键部位高频感应淬火,硬度为 48~53 HRC。该主轴加工工艺过程如下:

下料—锻造—正火—粗加工—调质—半精加工(花键除外)—局部淬火、回火(锥孔、外锥面)—粗磨(外圆、外锥面、锥孔)—铣花键—花键处高频感应淬火、回火—精磨(外圆、外锥面、锥孔)

45 钢虽然淬透性不如合金调质钢,但具有锻造性能和切削加工性能好、价廉等特点。而且主轴工作时最大应力处于表层,结构形状较简单,调质、淬火时一般不会出现开裂。

因轴较长,且锥孔与外圆锥面对两轴颈的同轴度要求较高,为减少淬火变形,故锥部淬火与花键淬火分开进行。

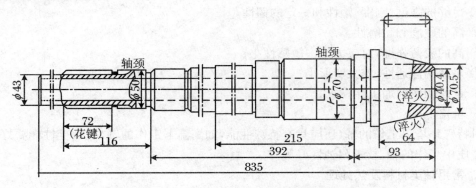

图 14-3 CA6130 卧式车床主轴简图

常用机床主轴材料、热处理工艺及应用见表 14-4。

表 14-4 机床主轴的工作条件、选材及热处理

序号	工作条件	选用钢号	热处理工艺	硬度要求	应用举例
1	(1) 在滚动轴承中运转； (2) 低速,轻或中等载荷； (3) 精度要求不高； (4) 稍有冲击载荷	45	调质	220～250 HBW	一般简易机床主轴
2	(1) 在滚动轴承中运转； (2) 转速稍高,轻或中等载荷； (3) 精度要求不太高； (4) 有一定的冲击、交变载荷	45	整体淬硬 正火或调质 +局部淬火	40～45 HRC ≤229 HBW (正火) 220～250 HBW (调质) 46～51 HRC (局部)	龙门铣床、立式铣床、小型立式车床的主轴
3	(1) 在滚动或滑动轴承内运转； (2) 低速,轻或中等载荷； (3) 精度要求不很高； (4) 有一定的冲击、交变载荷	45	正火或调质 后轴颈局部 表面淬火	≤229 HBW (正火) 220～250 HBW (调质) 46～51 HRC (局部)	CB3463、CA6140、C61200 等车床主轴
4	(1) 在滚动轴承内运转； (2) 中等载荷,转速略高； (3) 精度要求较高； (4) 有较高的交变、冲击载荷	40Cr 40MnB 40MnVB	整体淬火 调质后局部 淬火	40～45 HRC 220～250 HBW (调质) 46～51 HRC (局部)	滚齿机、组合机床的主轴

续表

序号	工作条件	选用钢号	热处理工艺	硬度要求	应用举例
5	(1) 在滑动轴承内运转； (2) 中或重载荷,转速略高； (3) 精度要求较高； (4) 有较高的交变、冲击载荷	40Cr 40MnB 40MnVB	调质后轴颈表面淬火	220～280 HBW（调质） 46～55 HRC（局部）	铣床、M7475B 磨床砂轮主轴
6	(1) 在滚动或滑动轴承内运转； (2) 轻、中载荷,转速较低	50Mn2	正火	≤241 HBW	重型机床主轴
7	(1) 在滑动轴承内运转； (2) 中等或重载荷； (3) 要求轴颈部分有更高的耐磨性； (4) 精度很高； (5) 交变应力较大,冲击载荷较小	65Mn	调质后轴颈和头部局部淬火	220～280 HBW（调质） 56～61 HRC（轴颈表面） 50～55 HRC（头部）	M1450 磨床主轴
8	工作条件同上,但表面硬度要求更高	GCr15 9Mn2V	调质后轴颈和头部局部淬火	250～280 HBW（调质） ≥59 HRC（局部）	MQ1420、MB1432A 磨床砂轮主轴
9	(1) 在滑动轴承内运转； (2) 重载荷,转速很高； (3) 精度要求极高； (4) 有很高的交变、冲击载荷	38CrMoAl	调质后渗氮	≤260 HBW（调质） 850 HV（渗氮表面）	高精度磨床砂轮主轴,T68 镗杆,T4240A 坐标镗床主轴,C2150×6 多轴自动车床中心轴
10	(1) 在滑动轴承内运转； (2) 重载荷,转速很高； (3) 高的冲击载荷； (4) 很高的交变应力	20CrMnTi	渗碳、淬火	≥59 HRC（表面）	Y7163 齿轮磨床、CG1107 车床、SG8630 精密车床主轴

(2) 内燃机曲轴

曲轴是内燃机中形状复杂而又重要的零件之一,其作用是在工作中将活塞连杆的往复运动变为旋转运动。汽缸中气体爆发压力作用在活塞上,使曲轴承受冲击、扭转、剪切、拉压、弯曲等复杂交变应力。因曲轴形状很不规则,故应力分布不均匀；曲轴颈与轴承发生滑动摩擦。曲轴主要失效形式是疲劳断裂和轴颈磨损。

根据曲轴的失效形式,制造曲轴的材料必须具有高的强度、一定的韧性,足够的弯曲、扭转疲劳强度和刚度,轴颈表面应有高的硬度和耐磨性。

曲轴分锻钢曲轴和铸造曲轴两种。锻钢曲轴材料主要有中碳钢和中碳的合金钢,如 35 钢、40 钢、45 钢、35Mn2 钢、40Cr 钢、35CrMo 钢等。铸造曲轴材料主要有铸钢(如 ZG230—450)、球墨铸铁(如 QT600—3)、珠光体可锻铸铁(如 KTZ450—06、KTZ550—04)以及合金铸铁等。目前,高速、大功率内燃机曲轴,常用合金调质钢制造,中、小型内燃机曲轴,常用球墨铸铁或45钢制造。

如图14-4所示为175A型农用柴油机曲轴。该柴油机为单缸四冲程,汽缸直径为75 mm,转速为2200～2600 r/min,功率为4.4 kW(6马力)。因功率不大,故曲轴承受的弯曲、扭转应力和冲击力等不大。由于在滑动轴承中工作,故要求轴颈处硬度和耐磨性较高。其性能要求是$\sigma_b \geqslant 750$ MPa,整体硬度为240～260 HBW,轴颈表面硬度$\geqslant 625$ HV,$\delta \geqslant 2\%$,$A_k \geqslant 12$ J。

根据上述要求,选用QT600—3球墨铸铁作为曲轴材料,其加工工艺过程如下:

浇注—高温正火—高温回火—切削加工—轴颈气体渗氮

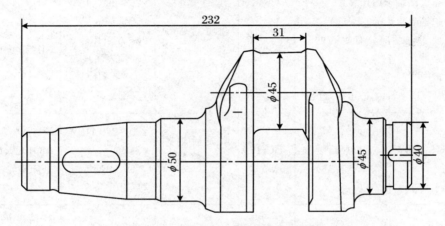

图14-4 175A型农用柴油机曲轴简图

高温正火(950 ℃)是为了增加基体组织中珠光体的数量并细化珠光体,提高强度、硬度和耐磨性。高温回火(560 ℃)是为了消除正火造成的应力。轴颈气体渗氮(570 ℃)是为保证不改变组织及加工精度前提下,提高轴颈表面硬度和耐磨性。也可采用对轴颈进行表面淬火来提高其耐磨性。为了提高曲轴的疲劳强度,可对其进行喷丸处理和滚压加工。

14.3.3 箱座类零件的选材

1. 箱座类零件工作条件

箱座类零件是机械中的重要零件之一,其结构一般都较复杂,工作条件相差很大。主轴箱、变速箱、进给箱、阀体等,通常受力不大,要求有较高的刚度和密封性;工作台和导轨等,要求有较高的耐磨性;以承压为主的机身、底座等,要求有较好的刚性和减振性。有些机身、支架往往同时承受拉、压和弯曲应力,甚至还承受冲击力,故要求有较好的综合力学性能。

2. 箱座类零件选材及热处理

① 受力较大,要求强度、韧性高,在高压、高温下工作的箱座件,例如汽轮机机壳等,应采用铸钢。铸钢件应进行完全退火或正火,以消除粗晶组织和铸造应力。

② 受力较大,但形状简单,生产数量少的箱座件,可采用钢板焊接而成。

③ 受力不大,且主要承受静载荷,不受冲击的箱座件,可选用灰铸铁,如在工作中与其他零件有相对运动,且有摩擦、磨损产生,则应选用珠光体基体灰铸铁。铸铁件一般应进行去应力退火。

④ 受力不大,要求自重轻或要求导热好的箱座件,可选用铸造铝合金。铝合金件应根据成分不同,进行退火或固溶热处理、时效处理。

⑤ 受力小,要求自重轻,工作条件好的箱座件,可选用工程塑料。

复习思考题

选择题

1. 零件材料选择从使用性角度考虑的是_____。
   A. 切削加工　　　　B. 价格　　　　C. 负荷
2. 汽轮机箱体选用_____材料。
   A. 铸铁　　　　　　B. 铸钢　　　　C. 碳钢
3. 机床主轴一般选用_____材料。
   A. 45 钢　　　　　　B. Q235 钢　　　C. HT200
4. 载重汽车变速齿轮加工工艺过程中,为了消除锻造应力、改善切削加工性,采用的热处理方法是_____。
   A. 退火　　　　　　B. 正火　　　　C. 淬火

问答题

1. 什么是零件的失效?失效形式主要有哪些?
2. 选择零件材料应遵循哪些原则?在选用材料力学性能判据时,应注意哪些问题?
3. 简述零件选材的方法和步骤。
4. 常用齿轮材料的性能有哪些要求?
5. 常用轴类零件材料有哪些?
6. 箱座类零件如何选材?

参 考 文 献

[1] 王英杰. 金属工艺学[M]. 北京:机械工业出版社,2014.
[2] 宫成立. 金属工艺学[M]. 北京:机械工业出版社,2014.
[3] 房世荣. 工程材料与金属工艺学[M]. 北京:机械工业出版社,2013.
[4] 丁德全. 金属工艺学[M]. 北京:机械工业出版社,2014.
[5] 邓文英. 金属工艺学[M]. 北京:高等教育出版社,2000.
[6] 刘建亭. 机械制造基础[M]. 北京:机械工业出版社,2001.
[7] 王纪安. 工程材料与材料成型工艺[M]. 北京:高等教育出版社,2000.
[8] 刘会霞. 金属工艺学[M]. 北京:机械工业出版社,2001.
[9] 许德珠. 机械工程材料[M]. 北京:高等教育出版社,2001.
[10] 郁兆昌. 金属工艺学[M]. 北京:高等教育出版社,2001.
[11] 胡国际. 金属材料及加工工艺[M]. 北京:机械工业出版社,2001.
[12] 尹传华. 金属工艺学[M]. 北京:机械工业出版社,2009.